Abhängigkeitsgraph

MATHEMATIK FÜR INGENIEURE, NATURWISSENSCHAFTLER, ÖKONOMEN UND LANDWIRTE · BAND 10

DOZ. DR. F. STOPP

Operatorenrechnung

Laplace-, Fourier- und Z-Transformation

5. AUFLAGE

Springer Fachmedien Wiesbaden GmbH 1992

Das Lehrwerk wurde 1972 begründet und wird seither herausgegeben von:
Prof. Dr. Otfried Beyer, Prof. Dr. Horst Erfurth, Prof. Dr. Otto Greuel †, Prof. Dr. Horst Kadner, Prof. Dr. Karl Manteuffel, Doz. Dr. Günter Zeidler
Außerdem gehören dem Herausgebergremium an:
Prof. Dr. Manfred Schneider (seit 1989), Prof. Dr. Christian Großmann (seit 1989)

Verantwortlicher Herausgeber dieses Bandes:
1. und 2. Auflage: Prof. Dr. Otto Greuel †
ab 3. Auflage: Dr. sc. nat. Otfried Beyer, ordentlicher Professor an der Technischen Universität „Otto von Guericke", Magdeburg

Autor:
Dr. rer. nat. habil. Friedmar Stopp, Dozent an der Technischen Hochschule Leipzig

CIP-Titelaufnahme der Deutschen Bibliothek

Stopp, Friedmar:
Operatorenrechnung / F. Stopp. – 5. Aufl. – Stuttgart ; Leipzig : Teubner, 1992
(Mathematik für Ingenieure, Naturwissenschaftler, Ökonomen und Landwirte ; Bd. 10)

ISBN 978-3-8154-2030-0 ISBN 978-3-663-10952-5 (eBook)
DOI 10.1007/978-3-663-10952-5

NE: GT

Math. Ing. Nat. wiss. Ökon. Landwirte, Bd. 10
ISSN 0138-1318

Ursprünglich erschienen bei B.G. Teubner Verlagsgesellschaft, Leipzig 1992

Vorwort

Im vorliegenden 10. Band der Lehrbuchreihe werden die Laplace-Transformation und ihre Anwendung, die Mikusińskische Operatorenrechnung, die Fourier- und die Z-Transformation behandelt. Die verschiedenen Abschnitte dieses Bandes sind trotz mannigfacher Zusammenhänge im wesentlichen unabhängig voneinander angelegt, am ausführlichsten sind die Abschnitte 2. und 3. ausgeführt und deshalb wohl am leichtesten durchzuarbeiten.

Erklärter Schwerpunkt dieses Bandes ist das Kennenlernen und Üben eines leistungsstarken mathematischen Apparates zur Lösung von Funktionalgleichungen; dies unterstreichen auch die 120 ausführlich durchgerechneten Beispiele und die 85 Aufgaben mit ihren Lösungen. Die Tabellen im Anhang ermöglichen ein selbständiges Arbeiten mit diesem mathematischen Werkzeug.

Im Interesse einer knappen Darstellung müssen hier viele Beweise weggelassen werden, die gegebenenfalls in der mathematischen Spezialliteratur nachzulesen sind (genaue Literaturangaben erleichtern dies). Außer den angegebenen Anwendungsmöglichkeiten finden sich viele weitere in der entsprechenden technischen Literatur.

Die hauptsächlichen mathematischen Grundlagen zum Verständnis dieses Bandes betreffen die Differential- und Integralrechnung [B 2] und die analytischen Funktionen [B 9] für die Abschnitte 2. und 5., diese Gebiete und die gewöhnlichen und partiellen Differentialgleichungen [B 7/1], [B 8] für den Abschnitt 3. sowie die Potenzreihen [B 3], [B 9] für den Abschnitt 6. Gelegentlich kommen auch spezielle (höhere transzendente) Funktionen [B 12] vor. Einige Begriffe aus der Algebra für den Abschnitt 4. werden dort bereitgestellt.

Die Bezeichnung „Operatorenrechnung" für alle Abschnitte dieses Bandes ist historisch üblich, im engeren Sinne wird der Begriff nur für den Mikusiński-Kalkül gebraucht.

Für wertvolle Hinweise und Verbesserungen des Manuskriptes danke ich den Herren Prof. Dr. L. Berg (Universität Rostock), Prof. Dr. O. Greuel (Ingenieurhochschule Mittweida), Prof. Dr. K. Göldner (Technische Hochschule Karl-Marx-Stadt) sowie Frau D. Ziegler (Teubner Verlag).

Leipzig, Dezember 1974 F. Stopp

Vorwort zur 3. Auflage

Hinweise der Nutzer dieses Bandes betreffen insbesondere die Motivation und weitere Anwendungen der behandelten Transformationen.

Deshalb werden in neu aufgenommenen Abschnitten die Definition der Laplace-Transformation ausführlich physikalisch motiviert sowie die Parsevalsche Gleichung und das Abtasttheorem als Ausgangspunkte neuer Anwendungen dargestellt. Die Eigenschaften des Frequenzganges und die Tabellen zur Z-Transformation sind ergänzt und die Literaturhinweise auf den neuesten Stand gebracht worden.

Leipzig, Juni 1983 F. Stopp

Inhalt

Übersicht: Spezielle Zeichen und Funktionen

Bezeichnung, Definition	Name
N, G, P, R bzw. K	Menge der natürlichen, ganzen, rationalen, reellen bzw. komplexen Zahlen
$z = a + \mathrm{j}b$ oder $z = x + \mathrm{j}y, \mathrm{j}^2 = -1$[1])	komplexe Zahl z
$\mathrm{e}^z = \mathrm{e}^a(\cos b + \mathrm{j} \sin b)$	Eulersche Formel
$C \approx 0{,}57722$	Eulersche Konstante
$\binom{n}{\nu} = \frac{n(n-1)\dots(n-\nu+1)}{\nu!}; \quad n, \nu \in \mathrm{N}$	Binomialkoeffizient
$[t] = n$ für $n \leqq t < n + 1; \quad n \in \mathrm{N}$	Größtes Ganzes von t
$u(t) = \begin{cases} 0, & t \leqq 0 \\ 1, & 0 < t \end{cases}$	Spezielle Sprungfunktion
$\delta(t)$, Abschnitte 3.1.2. und 4.3.3.	Diracsche Delta-Funktion
$\Gamma(\alpha + 1) = \int\limits_0^\infty \mathrm{e}^{-x} x^\alpha \,\mathrm{d}x; \quad \alpha \in \mathrm{K}, \operatorname{Re} \alpha > -1$	Gamma-Funktion
$n! = 1 \cdot 2 \cdot 3 \cdots n = \Gamma(n + 1)$	n-Fakultät
$J_n(t) = \sum\limits_{\nu=0}^{\infty} (-1)^\nu \frac{1}{\nu!(\nu + n)!} \left(\frac{t}{2}\right)^{2\nu+n}$	Besselfunktion erster Art
$\mathrm{Ei}(t) = \int\limits_{-\infty}^{t} \frac{\mathrm{e}^x}{x} \,\mathrm{d}x$	Exponentialintegral
$\operatorname{erf} t = \frac{2}{\sqrt{\pi}} \int\limits_0^t \mathrm{e}^{-x^2} \mathrm{d}x; \quad \operatorname{erfc} t = 1 - \operatorname{erf} t$	Fehlerintegral
$F(p) = L\{f(t)\}$, Abschnitt 2.1.1.	Laplace-Transformation
$F(y) = F\{f(t)\}$, Abschnitt 5.1.1.	Fourier-Transformation
$F(z) = Z\{f_n\}$, Abschnitt 6.2.	Z-Transformation

[1]) Die imaginäre Einheit wird wie in der technischen Literatur mit j bezeichnet.

1. Einführung

1.1. Beispiel und historische Bemerkungen

Bei der von Heaviside[1]) praktizierten Methode zur Lösung von Funktionalgleichungen wurde mit $p = \frac{\mathrm{d}}{\mathrm{d}t}$ wie mit einem Faktor gerechnet. So wurde z. B. die Gleichung für den Strom $i(t)$ in einem RLC-Stromkreis (Bild 1.1)

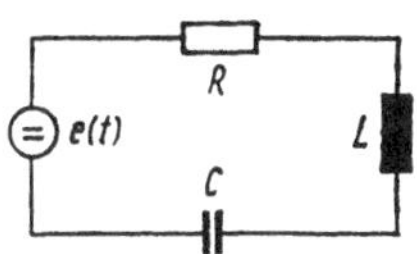

Bild 1.1. RLC-Stromkreis: R Widerstand, L Induktivität, C Kapazität, $e(t)$ Erregung

$$Li'(t) + Ri(t) + \frac{1}{C}\int_0^t i(\tau)\,\mathrm{d}\tau = e(t)$$

mit $\frac{1}{p}$ als Integrationsoperator in der Form

$$Lpi + Ri + \frac{1}{C}\frac{1}{p}i = \left(Lp + R + \frac{1}{Cp}\right)i = e$$

geschrieben und formal nach i aufgelöst mit

$$i = \frac{pe}{Lp^2 + Rp + \frac{1}{C}} = \gamma\left(\frac{p}{p-\alpha} - \frac{p}{p-\beta}\right)e.$$

In der zweiten Darstellung ergeben sich die Konstanten α, β, γ durch Partialbruchzerlegung (siehe 2.4.1a). Die Brüche können durch Potenzreihen ([T 1], Abschn. 1.1.3.2.) in $\frac{1}{p}$ umgeformt werden:

$$i = \gamma\left(\sum_{n=0}^{\infty}\alpha^n p^{-n} - \sum_{n=0}^{\infty}\beta^n p^{-n}\right)e.$$

$d^{-n}e$ bedeutet das n-fache Integral von e. Ist speziell $e(t) \equiv 0$ für $t \leqq 0$ und $e(t) \equiv 1$ für $0 < t$ (Einschaltvorgang), so gilt zusammen mit der Reihendarstellung der Exponentialfunktion ([T 1], Abschn. 1.1.3.2.)

$$i = \gamma\left(\sum_{n=0}^{\infty}\frac{(\alpha t)^n}{n!} - \sum_{n=0}^{\infty}\frac{(\beta t)^n}{n!}\right) = \gamma(\mathrm{e}^{\alpha t} - \mathrm{e}^{\beta t}).$$

---

[1]) Oliver Heaviside (1850–1925), englischer Elektrotechniker.

Durch Einsetzen von $i = i(t)$ in die Gleichung (bei Beachtung der Bedeutung von α und β) sieht man, daß es sich tatsächlich um eine Lösung mit dem Anfangswert $i(0) = 0$ handelt.

Diese Lösungsmethode fand insbesondere in der Elektrotechnik große Verbreitung; sie ergab richtige und falsche Resultate. Das fragwürdige Vorgehen läßt sich jedoch mathematisch fundieren. Die ältere und analytische Begründung gab Doetsch[1]) mittels der Laplace-Transformation[2]), die neuere und algebraische Begründung gab Mikusiński[3]). Bei diesen Untersuchungen wurden viele andere Eigenschaften der Laplace-Transformation gefunden und die Anwendung über das obige Problem hinaus wesentlich erweitert; andere Transformationen wurden betrachtet. Drei dieser Transformationen und die Mikusińskische Operatorenrechnung werden in diesem Band als mathematisches Rüstzeug zur Lösung von Aufgaben in Naturwissenschaft und Technik behandelt.

1.2. Transformationen und Operatoren

Zum Zweck der Abbildung von komplizierten Rechenoperationen (insbesondere der Differentiation) auf einfachere Rechenoperationen sind Integraltransformationen definiert und untersucht worden. Diese Transformationen bilden Funktionen $f(t)$ eines Originalbereiches und Operationen mit diesen Funktionen auf andere Funktionen und andere Operationen eines Bildbereiches ab und umgekehrt. Dieses Prinzip und derselbe Zweck (Vereinfachung) wird auch bei der Abbildung der Multiplikation auf die Addition durch die Logarithmusfunktion verwirklicht. Umfangreiche zur Verfügung stehende Tabellen ([T 2], [T 3], [T 4]) zusammengehöriger Ausdrücke des Original- und Bildbereiches erhöhen die Effektivität bei der Verwendung solcher Transformationen beträchtlich.

Als wichtigste Integraltransformationen für die naturwissenschaftlichen und technischen Anwendungen haben sich bei stetigen Problemen die Laplace-Transformation (Abschnitte 2. und 3.) und die Fourier-Transformation[4]) (Abschnitt 5.) erwiesen. Die Hauptanwendung besteht in der Lösung von Anfangs- und Randwertaufgaben bei gewöhnlichen und partiellen Differentialgleichungen. Zur Verbreitung der Laplace-Transformation haben die Bücher [9] und [10] maßgeblich beigetragen.

Für Anfangswertaufgaben bei gewöhnlichen Differentialgleichungen ist das Lösungsprinzip mit Hilfe der Laplace-Transformation in Bild 1.2 dargestellt.

Bei diskreten Problemen (im Originalbereich werden die Funktionen $f(t)$ nur in den Punkten $t = nT$ betrachtet) haben sich die diskrete Laplace-Transformation [16] und die Z-Transformation [14] zur Lösung von Differenzengleichungen durchgesetzt. Diese zwei Transformationen (Abschnitt 6.) gehen durch eine einfache Substitution ineinander über.

Eine andere Art der Vereinfachung der Differentiation ist die Einführung eines Differentiationsoperators p, mit dem man wie mit einem algebraischen Symbol rech-

[1]) Gustav Doetsch, deutscher Mathematiker.
[2]) Pierre Simon Laplace (1749–1827), französischer Mathematiker und Astronom.
[3]) Jan Mikusiński, polnischer Mathematiker.
[4]) Jean-Baptiste Joseph Fourier (1768–1830), französischer Mathematiker.

nen kann. Der entsprechend zu konstruierende Rechenbereich (Operatorenkörper), seine Elemente (Operatoren) und die zugehörigen Rechenregeln wurden von Mikusiński [13] gefunden und untersucht. Dabei gelang es zugleich, den Funktionsbegriff

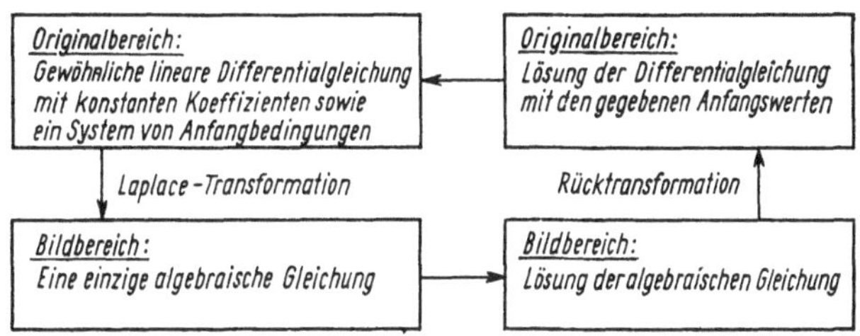

Bild 1.2. Lösungsprinzip

sinnvoll zum Begriff der Distributionen zu erweitern. Dadurch ergibt sich eine einfache Möglichkeit, die für die Anwendungen wichtige δ-Distribution und ihre Ableitungen auf exakte Art einzuführen (Abschnitt 4.).

Die Tabelle 4 (Anhang) enthält die genannten und einige andere Transformationen sowie die Abbildung der Ableitung $f'(t)$ (oder $f''(t)$) bzw. der Differenz $\Delta f(t_n) = \Delta f_n$. Zwischen diesen Transformationen bestehen vielfältige Zusammenhänge (siehe auch 5.1. und 6.9.).

1.3. Anwendungsmöglichkeiten

Viele naturwissenschaftliche und technische Probleme lassen sich durch spezielle Funktionalgleichungen beschreiben und untersuchen. Als Beispiele seien aufgeführt (siehe auch 3.4.3.):

Problem	Funktionalgleichung
Freie gedämpfte elektrische Schwingung (Beispiel 3.4.)	Gewöhnliche Differentialgleichung $Li''(t) + Ri'(t) + \frac{1}{C} i(t) = 0, \quad i(0) = 0, \quad i'(0) = \frac{1}{L} u_0$
Wärmeleitung in einem unendlich langen linearen Leiter (Abschnitt 3.3.2.)	Partielle Differentialgleichung $y_{xx}(x, t) - y_t(x, t) = 0, \quad y(x, 0) = 0, \quad y(\infty, t) = 0,$ $y(0, t)$ gegeben
Systemanalyse (Beispiel 3.29)	Integralgleichung $\int_0^t f(t - \tau)\, y(\tau)\, d\tau = g(t)$
Relaisersatz (Beispiel 6.22.)	Differenzengleichung $y_{n+1} = p_0 y_n + \cdots + p_k y_{n-k}, \quad y_{n-k} = 0$ für $n < k$

Gewöhnliche und partielle Differentialgleichungen kommen besonders häufig bei der mathematischen Modellierung vor. Die Laplace- und Fourier-Transformation tragen insbesondere bei linearen physikalischen und technischen Systemen durch wichtige Begriffe (Übertragungsfaktor, Frequenzgang, siehe 3.1.3.) zur Modellbildung bei.

Zu den Anwendungsgebieten gehören die Mechanik, theoretische Physik, Elektrotechnik, Regelungstechnik, Impulstechnik, Informations- und Nachrichtentechnik, Systemtheorie und Statik. Weiter gibt es viele Anwendungsmöglichkeiten in anderen mathematischen Disziplinen, z. B. bei der Untersuchung höherer transzendenter Funktionen, in der Wahrscheinlichkeitsrechnung oder in der numerischen Mathematik.

Auch die Anwendungsbeispiele in diesem Band geben einen Einblick in die umfangreichen Möglichkeiten. Die Vielfalt der Beispiele zur Anwendung der Laplace-Transformation und ihre relativ ausführliche Darstellung im Abschnitt 3. kann aus Platzgründen für die Fourier- und Z-Transformation nicht in gleicher Weise beibehalten werden.

2. Laplace-Transformation

Neben der Fourier-Transformation hat sich insbesondere die Laplace-Transformation zur mathematischen Darstellung und Lösung vieler Probleme naturwissenschaftlicher und technischer Disziplinen durchgesetzt. In der Elektro- und der Regelungstechnik spielt die Laplace-Transformation, insbesondere bei nichtperiodischen Vorgängen, eine große Rolle. Die mathematischen Teilgebiete Funktionentheorie und Asymptotik tragen mit ihren Ergebnissen und Methoden wesentlich zur praktischen Nutzung dieser Transformation bei.

Die Laplace-Transformation stellt eine Möglichkeit dar, die transzendente Operation des Differenzierens auf die viel einfachere Operation des Multiplizierens abzubilden. Dabei bilden sich auch manche anderen Operationen (z.B. Integration, Faltung, Differenzenbildung) und Funktionen (z.B. Funktionen mit Sprüngen, Besselsche Funktionen) sehr einfach ab, deshalb bezieht sich die Anwendung der Transformation nicht nur auf die Lösung von (gewöhnlichen und partiellen) Differentialgleichungen.

Die Abschnitte 2.2. und 2.4. sind für die praktische Handhabung der Transformation am wichtigsten, sie stellen Rechenregeln und Möglichkeiten der Rücktransformation zusammen. Die Definition und wichtige Eigenschaften sind in den Abschnitten 2.1., 2.3. und 2.5. zu finden. Insgesamt wird im Abschnitt 2. das Rüstzeug zur Lösung der verschiedenen Typen von Funktionalgleichungen des Abschnitts 3. bereitgestellt.

2.1. Definition der Laplace-Transformation

Neben der mit Beispielen illustrierten Definition werden zwei einfache Klassen von transformierbaren Funktionen angegeben sowie die Frage der Eindeutigkeit der Transformation und ihrer Umkehrung behandelt.

2.1.1. Definition und Beispiele

Die Laplace-Transformation wird als eine Integraltransformation von Funktionen $f(t)$ eingeführt, wobei in der Regel $t \geqq 0$ die Zeit bedeutet. Der Zusammenhang mit anderen Transformationen ist in Abschnitt 5.1. zu finden.

Definition 2.1: *Der reellen (oder komplexwertigen) Funktion* $f(t), 0 \leqq t < \infty$, *wird das Integral* **D.2.1**

$$F(p) = \int_0^\infty e^{-pt} f(t)\, dt \tag{2.1}$$

zugeordnet, falls dieses Integral für mindestens eine komplexe Zahl p existiert. Diese Zuordnung heißt **Laplace-Transformation** *und wird bezeichnet durch*

$$F(p) = L\{f(t)\}. \tag{2.2}$$

Eine Funktion $f(t)$, für die das uneigentliche Parameterintegral (2.1) existiert, heißt Laplace-transformierbar, $f(t)$ heißt Originalfunktion, $F(p)$ heißt die zugehörige Bildfunktion. Der Parameter $p = x + jy$ ist eine komplexe Veränderliche, und damit ist $F(p)$ eine komplexwertige Funktion. Das Integral (2.1) soll als Riemannsches Integral[1]) aufgefaßt werden. Dabei ist zugelassen, daß $f(t)$ an isolierten Stellen nicht definiert ist.

Die Funktion $f(t)$ kann für $t < 0$ beliebig sein, weil in (2.1) $f(t)$ nur für $t \geqq 0$ vorkommt. Es wird deshalb immer

$$f(t) \equiv 0 \quad \text{für} \quad t < 0 \tag{2.3}$$

gesetzt. Diese Ergänzung von $f(t)$ für negative Argumente t wird meist in den Beispielen nicht besonders angegeben, sie ist gegebenenfalls zu beachten.

Beispiel 2.1: Zur einfachen Funktion $f(t) \equiv 1$ für $t \geqq 0$ wird die Bildfunktion $F(p)$ bestimmt und die Bedeutung des Integrals (2.1) ausführlich erläutert.

Zunächst ist mit $A > 0$

$$\int_0^A e^{-pt} f(t)\,dt = \int_0^A e^{-pt}\,dt = \left[-\frac{e^{-pt}}{p}\right]_0^A = -\frac{e^{-pA}}{p} + \frac{1}{p}.$$

Aus der Definition eines uneigentlichen Integrales mit unendlichem Integrationsintervall ([B 2], 11.1.1.) folgt

$$F(p) = \int_0^\infty e^{-pt} f(t)\,dt = \lim_{A\to\infty} \int_0^A e^{-pt} f(t)\,dt = \frac{1}{p} - \frac{1}{p} \lim_{A\to\infty} e^{-pA}.$$

Wegen $|e^{-pA}| = |e^{-xA}\,e^{-jyA}| = e^{-xA}$ ist $\lim\limits_{A\to\infty} e^{-pA} = 0$, falls $\operatorname{Re} p = x > 0$ ist. Damit gilt für alle p mit $\operatorname{Re} p > 0$ (also in der rechten Halbebene der komplexen p-Ebene) die Beziehung

$$F(p) = L\{1\} = \frac{1}{p}. \tag{2.4}$$

Da $f(t) \equiv 0$ für $t < 0$ vereinbart wurde, bedeutet das Ergebnis (2.4) genauer, daß für die spezielle Sprungfunktion $u(t)$ (siehe Übersicht S. 8; Einheitssprung bei $t = 0$, Bild 2.1a) die Gleichung $L\{u(t)\} = \dfrac{1}{p}$ gilt.

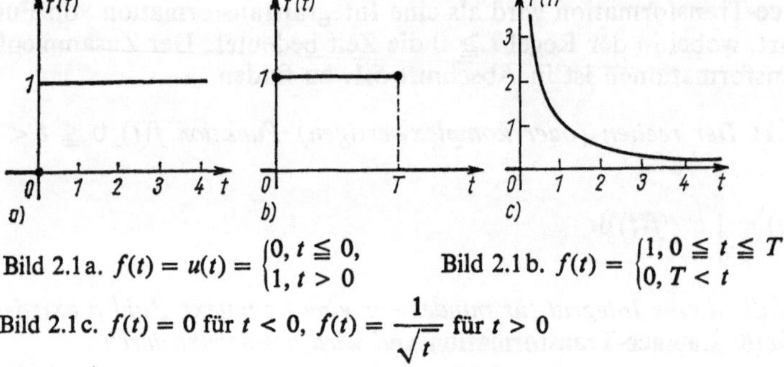

Bild 2.1a. $f(t) = u(t) = \begin{cases} 0, & t \leqq 0, \\ 1, & t > 0 \end{cases}$ Bild 2.1b. $f(t) = \begin{cases} 1, & 0 \leqq t \leqq T \\ 0, & T < t \end{cases}$

Bild 2.1c. $f(t) = 0$ für $t < 0$, $f(t) = \dfrac{1}{\sqrt{t}}$ für $t > 0$

[1]) Bernhard Riemann (1826–1866), deutscher Mathematiker.

Beispiel 2.2: Für $f(t) = e^{at}$, $a \in K$, ist mit einer abkürzenden Schreibweise (gegenüber dem letzten Beispiel) für $\operatorname{Re} p > \operatorname{Re} a$

$$F(p) = L\{e^{at}\} = \int_0^\infty e^{-pt} e^{at} \, dt = \left[\frac{e^{-t(p-a)}}{-p+a}\right]_0^\infty = \frac{1}{p-a}. \tag{2.5}$$

Für $a = 0$ ergibt sich aus (2.5) wieder die Formel (2.4).

Beispiel 2.3: Für die bei $t = T$ unstetige Funktion (Bild 2.1b)

$$f(t) = \begin{cases} 1, 0 \leqq t \leqq T, \\ 0, T < t \end{cases}$$

ergibt sich die Laplace-Transformierte

$$F(p) = \int_0^T e^{-pt} \, dt = \left[-\frac{e^{-pt}}{p}\right]_0^T = \frac{1}{p}(1 - e^{-pT}). \tag{2.6}$$

Beispiel 2.4: $f(t) = \dfrac{1}{\sqrt{t}}$ für $t > 0$ (Bild 2.1c). Ist zunächst p reell und $p > 0$, so gilt mit der Substitution $\sqrt{pt} = u$ $\displaystyle\int_0^\infty e^{-pt} \frac{dt}{\sqrt{t}} = \frac{2}{\sqrt{p}} \int_0^\infty e^{-u^2} \, du$. Wegen $\displaystyle\int_0^\infty e^{-u^2} \, du = \frac{1}{2}\sqrt{\pi}$ gilt deshalb

$$L\left\{\frac{1}{\sqrt{t}}\right\} = \frac{\sqrt{\pi}}{\sqrt{p}}. \tag{2.7}$$

Man kann zeigen, daß das Ergebnis (2.7) sogar für $\operatorname{Re} p > 0$ richtig ist (siehe Satz 2.4).

Beispiel 2.5: Die Funktion $f(t) = e^{t^2}$ ist nicht Laplace-transformierbar, denn für reelle p ist der Integrand e^{-pt+t^2} positiv und hat sein Minimum bei $t = \dfrac{p}{2}$. Es gilt deshalb für jedes feste reelle $p > 0$ und $A \geqq 0$:

$$\int_0^A e^{-pt} e^{t^2} \, dt \geqq A \, e^{-p^2/4}.$$

Aus dieser Ungleichung folgt für $A \to \infty$, daß das Integral (2.1) für kein reelles p existiert. Zusammen mit Satz 2.4 folgt sogar, daß (2.1) für kein komplexes p existiert.

Einige weitere Laplace-Transformierte werden in 2.2. berechnet; eine umfangreiche Zusammenstellung von Originalfunktionen $f(t)$ und ihren zugehörigen Bildfunktionen $F(p)$ findet man in Tabelle 1 (Anhang).

2.1.2. Motivation der Definition

In diesem Abschnitt wird die Definition (2.1) der Laplace-Transformation physikalisch motiviert und gedeutet.

Wie bekannt ([B 3], Kap. 5.), läßt sich jede reelle Funktion $f(t)$ der Periode 2π in eine (hier in der komplexen Form geschriebene) Fourier-Reihe entwickeln:

$$f(t) = \sum_{n=-\infty}^{\infty} c_n \, e^{jnt}, \qquad c_n = \frac{1}{2\pi} \int_{-\pi}^{\pi} f(t) \, e^{-jnt} \, dt.$$

Die Funktionen e^{jnt} lassen sich als komplexe Schwingungen der Frequenz n deuten, die Konstanten c_n als ihr zugehöriges Spektrum. Wegen der möglichen Reihendarstellung ist der durch $f(t)$ beschriebene physikalische Sachverhalt vollständig durch das Spektrum bestimmt.

In Analogie zu obiger Überlegung gilt bei nicht periodischer Funktion $f(t)$ unter geeigneten Annahmen der Zusammenhang ([B 3], Kap. 6.):

$$f(t) = \int_{-\infty}^{\infty} F(y)\, e^{jyt}\, dy, \qquad F(y) = \frac{1}{2\pi} \int_{-\infty}^{\infty} f(t)\, e^{-jyt}\, dt.$$

Wie in der Physik allgemein üblich, wird beim Übergang vom diskreten zum kontinuierlichen Fall eine Dichtefunktion eingeführt. Es lassen sich somit $F(y)$ als Spektraldichte bei der Frequenz y und $f(t)$ als Spektraldarstellung deuten.

Beachtet man die Festlegung (2.3) und ersetzt außerdem die Funktion $f(t)$ zur Verbesserung des Konvergenzverhaltens der Integrale durch die Funktion $2\pi\, e^{-xt} f(t)$, so ergibt sich aus dem zweiten Integral

$$F(x + jy) = \int_{0}^{\infty} e^{-xt}\, e^{-jyt} f(t)\, dt$$

oder mit $p = x + jy$ die Formel (2.1).

Folglich kann $F(p) = F(x + jy)$ bei festem x als Spektraldichte der Funktion $e^{-xt} f(t)$ *bei der Frequenz y aufgefaßt werden.* Nach ähnlicher Umrechnung läßt sich das erste Integral als Spektraldarstellung der Funktion $2\pi\, e^{-xt} f(t)$ unter Beachtung von (2.3) deuten.

2.1.3. Zwei Klassen von Originalfunktionen $f(t)$

Die Funktionen der Beispiele 2.1 bis 2.4 haben sehr unterschiedliche Eigenschaften. So ist z. B. $f(t)$ aus Beispiel 2.3 unstetig und beschränkt, während $f(t) = e^{at}$ mit reellem $a > 0$ zwar stetig, aber stark wachsend für $t \to \infty$ ist. Andererseits zeigt Beispiel 2.5, daß es auch nicht transformierbare Funktionen gibt. Es sind viele Klassen Laplace-transformierbarer Funktionen bekannt, einfache notwendige und hinreichende Bedingungen für die Transformierbarkeit von $f(t)$ gibt es jedoch nicht.

Die Originalfunktionen $f(t)$ erfüllen bei den beabsichtigten Anwendungen in der Regel folgende **Voraussetzungen:**

1. $|f(t)|$ ist integrierbar in jedem Intervall $0 \leqq t \leqq A$,

2a. $\int_{0}^{\infty} |e^{-pt} f(t)|\, dt$ existiert für mindestens eine komplexe Zahl p_0.

S.2.1 **Satz 2.1:** *Jede Funktion $f(t)$ mit den Voraussetzungen* 1 *und* 2a *ist Laplace-transformierbar. Ihre Bildfunktion $F(p)$ existiert mindestens in der Halbebene* $\operatorname{Re} p \geqq \operatorname{Re} p_0$ (Bild 2.2; siehe auch Satz 2.4).

Beweis: Aus der ersten Voraussetzung folgt, daß außer dem Integral $\int_{0}^{A} |f(t)|\, dt$ auch das Integral $\int_{0}^{A} |e^{-pt} f(t)|\, dt$ für jedes feste $A > 0$ existiert. Es ist $|e^{-pt}| = e^{-\operatorname{Re} pt}$. Die

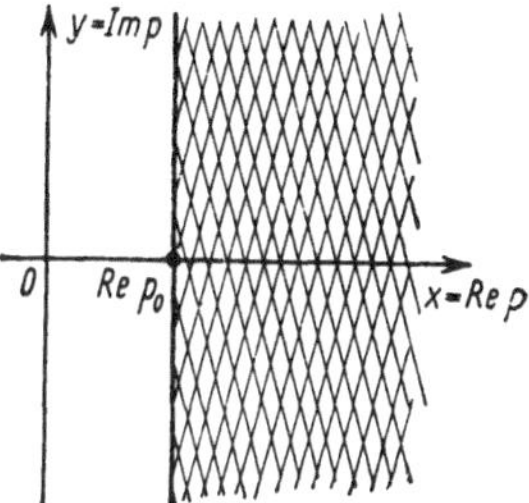

Bild 2.2. Konvergenzhalbebene einer Laplace-Transformierten

Bildfunktion $F(p)$ existiert für $\operatorname{Re} p \geqq \operatorname{Re} p_0$ wegen der Abschätzung

$$|F(p)| \leqq \int_0^\infty |e^{-pt}f(t)| \, dt \leqq \int_0^\infty e^{-\operatorname{Re} p_0 t}|f(t)| \, dt = \int_0^\infty |e^{-p_0 t}f(t)| \, dt$$

und weil das rechts stehende Integral nach der zweiten Voraussetzung existiert.

Die Originalfunktionen $f(t)$, die den Voraussetzungen 1 und 2a genügen, bestimmen die *Klasse der absolut konvergenten Laplace-Integrale.*

Die Voraussetzung 2a kann ersetzt werden durch die einfachere (aber einschränkendere) **Voraussetzung**

2b. *$f(t)$ ist durch eine Exponentialfunktion beschränkt, d.h., es gibt ein reelles a und ein $M > 0$ mit*

$$|f(t)| < M e^{at} \quad \text{für} \quad t \geqq 0. \tag{2.8}$$

Aus der Voraussetzung 2b folgt wegen der für $x = \operatorname{Re} p > a$ gültigen Beziehung (ähnlich wie im Beispiel 2.2)

$$\int_0^\infty |e^{-pt}f(t)| \, dt < M \int_0^\infty e^{-t(x-a)} \, dt = \left[\frac{-M e^{-t(x-a)}}{x-a}\right]_0^\infty = \frac{M}{x-a} \tag{2.9}$$

die Voraussetzung 2a. Als p_0 kann jede Zahl mit $\operatorname{Re} p_0 > a$ gewählt werden.

Die Originalfunktionen $f(t)$, die den Voraussetzungen 1 und 2b genügen, bilden die *Klasse der durch Exponentialfunktionen beschränkten Funktionen;* diese Klasse ist in der oben eingeführten Klasse enthalten.

2.1.4. Eindeutigkeit der Laplace-Transformation

Jeder Originalfunktion $f(t)$ wird durch (2.1) eine Bildfunktion $F(p)$ zugeordnet. Verschiedene Originalfunktionen (die sich aber nicht wesentlich unterscheiden, siehe z.B. die drei Funktionen des Beispieles 2.12), können die gleiche Bildfunktion haben.

Die Funktionen $n(t)$ mit der Eigenschaft

$$\int_0^t n(\tau) \, d\tau \equiv 0 \quad \text{für beliebige } t \geqq 0,$$

heißen Nullfunktionen. *Beispiel*: $n(t) = 1$ für $t = 0, 1, \ldots$ und $n(t) = 0$ sonst.

S.2.2 **Satz 2.2:** *Aus $f(t) = n(t)$ folgt $F(p) \equiv 0$ und umgekehrt.*

Beweis: Durch partielle Integration folgt sofort

$$F(p) = L\{n(t)\} = \int_0^\infty e^{-pt} n(t)\,dt = e^{-pt} \int_0^\infty n(\tau)\,d\tau + p \int_0^\infty e^{-pt} \int_0^t n(\tau)\,d\tau\,dt \equiv 0.$$

Die Umkehrung des Satzes, d.h. zu $F(p) \equiv 0$ ist jede zugehörige Originalfunktion eine Nullfunktion $n(t)$, ist schwieriger zu beweisen ([9], § 5).

Satz 2.2 kann offenbar auch so beschrieben werden: Zu einer Bildfunktion $F(p)$ gehört eine Menge von Originalfunktionen; zwei Originalfunktionen $f_I(t)$ und $f_{II}(t)$ dieser Menge unterscheiden sich aber nur durch eine Nullfunktion. Dies folgt unmittelbar aus der Beziehung $L\{f_I(t)\} - L\{f_{II}(t)\} = F(p) - F(p) = 0$.

Ist bekannt, daß die zu einer Bildfunktion gehörigen Originalfunktionen stetig sind (weil sie z.B. Lösungen einer Differentialgleichung sind und damit sogar differenzierbar sein müssen), so gilt der

S.2.3 **Satz 2.3:** *Zu einer Bildfunktion $F(p)$ gehört höchstens eine für $t > 0$ stetige Originalfunktion $f(t)$.*

Der Satz besagt, daß es zu einer Bildfunktion a) überhaupt keine stetige Originalfunktion (wie in Beispiel 2.3) oder b) eine einzige stetige Originalfunktion gibt. Denn gäbe es zwei stetige Originalfunktionen $f_I(t)$ und $f_{II}(t)$, so gilt nach Satz 2.2: $n(t) = f_I(t) - f_{II}(t)$. Diese Nullfunktion ist als Differenz stetiger Funktionen selbst stetig, deshalb folgt aus $\int_0^t n(\tau)\,d\tau \equiv 0$ durch die jetzt mögliche Differentiation nach t: $n(t) \equiv 0$.

2.1.5. Aufgaben: Bestimmung von Bildfunktionen

* *Aufgabe 2.1:* Mit der Definition (2.1) bestimme man $L\{f(t)\}$ für $f(t) = 1$ im Intervall $a \leqq t \leqq b$, $f(t) \equiv 0$ sonst, $a > 0$.

* *Aufgabe 2.2:* Man bestimme $L\{\sinh t\}$.

* *Aufgabe 2.3:* Unter Verwendung der Definition der Gamma-Funktion (siehe S. 8) bestimme man $L\{t^\alpha\}$ für $\alpha > -1$.

* *Aufgabe 2.4:* Haben die folgenden Funktionen $f(t)$ eine Bildfunktion? a) $f(t) = e^{3t\sin t}$, b) $f(t) = 1/(1-t)^2$.

* *Aufgabe 2.5:* Warum haben die Funktionen $f_I(t)$ und $f_{II}(t)$ dieselbe Bildfunktion?

$$f_I(t) = \begin{cases} 1, & 4n \leqq t < 2(2n+1) \\ 0, & \text{sonst,} \end{cases} \qquad f_{II}(t) = \begin{cases} 1, & 4n < t < 2(2n+1) \\ 1/2, & t = 4n \\ 0, & \text{sonst.} \end{cases}$$

2.2. Rechenregeln der Laplace-Transformation

Um die Laplace-Transformation zur Lösung von Funktionalgleichungen (z.B. Differential-, Integral- oder Differenzengleichungen) anwenden zu können, werden Rechenregeln benötigt. Die Bezeichnung dieser Regeln richtet sich nach der Operation, die mit der Originalfunktion $f(t)$ durchgeführt wird.

Einige wenige Regeln werden bewiesen, alle werden an Beispielen illustriert. In den folgenden Regeln werden $f(t)$ und $g(t)$ als transformierbar vorausgesetzt, d.h., es existieren die Bildfunktionen

$$F(p) = L\{f(t)\} \quad \text{für} \quad \operatorname{Re} p > x_1; \qquad G(p) = L\{g(t)\} \quad \text{für} \quad \operatorname{Re} p > x_2.$$

Diese Voraussetzung wird in den Regeln nicht gesondert aufgeführt. Die Formeln (2.10) bis (2.28) gelten jeweils in einer rechten Halbebene $\operatorname{Re} p > c$, der genaue Gültigkeitsbereich ist stets angegeben. Seine Kenntnis und Beachtung ist bei den meisten Anwendungen nicht erforderlich.

2.2.1. Additionssatz

Aus der Definition der Laplace-Transformation folgt unmittelbar der

Additionssatz: *Ist* $\alpha, \beta \in \mathsf{K}$, *so gilt mindestens für* $\operatorname{Re} p > \max(x_1, x_2)$

$$L\{\alpha f(t) + \beta g(t)\} = \alpha F(p) + \beta G(p). \tag{2.10}$$

Diese Regel läßt sich natürlich auf eine Linearkombination von endlich vielen Funktionen ausdehnen.

Beispiel 2.6: Es soll $L\{\sin t\}$ berechnet werden. Es ist

$$L\{\sin t\} = L\left\{\frac{1}{2\mathrm{j}}(\mathrm{e}^{\mathrm{j}t} - \mathrm{e}^{-\mathrm{j}t})\right\} = \frac{1}{2\mathrm{j}}\left(\frac{1}{p-\mathrm{j}} - \frac{1}{p+\mathrm{j}}\right) = \frac{1}{p^2+1}$$

für $\operatorname{Re} p > 0$. Dabei wurde (2.5) benutzt.

2.2.2. Lineare Substitutionen der Veränderlichen

In der Originalfunktion $f(t)$ kann die reelle Veränderliche t ersetzt werden durch $at - b$ bzw. $at + b$ mit festen $a > 0$, $b \geqq 0$. Dadurch erhält man die neuen Funktionen

$$f_1(t) = f(at - b) = \begin{cases} 0, & t < \dfrac{b}{a} \\ f(at - b), & t \geqq \dfrac{b}{a} \end{cases} \quad \text{und} \quad f_2(t) = f(at + b).$$

Dabei wurde wegen (2.3) beachtet, daß Originalfunktionen mit negativem Argument identisch Null sind. $f(t)$, $f_1(t)$ und $f_2(t)$ sind für $a = 1$ in Bild 2.3 dargestellt; $f_1(t)$ bedeutet eine Verschiebung von $f(t)$ nach rechts, $f_2(t)$ eine solche nach links.

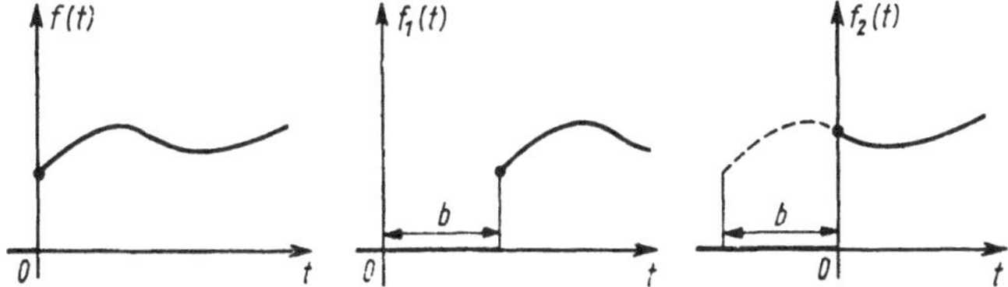

Bild 2.3. $f(t)$ und die Verschiebungen von $f(t)$ nach rechts ($f_1(t)$) und nach links ($f_2(t)$)

Folgende **Regeln** gelten bei $a > 0$, $b \geqq 0$ zur Bestimmung der Laplace-Transformierten von $f_1(t)$ bzw. $f_2(t)$ für $\operatorname{Re} p > ax_1$:

$$L\{f_1(t)\} = L\{f(at - b)\} = \frac{1}{a} e^{-\frac{b}{a}p} F\left(\frac{p}{a}\right), \tag{2.11}$$

$$L\{f_2(t)\} = L\{f(at + b)\} = \frac{1}{a} e^{\frac{b}{a}p} \left(F\left(\frac{p}{a}\right) - \int_0^b e^{-\frac{p}{a}t} f(t)\,dt\right). \tag{2.12}$$

Der *Beweis* von (2.11) und (2.12) folgt mit der Substitution $at + B = \tau$ aus der Umformung

$$L\{f(at + B)\} = \int_0^\infty e^{-pt} f(at + B)\,dt = \frac{1}{a} e^{\frac{B}{a}p} \int_{\max(0,B)}^\infty e^{-\frac{p}{a}\tau} f(\tau)\,d\tau$$

$$= \frac{1}{a} e^{\frac{B}{a}p} \left(F\left(\frac{p}{a}\right) - \int_0^{\max(0,B)} e^{-\frac{p}{a}\tau} f(\tau)\,d\tau\right).$$

Für $B = -b$ (d.h. $B \leqq 0$) folgt wegen $\max(0, B) = 0$ Formel (2.11), für $B = b$ (d.h. $B \geqq 0$) folgt wegen $\max(0, B) = b$ Formel (2.12).

Es ist üblich, Spezialfälle von (2.11) und (2.12) gesondert aufzuführen und mit Namen zu belegen. Für $b = 0$ erhält man aus beiden Formeln für $\operatorname{Re} p > ax_1$ den **Ähnlichkeitssatz:**

$$L\{f(at)\} = \frac{1}{a} F\left(\frac{p}{a}\right), \quad a > 0. \tag{2.13}$$

Für $a = 1$ ergeben sich für $\operatorname{Re} p > x_1$ zwei Formeln; sie heißen auch wegen der geometrischen Deutung der Funktionen $f(t - b)$ und $f(t + b)$ (Bild 2.3) **erster und zweiter Verschiebungssatz:**

$$L\{f(t - b)\} = e^{-bp} F(p), \quad b \geqq 0; \tag{2.14}$$

$$L\{f(t + b)\} = e^{bp} \left(F(p) - \int_0^b e^{-pt} f(t)\,dt\right), \quad b \geqq 0. \tag{2.15}$$

Beispiel 2.7: Benutzt man das Ergebnis aus Beispiel 2.6, so folgt für $a > 0$ und $\operatorname{Re} p > 0$ aus (2.13)

$$L\{\sin at\} = \frac{1}{a} \frac{1}{(p/a)^2 + 1} = \frac{a}{p^2 + a^2}.$$

Beispiel 2.8: Aus (2.4) folgt zusammen mit (2.14) für die Sprungfunktion $u(t - b) = \begin{cases} 0, & t \leqq b, \\ 1, & t > b \end{cases}$ für $\operatorname{Re} p > 0$

$$L\{u(t - b)\} = \frac{e^{-bp}}{p}.$$

In der Bildfunktion $F(p)$ kann die komplexe Veränderliche p ersetzt werden durch $cp + d$ mit reellen $c > 0$ und $d \in \mathsf{K}$. Das ergibt mit der Substitution $ct = \tau$ wegen

$$F(cp + d) = \int_0^\infty e^{-(cp+d)t} f(t)\,dt = \frac{1}{c} \int_0^\infty e^{-p\tau} e^{-\frac{d}{c}\tau} f\left(\frac{\tau}{c}\right) d\tau$$

für $\operatorname{Re} p > \frac{1}{c}(x_1 - \operatorname{Re} d)$ die

Rechenregel:

$$L\left\{\frac{1}{c}\,\mathrm{e}^{-\frac{d}{c}t} f\left(\frac{t}{c}\right)\right\} = F(cp + d), \qquad c > 0. \tag{2.16}$$

Ist in (2.16) speziell $c = 1$ und d reell, so erhält man für $\operatorname{Re} p > x_1 - d$ den **Dämpfungssatz:**

$$L\{\mathrm{e}^{-dt} f(t)\} = F(p + d), \qquad d \text{ reell}. \tag{2.17}$$

Der Name des Satzes ist verständlich, weil die Funktionswerte $f(t)$ durch Multiplikation mit e^{-dt} mit wachsendem t verkleinert („gedämpft") werden, falls noch zusätzlich $d > 0$ vorausgesetzt wird (Bild 2.4).

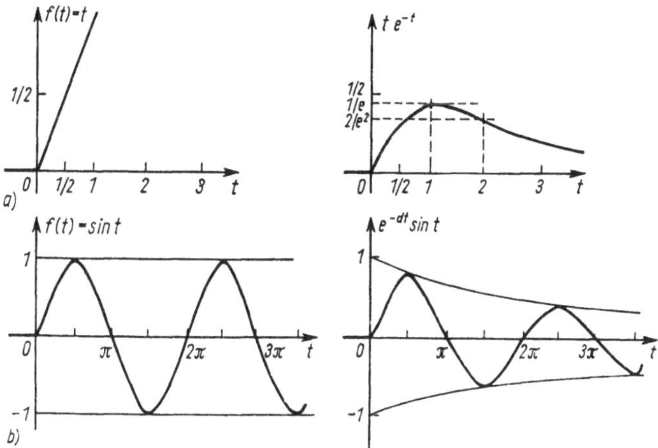

Bild 2.4 a. $f(t) = t$ und die gedämpfte Funktion $t\,\mathrm{e}^{-t}$

Bild 2.4 b. Ungedämpfte Schwingung $f(t) = \sin t$ und gedämpfte Schwingung $\mathrm{e}^{-dt} \sin t$, $d > 0$

2.2.3. Faltungssatz

Eine wichtige Operation zweier Funktionen $f(t)$ und $g(t)$ ist die **Faltung**[1]) (gelesen „f gefaltet mit g")

$$f(t) * g(t) = f * g = \int_0^t f(t - \tau)\, g(\tau)\, \mathrm{d}\tau, \qquad t \geqq 0. \tag{2.18}$$

Diese Rechenoperation hat, wie auch die Schreibweise mit dem Stern $*$ ausdrücken soll, ähnliche Eigenschaften wie die gewöhnliche Multiplikation der zwei Funktionen $f(t)$ und $g(t)$. Es läßt sich beweisen, daß die Faltung kommutativ, assoziativ und distributiv ist:

$$f * g = g * f, \quad (f * g) * h = f * (g * h), \quad f * (g + h) = f * g + f * h.$$

Ist speziell $g(t) \equiv 1$ für $t \geqq 0$, so erhält man bei Beachtung der Kommutativität

[1]) *Faltet* man die graphischen Darstellungen von $f(\tau)$ und $g(\tau)$ im Intervall $0 \leqq \tau \leqq t$ bei $\frac{t}{2}$, so liegen gerade die Funktionswerte $f(\tau)$ und $g(t - \tau)$ übereinander.

die Beziehung

$$1 * f = \int_0^t f(\tau)\,\mathrm{d}\tau. \tag{2.19}$$

Die Faltung wird bei der Anwendung der Laplace-Transformation zur Lösung von Differentialgleichungen und Integralgleichungen sowie in der Mikusińskischen Operatorenrechnung (Abschnitt 4.) eine große Rolle spielen.

Beispiel 2.9: Zur Erläuterung von (2.18) wird für $f(t) = \mathrm{e}^t$ und $g(t) = t^2$ die Faltung $f * g$ berechnet. Zunächst ist:

$$f * g = \int_0^t \mathrm{e}^{t-\tau}\tau^2\mathrm{d}\tau = \mathrm{e}^t \int_0^t \mathrm{e}^{-\tau}\tau^2\,\mathrm{d}\tau.$$

Durch zweimalige partielle Integration erhält man

$$f * g = \mathrm{e}^t * t^2 = 2\,\mathrm{e}^t - 1 - (t+1)^2.$$

Für die Existenz der Faltung (2.18) gibt es viele verschiedene hinreichende Bedingungen, u.a. existiert $f * g$, falls $f(t)$ und $g(t)$ zur in 2.1.2. eingeführten Klasse der durch Exponentialfunktionen beschränkten Funktionen gehören.

Für die Transformation der Faltung $f * g$ gilt unter verschiedenen Voraussetzungen an die Funktionen $f(t)$ und $g(t)$ ([6], S. 121) mindestens in $\operatorname{Re} p > \max(x_1, x_2)$ der

Faltungssatz:

$$L\{f * g\} = F(p)\,G(p). \tag{2.20}$$

(2.20) gilt z.B. für die Klasse der durch Exponentialfunktionen beschränkten Funktionen $f(t)$ und $g(t)$ (siehe 2.1.2.).

Beispiel 2.10: Die Faltung von $f(t) = \mathrm{e}^t$ und $g(t) = t^2$ wird transformiert. Es ist nach (2.5) und Beispiel 2.11

$$L\{\mathrm{e}^t\} = F(p) = \frac{1}{p-1}, \quad L\{t^2\} = G(p) = \frac{2}{p}.$$

Mit dem Faltungssatz (2.20) ergibt sich für $\operatorname{Re} p > 1$

$$L\{f * g\} = L\{\mathrm{e}^t * t^2\} = \frac{2}{p(p-1)}.$$

Dasselbe Ergebnis, aber umständlicher, erhält man natürlich durch Transformation von $2\,\mathrm{e}^t - 1 - (t+1)^2$ aus Beispiel 2.9.

Es ist üblich, den Faltungssatz (2.20) für den Spezialfall $g(t) \equiv 1$ besonders zu notieren. Unter Beachtung von (2.19) gilt für $\operatorname{Re} p > \max(0, x_1)$ der

Integrationssatz:

$$L\left\{\int_0^t f(\tau)\,\mathrm{d}\tau\right\} = \frac{1}{p}F(p). \tag{2.21}$$

Beispiel 2.11: Formel (2.21) läßt sich benutzen, um $L\{t^n\}$, $n \in \mathrm{N}$, zu berechnen. Dazu ist $f(t) = t^{n-1}$, $n = 1, 2, \ldots$, in (2.21) einzusetzen, das ergibt die Beziehung

$$L\left\{\int_0^t \tau^{n-1}\,\mathrm{d}\tau\right\} = L\left\{\frac{t^n}{n}\right\} = \frac{1}{p}L\{t^{n-1}\}.$$

Durch wiederholte Anwendung dieser Rekursionsformel folgt für $\operatorname{Re} p > 0$

$$L\{t^n\} = \frac{n}{p}L\{t^{n-1}\} = \frac{n(n-1)}{p^2}L\{t^{n-2}\} = \cdots = \frac{n!}{p^n}L\{1\} = \frac{n!}{p^{n+1}}.$$

2.2.4. Differentiationssatz

Zur Formulierung des Differentiationssatzes ist folgende Vorbetrachtung nötig: Ist die Funktion $f(t)$ für $t > 0$ differenzierbar und existiert $\int_0^t f'(\tau)\,\mathrm{d}\tau$, dann gilt

$$\int_0^t f'(\tau)\,\mathrm{d}\tau = \lim_{\varepsilon\to+0} \int_\varepsilon^t f'(\tau)\,\mathrm{d}\tau = f(t) - \lim_{\varepsilon\to+0} f(\varepsilon). \tag{2.22}$$

Folglich muß der Grenzwert $\lim_{t\to+0} f(t) = f_0$ (rechtsseitiger Grenzwert in 0) existieren, er kann aber verschieden sein vom Funktionswert $f(0)$. Ist $f(t)$ sogar für $t \geqq 0$ differenzierbar, dann ist natürlich $f(0) = f_0$.

Beispiel 2.12: Die Funktionen

$$f_1(t) = \begin{cases} 0, t < 0, \\ 1, t \geqq 0, \end{cases} \quad f_2(t) = \begin{cases} 0, t \leqq 0, \\ 1, t > 0, \end{cases} \quad f_3(t) = \begin{cases} 0, t < 0, \\ 1, t > 0, \end{cases}$$

sind für $t > 0$ differenzierbar, sie haben alle nach (2.4) dieselbe Bildfunktion $\frac{1}{p}$, und es gilt $\lim_{t\to+0} f_i(t) = 1 = f_0$ für $i = 1, 2, 3$. Dagegen ist $f_1(0) = 1$, $f_2(0) = 0$ und $f_3(0)$ gar nicht definiert, d.h., nur für $i = 1$ ist $f(0) = f_0$.

Ersetzt man nun in (2.21) die Funktion $f(t)$ durch $f'(t)$, so erhält man unter Beachtung von (2.22), (2.10) und (2.4):

$$L\left\{\int_0^t f'(\tau)\mathrm{d}\tau\right\} = L\{f(t)\} - L\{f_0\} = L\{f(t)\} - \frac{f_0}{p} = \frac{1}{p} L\{f'(t)\}.$$

Multipliziert man diese Gleichung mit p, so ergibt sich der für $\operatorname{Re} p > \max(0, x_1)$ gültige

Differentiationssatz:

$$L\{f'(t)\} = pF(p) - f_0, \tag{2.23}$$

falls $f'(t)$ transformierbar ist; $f_0 = \lim_{t\to+0} f(t)$.

Beispiel 2.13: $L\{\sin t\}$ ist aus Beispiel 2.6 bekannt. Wegen $f'(t) = \cos t$ und $f(0) = f_0 = 0$ ist

$$L\{\cos t\} = pL\{\sin t\} = \frac{p}{p^2+1}.$$

Beispiel 2.14: Man löse das Anfangswertproblem

$$y'(t) = 10y(t), \quad y(0) = 5.$$

Mit $Y(p) = L\{y(t)\}$, $y_0 = y(0) = 5$ folgt aus (2.23)

$$pY(p) - 5 = 10Y(p), \quad Y(p) = \frac{5}{p-10}.$$

Zu dieser Bildfunktion $Y(p)$ gehört die einzige Originalfunktion $y(t) = 5\,\mathrm{e}^{10t}$ (dabei wird Satz 2.3 benutzt), die tatsächlich die Lösung der obigen Anfangswertaufgabe ist. Die in diesem Beispiel angedeutete Lösung von gewöhnlichen Differentialgleichungen wird in Abschnitt 3.1. ausführlich betrachtet.

Die mit der Formel (2.22) verbundene Überlegung kann verallgemeinert werden: Ist die Funktion $f(t)$ für $t > 0$ n-mal differenzierbar und existiert $\int_0^t f^{(n)}(\tau)\,d\tau$, dann existieren die rechtsseitigen Grenzwerte

$$\lim_{t\to+0} f(t) = f_0, \quad \lim_{t\to+0} f'(t) = f_0', \cdots, \quad \lim_{t\to+0} f^{(n-1)}(t) = f_0^{(n-1)}.$$

Diese Grenzwerte können von den Funktionswerten

$$f(0), \quad f'(0), \ldots, \quad f^{(n-1)}(0)$$

verschieden sein, falls diese überhaupt definiert sind. Ist $f(t)$ sogar für $t \geqq 0$ n-mal differenzierbar, dann ist natürlich

$$f(0) = f_0, \quad f'(0) = f_0', \ldots, \quad f^{(n-1)}(0) = f_0^{(n-1)}.$$

Durch wiederholte Anwendung von (2.23) erhält man für $n \in \mathrm{N}$, $\operatorname{Re} p > x_1$ den **verallgemeinerten Differentiationssatz:**

$$L\{f^{(n)}(t)\} = p^n F(p) - f_0 p^{n-1} - f_0' p^{n-2} - \ldots - f_0^{(n-1)}, \tag{2.24}$$

falls $f^{(n)}(t)$ transformierbar ist.

Dieser Satz gestattet also die Abbildung der n-ten Ableitung der Originalfunktion $f(t)$: Im Bildbereich wird $L\{f(t)\} = F(p)$ mit p^n multipliziert und um ein Polynom ergänzt. (2.24) ist bei der Lösung von Differentialgleichungen sehr nützlich!

Beispiel 2.15: Man löse das Anfangswertproblem $y''(t) + y(t) = \sin t$; $y(0) = 0$, $y'(0) = 1$. Formel (2.24) mit $n = 2$, $y_0 = y(0)$, $y_0' = y'(0)$, $Y(p) = L\{y(t)\}$ und $L\{\sin t\}$ aus Beispiel 2.6 ergeben im Bildbereich

$$p^2 Y(p) - 1 + Y(p) = \frac{1}{p^2+1}, \quad Y(p) = \frac{1}{p^2+1}\left(1 + \frac{1}{p^2+1}\right).$$

Wird wieder Satz 2.3 benutzt, so erhält man mit Beispiel 2.6 und dem Faltungssatz (2.20) als einzige zu $Y(p)$ gehörige Originalfunktion

$$y(t) = \sin t + \sin t * \sin t = \sin t + \int_0^t \sin(t-\tau)\sin\tau\,d\tau$$

$$= \sin t + \frac{1}{2}\int_0^t (\cos(t-2\tau) - \cos t)\,d\tau = \frac{3}{2}\sin t - \frac{1}{2}t\cos t,$$

die tatsächlich die Lösung der Anfangswertaufgabe darstellt. An diesem Beispiel erkennt man bereits die Vorteile (siehe auch Bild 1.2) der Laplace-Transformation gegenüber herkömmlichen Methoden bei der Lösung von Anfangswertproblemen.

2.2.5. Weitere Rechenregeln

Einfache Regeln sind noch für die Transformation von $t^n f(t)$, $n \in \mathrm{N}$, und $\frac{1}{t} f(t)$ als Multiplikations- und Divisionssatz bekannt. Weitere hier nicht mehr aufgeführte Regeln betreffen z.B. die Multiplikation von Originalfunktionen und die Differenzenbildung.

Benutzt man bereits die Tatsache, daß $L\{f(t)\} = F(p)$ in einer Halbebene $\operatorname{Re} p > x_1$ eine analytische Funktion ist (Satz 2.6), so kann man also dort beliebige Ableitungen von $F(p)$ nach p bilden. Es läßt sich zeigen, daß diese Differentiationen unter dem Integral (2.1) durchgeführt werden können. Das ergibt den für $\operatorname{Re} p > x_1$ gültigen

Multiplikationssatz:

$$L\{t^n f(t)\} = (-1)^n F^{(n)}(p). \tag{2.25}$$

Beispiel 2.16: Mit $f(t) = e^{at}$ erhält man nach (2.5) für $n \in \mathrm{N}$ und $\operatorname{Re} p > \operatorname{Re} a$ die Beziehung

$$L\{t^n e^{at}\} = (-1)^n \left(\frac{1}{p-a}\right)^{(n)} = (-1)^n \frac{(-1)^n n!}{(p-a)^{n+1}} = \frac{n!}{(p-a)^{n+1}}.$$

Ist $\frac{1}{t} f(t)$ transformierbar, so läßt sich auf $L\left\{\frac{1}{t} f(t)\right\} = G(p)$ die Regel (2.25) mit $n = 1$ anwenden und ergibt für $\operatorname{Re} p > x_1$

$$F(p) = L\{f(t)\} = -G'(p) \quad \text{oder} \quad G(p) - G(p_0) = \int_p^{p_0} F(q)\,dq.$$

Benutzt man bereits die in Satz 2.7 gezeigte Tatsache, daß jede Laplace-Transformierte für $\operatorname{Re} p \to \infty$ gegen null strebt, so folgt der für $\operatorname{Re} p > x_1$ gültige

Divisionssatz:

$$L\left\{\frac{1}{t} f(t)\right\} = \int_p^{\infty} F(q)\,dq, \tag{2.26}$$

falls $\frac{1}{t} f(t)$ *transformierbar ist.*

Der Integrationsweg kann parallel zur reellen Achse liegen.

Beispiel 2.17: Es soll die Laplace-Transformierte der Funktion $f(t) = \frac{1}{t}(e^{at} - e^{bt})$ berechnet werden. Der Additionssatz (2.10) ist nicht brauchbar, weil die Transformierten der Summanden nicht existieren. Nach (2.26) und (2.5) ist

$$L\left\{\frac{1}{t}(e^{at} - e^{bt})\right\} = \int_p^{\infty} \left(\frac{1}{q-a} - \frac{1}{q-b}\right) dq = [\ln(q-a) - \ln(q-b)]_p^{\infty}$$

$$= \ln \frac{q-a}{q-b}\bigg|_p^{\infty} = \ln \frac{p-a}{p-b}.$$

Dabei wurde beachtet, daß $f(t)$ wegen der Stetigkeit bei $t = 0$ nach Satz 2.1 transformierbar ist. Das Ergebnis ist für beliebige $a, b \in \mathrm{K}$ und für $\operatorname{Re} p > \max(\operatorname{Re} a, \operatorname{Re} b)$ richtig.

Existiert $L\left\{\frac{1}{t} f(t)\right\}$ für $p = 0$, so läßt sich die Gültigkeit von (2.26) auch für $p = 0$ nachweisen. Das ergibt die nützliche Formel:

$$\int_0^{\infty} \frac{1}{t} f(t)\,dt = \int_0^{\infty} F(q)\,dq. \tag{2.27}$$

2.2.6. Transformation periodischer Funktionen

Hat $f(t)$ die Periode T, d.h., ist $f(t) = f(t+T)$, so gilt

$$L\{f(t)\} = \sum_{n=0}^{\infty} \int_{nT}^{(n+1)T} e^{-pt} f(t)\, dt = \sum_{n=0}^{\infty} e^{-pTn} \int_{0}^{T} e^{-p\tau} f(\tau)\, d\tau,$$

dabei wurde in den Integralen die Substitution $t = nT + \tau$ durchgeführt. Benutzt man noch die Reihensumme der geometrischen Reihe ([T 1], Abschn. 1.1.3.2.), so ergibt sich für $\operatorname{Re} p > 0$ die

Transformationsformel:

$$L\{f(t)\} = \frac{1}{1 - e^{-pT}} \int_{0}^{T} e^{-pt} f(t)\, dt, \tag{2.28}$$

falls $f(t+T) = f(t)$ und $f(t)$ integrierbar ist.

Beispiel 2.18: Die periodische Funktion (Bild in Tab. 1, Nr. 91, dort T durch $T/2$ ersetzen)

$$f(t) = \begin{cases} 1, & 0 < t < T/2, \\ 0, & T/2 < t < T, \end{cases} \quad f(t+T) = f(t),$$

hat die einfache Laplace-Transformierte

$$L\{f(t)\} = \frac{1}{1 - e^{-pT}} \int_{0}^{T/2} e^{-pt}\, dt = \frac{1}{p} \frac{1 - e^{-Tp/2}}{1 - e^{-Tp}} = \frac{1}{p} \frac{1}{1 + e^{-Tp/2}}.$$

Beispiel 2.19: Die Sägezahnfunktion des Bildes 2.5

$$f(t) = \begin{cases} 2t/T, & 0 \leqq t \leqq T/2, \\ 2(1 - t/T), & T/2 \leqq t \leqq T, \end{cases} \quad f(t+T) = f(t),$$

soll transformiert werden. Wegen

$$\int_{0}^{T} e^{-pt} f(t)\, dt = \frac{2}{T} \int_{0}^{T/2} e^{-pt} t\, dt + 2 \int_{T/2}^{T} e^{-pt} \left(1 - \frac{t}{T}\right) dt = \frac{2}{Tp^2} (1 - e^{-pT/2})^2$$

ergibt sich nach (2.28) für $\operatorname{Re} p > 0$ die Transformierte

$$L\{f(t)\} = \frac{2}{Tp^2} \frac{1 - e^{-pT/2}}{1 + e^{-pT/2}} = \frac{2}{Tp^2} \tanh \frac{pT}{4}.$$

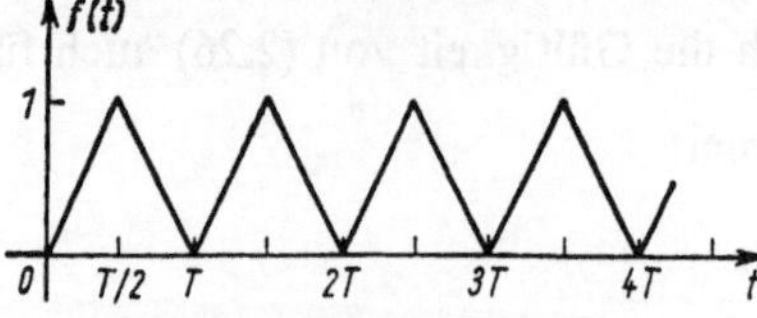

Bild 2.5. Eine Sägezahnfunktion

2.2.7. Übersicht über die Rechenregeln

In der folgenden Tabelle werden die wichtigsten Regeln nochmals zusammengestellt und durch einige neue Regeln ergänzt, die ohne weitere Erläuterungen verständlich sind.

Originalbereich	Bildbereich
$\alpha f(t) + \beta g(t)$	$\alpha F(p) + \beta G(p)$
$\begin{cases} 0, & t < b/a \\ f(at - b), & t \geqq b/a \end{cases}$ $a > 0,\ b \geqq 0$	$\frac{1}{a} e^{-\frac{b}{a}p} F\left(\frac{p}{a}\right)$
$f(at),\ a > 0$	$\frac{1}{a} F\left(\frac{p}{a}\right)$
$\begin{cases} 0, & t < b \\ f(t - b), & t \geqq b \geqq 0 \end{cases}$	$e^{-bp} F(p)$
$f(t + b),\ b \geqq 0$	$e^{bp}\left(F(p) - \int_0^b e^{-pt} f(t)\, dt\right)$
$\frac{1}{c} e^{-\frac{d}{c}t} f\left(\frac{t}{c}\right),\ c > 0$	$F(cp + d)$
$e^{-dt} f(t)$	$F(p + d)$
$f(t) * g(t)$	$F(p)\, G(p)$
$1 * f(t) = \int_0^t f(\tau)\, d\tau$	$\frac{1}{p} F(p)$
$f'(t)$	$pF(p) - f_0$
$f^{(n)}(t)$	$p^n F(p) - f_0 p^{n-1} - \cdots - f_0^{(n-1)}$
$t^n f(t)$	$(-1)^n F^{(n)}(p)$
$t^m f^{(n)}(t),\ m \geqq n$	$(-1)^m (p^n F(p))^{(m)}$
$(t^m f(t))^{(n)},\ m \geqq n$	$(-1)^m p^n F^{(m)}(p)$
$\frac{1}{t} f(t)$	$\int_p^\infty F(q)\, dq$
$\int_t^\infty \frac{f(\tau)}{\tau}\, d\tau$	$\frac{1}{p} \int_0^p F(q)\, dq$
$f(t) = f(t + T)$	$\frac{1}{1 - e^{-pT}} \int_0^T e^{-pt} f(t)\, dt$
$f([t])$	$\frac{1 - e^{-p}}{p} \sum_{n=0}^{\infty} f(n)\, e^{-np}$

2.2.8. Aufgaben: Anwendung der Rechenregeln

Aufgabe 2.6: Man transformiere mit geeigneten Regeln *

a) $\sin\left(2t - \frac{\pi}{2}\right)$; b) $e^{-t}\sin t$; c) $[t]$.

* *Aufgabe 2.7:* Man bestimme $L\{e^{bt}\sinh at\}$, a, b reell.

* *Aufgabe 2.8:* Man bestimme $L\left\{\frac{1}{t}\sin t\right\}$.

* *Aufgabe 2.9:* a) Man beweise ($n = 1, 2, \ldots$; n Faktoren 1) $1 * 1 * \cdots * 1 = \frac{1}{(n-1)!}t^{n-1}$; b) (2.21) ist damit zu verallgemeinern.

* *Aufgabe 2.10:* Man bestimme $L\{t\sin t\}$ und $L\{t^2\sin t\}$.

* *Aufgabe 2.11:* Man löse $y''(t) - y(t) = 1$, $y(0) = y'(0) = 0$.

* *Aufgabe 2.12:* Man berechne $\int\limits_0^\infty \frac{1}{t}(e^{-t} - e^{-2t})\,dt$.

* *Aufgabe 2.13:* Man bestimme $L\{f(t)\}$ für die periodische Funktion

$$f(t) = \begin{cases} 0, & t < a \ (a > 0), \\ 1, & a \leqq t \leqq T, \end{cases} \quad f(t+T) = f(t).$$

* *Aufgabe 2.14:* Man transformiere $e^t * \sin t$.

* *Aufgabe 2.15:* Man bestimme $L\{|\sin t|\}$.

2.3. Eigenschaften einer Laplace-Transformierten

Für die Bildfunktion $F(p)$ werden einige Eigenschaften angegeben, insbesondere wird im Satz 2.6 der Zusammenhang zwischen $F(p)$ und den analytischen Funktionen ([B 9], Abschnitt 3.) hergestellt.

2.3.1. Sätze für Laplace-Transformierte $F(p)$

Der Satz 2.1, der für die Klasse der absolut konvergenten Laplace-Integrale gilt, läßt sich verallgemeinern ([9], S. 25) zum

S.2.4 **Satz 2.4:** *Konvergiert* (2.1) *für* $p = p_0$, *so existiert die Bildfunktion* $F(p)$ *mindestens in der Halbebene* $\operatorname{Re} p > \operatorname{Re} p_0$ (*Konvergenzhalbebene*).

Beispiel 2.20: Für $f(t) = e^{at}$, $a \in K$, ist nach der Rechnung im Beispiel 2.2 jedes p_0 mit $\operatorname{Re} p_0 > \operatorname{Re} a$ möglich. Daraus folgt noch, daß $\operatorname{Re} p > \operatorname{Re} a$ die größte Halbebene ist, in der (2.1) existiert.

S.2.5 **Satz 2.5:** *Es gilt:* $F(p) \to 0$ *für* $x = \operatorname{Re} p \to \infty$.

Ein Beweis dieses Satzes für absolut konvergente Laplace-Integrale ist in [4], S. 15, zu finden. Der Satz gilt sogar für beliebige Bildfunktionen $F(p)$ ([6], S. 136).

Beispiel 2.21: e^{-p^3} ist keine Bildfunktion, weil z. B. für $x = y = \operatorname{Re} p \to \infty$ im Gegensatz zu Satz 2.5 $|e^{-p^3}| = e^{-\operatorname{Re} p^3} = e^{2x^3} \to \infty$ gilt.

Beispiel 2.22: Jede in p rationale Funktion mit einem Zählerpolynom, dessen Grad größer oder gleich dem Grad des Nennerpolynoms ist, ist keine Laplace-Transformierte. Dies folgt sofort aus Satz 2.5; denn gilt $F(p) \to 0$ für $x = \operatorname{Re} p \to \infty$, so muß der Zählergrad kleiner als der Nennergrad sein. Insbesondere sind also alle Konstanten $c \neq 0$ sowie p keine Laplace-Transformierten.

Alle bisher berechneten Bildfunktionen sind in einer Halbebene identisch mit bekannten analytischen Funktionen. So gilt z. B. nach (2.4) die Beziehung $L\{u(t)\} = \frac{1}{p}$

für $\operatorname{Re} p > 0$. Die analytische Funktion $\frac{1}{p}$ ist für alle $p \neq 0$ definiert, aber Bildfunktion ist sie nur für $\operatorname{Re} p > 0$. Dieser bisher an Beispielen festgestellte Zusammenhang zwischen analytischen Funktionen und Laplace-Transformierten gilt allgemein und ist im folgenden Satz formuliert.

Satz 2.6: *$F(p)$ ist in der Halbebene $\operatorname{Re} p > \operatorname{Re} p_0$ eine analytische Funktion, sie ist beliebig oft nach p differenzierbar, und für die n-te Ableitung gilt* S.2.6

$$F^{(n)}(p) = (-1)^n \int_0^\infty e^{-pt} t^n f(t)\, dt = (-1)^n L\{t^n f(t)\}. \tag{2.29}$$

Der Beweis dieses wichtigen Satzes für die Klasse der absolut konvergenten Laplace-Integrale ist in [4], S. 14, zu finden. Der Satz gilt auch für beliebige Bildfunktionen ([9], S. 35). Die Formel zur Berechnung der Ableitungen ist bereits unter den Rechenregeln als Multiplikationssatz (2.25) aufgeführt und am Beispiel 2.16 illustriert.

Der Satz 2.6 erlaubt es, die Theorie der analytischen Funktionen (Funktionentheorie, [B 9]) auf die Transformierten $F(p)$ anzuwenden; dies wird später z.B. bei der Umkehrung der Laplace-Transformation oder bei asymptotischen Zusammenhängen benutzt. Die Umkehrung des Satzes 2.6 gilt nicht, d.h., nicht jede in einer rechten Halbebene analytische Funktion ist Laplace-Transformierte. Dies folgt aus den Sätzen 2.4 und 2.5, den Beispielen 2.21 und 2.22 und dem

Satz 2.7: *Eine Bildfunktion $F(p) \not\equiv 0$ ist nicht periodisch und hat keine Folge äquidistanter Nullstellen auf einer Parallelen zur reellen Achse.* S.2.7

Dieser Satz, der wieder für beliebige Bildfunktionen gilt, ist in [4], S. 118, bewiesen.

Beispiel 2.23: e^{ap}, $a \in K$, ist nach Satz 2.7 keine Laplace-Transformierte, weil e^{ap} die Periode $\frac{2\pi j}{a}$, $a \neq 0$, besitzt. Für $a = 0$ ist $e^{ap} = 1$ mit beliebiger Periode und damit auch keine Bildfunktion.

2.3.2. Parsevalsche Gleichung

Existieren die beiden Integrale

$$\int_0^\infty e^{-xt}|f(t)|\, dt, \qquad \int_0^\infty e^{-2xt}|f(t)|^2\, dt, \tag{2.29a}$$

so gilt die als Parsevalsche Gleichung bekannte Formel

$$\int_0^\infty e^{-2xt}|f(t)|^2\, dt = \frac{1}{2\pi} \int_{-\infty}^\infty |F(x + jy)|^2\, dy. \tag{2.29b}$$

Der Beweis von (2.29b) und andere Formen der Darstellung sind in [6], II. Teil, 6. Kapitel, zu finden. Natürlich ist der Zusammenhang zwischen $f(t)$ und $F(x + jy) = F(p)$ gemäß (2.2) gegeben.

Ist (2.29a) sogar für $x = 0$ erfüllt, so vereinfacht sich (2.29b) zu

$$\int_0^\infty |f(t)|^2\, dt = \frac{1}{2\pi} \int_{-\infty}^\infty |F(jy)|^2\, dy. \tag{2.29c}$$

Diese letzte Formel läßt sich physikalisch/technisch interpretieren. Ist z. B. in der

Regelungstechnik mit $f(t)$ die Regelgröße bezeichnet, so ist $\int_0^\infty |f(t)|^2 \, dt$ die quadratische Regelungsfläche, die zu minimieren wünschenswert ist. Für diese Minimierung kann die Formel (2.29c) als Ausgangspunkt dienen.

2.3.3. Aufgaben: Eigenschaften einer Laplace-Transformierten

* *Aufgabe 2.16:* Man beweise den im Beispiel 2.5 verwendeten Schluß: Konvergiert (2.1) für kein reelles p, dann konvergiert (2.1) für überhaupt kein p.

* *Aufgabe 2.17:* Sind $\sqrt{p}$ und $\frac{1}{\sqrt{p}}$ Bildfunktionen?

* *Aufgabe 2.18:* Warum sind die analytischen Funktionen $\sin p$ und $\sinh p$ keine Laplace-Transformierten?

* *Aufgabe 2.19:* Ist e^{-p^2} eine Laplace-Transformierte?

* *Aufgabe 2.20:* Sind a) $\frac{1}{p^2+1}$, b) $\frac{p}{p^2+1}$, c) $\frac{p^2}{p^2+1}$ Transformierte?

2.4. Umkehrung der Laplace-Transformation

Bei der Lösung von Funktional- (z.B. Differentialgleichungen) geht man wie schon in den Beispielen 2.14, 2.15 und in Aufgabe 2.11 praktiziert vor: Transformation der Gleichung in den Bildbereich, Bestimmung der Lösung der Bildgleichung und Rücktransformation dieser Lösung (siehe auch Bild 1.2). In diesem letzten Schritt liegt meist die Schwierigkeit dieses Vorgehens.

Bei der Umkehrung der Laplace-Transformation ist also die Bildfunktion $F(p)$ gegeben und eine zugehörige Originalfunktion $f(t)$ zu bestimmen. Üblicherweise verwendet man für diese **Rücktransformation** die Bezeichnung:

$$L^{-1}\{F(p)\} = f(t). \tag{2.30}$$

Über die Eindeutigkeit von (2.30) wurden bereits in den Sätzen 2.2 und 2.3 des Abschnitts 2.1.4. zwei Aussagen gemacht:

a) $f(t)$ ist nur bis auf eine Nullfunktion $n(t)$ bestimmt,

b) es gibt höchstens eine für $t > 0$ stetige Originalfunktion.

$f(t)$ in (2.30) soll stets die stetige Originalfunktion bedeuten, falls eine solche existiert; sonst soll $f(t)$ irgendeine Originalfunktion bezeichnen.

Die einfachste Möglichkeit der Rücktransformation besteht natürlich im Benutzen der Tabelle 1. Beispielsweise bedeutet (T 5) in dieser Tabelle[1]):

$$L^{-1}\left\{\frac{1}{p-a}\right\} = e^{at}, \quad a \in \mathsf{K}.$$

In Abschnitt 2.4.1. wird die Rücktransformation rationaler Bildfunktionen $F(p)$ mittels Partialbruchzerlegung behandelt; diese Aufgabe tritt in den Anwendungen besonders häufig auf. Die komplexe Umkehrformel (2.38) des Abschnitts 2.4.4. bildet

[1]) (T 1) bedeutet die Formel Nr. 1 in der Tabelle 1.

den Ausgangspunkt für andere Methoden, z.B. der Anwendung der Residuenrechnung oder der Herleitung asymptotischer Formeln. Numerische Verfahren zur Berechnung von $f(t)$ sind z. B. in [10], § 36, zu finden.

2.4.1. Rücktransformation rationaler Bildfunktionen

Die Rücktransformation rationaler Bildfunktionen kommt bei der Lösung von Differentialgleichungen sowie bei Problemen der Elektro- und Regelungstechnik häufig vor, in Tabelle 1 betreffen die Korrespondenzen (T 1) – (T 40) und (T 96) bis (T 105) solche Bildfunktionen (s. auch [T 1], S. 637–642).

Es wird sich zeigen (Satz 2.8), daß zu jeder in p echt gebrochen rationalen Bildfunktion $F(p)$ stets eine für $t > 0$ stetige Originalfunktion $f(t)$ existiert und diese durch Partialbruchzerlegung von $F(p)$ und Rücktransformation der Partialbrüche auch tatsächlich gefunden werden kann.

a) Partialbruchzerlegung rationaler Bildfunktionen $F(p)$

Eine rationale Bildfunktion $F(p) = \dfrac{Z(p)}{N(p)}$ mit dem Zählerpolynom $Z(p)$ und dem Nennerpolynom $N(p)$ ist wegen Beispiel 2.22 stets echt gebrochen rational, d.h., der Zählergrad ist kleiner als der Nennergrad. Sind $Z(p)$ und $N(p)$ noch teilerfremd[1]), so gilt bekanntlich ([T 1], S. 514) die folgende

Partialbruchzerlegung für rationale Funktionen:

$$F(p) = \frac{Z(p)}{N(p)} = \sum_i \left(\frac{c_{i1}}{p - p_i} + \frac{c_{i2}}{(p - p_i)^2} + \ldots + \frac{c_{i\alpha_i}}{(p - p_i)^{\alpha_i}} \right), \qquad (2.31)$$

die $p_i \in \mathsf{K}$ sind die Nullstellen von $N(p)$ mit der Vielfachheit α_i.

Die zunächst unbekannten Koeffizienten c_{ik} des Ansatzes (2.31) lassen sich z.B. mit der Methode des Koeffizientenvergleiches oder der Grenzwertmethode bestimmen ([B 2], Abschnitt 9.2.2.). Diese Methoden werden an den zwei folgenden Beispielen illustriert.

Beispiel 2.24a: Die rationale Bildfunktion

$$F(p) = \frac{Z(p)}{N(p)} = \frac{p + 1}{p^2(p - 1)(p^2 + 1)}$$

soll in Partialbrüche zerlegt werden. Der Nenner $N(p)$ hat die Nullstellen $p_1 = 0$, $p_2 = 1$, $p_3 = \mathrm{j}$, $p_4 = -\mathrm{j}$ mit den Vielfachheiten $\alpha_1 = 2, \alpha_2 = \alpha_3 = \alpha_4 = 1$. Für $F(p)$ ergibt sich deshalb nach (2.31) der Ansatz

$$F(p) = \frac{Z(p)}{N(p)} = \frac{c_{11}}{p} + \frac{c_{12}}{p^2} + \frac{c_{21}}{p - 1} + \frac{c_{31}}{p - \mathrm{j}} + \frac{c_{41}}{p + \mathrm{j}}.$$

Die Koeffizienten $c_{11}, \ldots, c_{41}$ sollen nach der Grenzwertmethode bestimmt werden. Zunächst multipliziert man die letzte Gleichung mit $N(p)$ und erhält

$$p + 1 = (c_{11}p + c_{12})(p - 1)(p^2 + 1) + c_{21}\, p^2(p^2 + 1)$$
$$+ p^2(p - 1)\left(c_{31}(p + \mathrm{j}) + c_{41}(p - \mathrm{j})\right).$$

Hier setzt man nacheinander die Nullstellen $p_1, \ldots, p_4$ und dann z.B. $p = -1$ ein und erhält:

$$c_{12} = -1, \quad c_{21} = 1, \quad c_{31} = \tfrac{1}{2}, \quad c_{41} = \tfrac{1}{2}, \quad c_{11} = -2.$$

$L^{-1}\{F(p)\}$ wird in Beispiel 2.24b bestimmt.

---

[1]) Die Teilerfremdheit wird in den Sätzen 2.16 und 2.17 benötigt, sie ist für die Gültigkeit von (2.31) nicht notwendig.

Beispiel 2.25a: Die rationale Funktion $F(p) = \frac{1}{(p-a)(p-b)}$ mit $a, b \in K$ und $a \neq b$ soll in Partialbrüche zerlegt werden. Wird der Ansatz (2.31)

$$F(p) = \frac{Z(p)}{N(p)} = \frac{c_{11}}{p-a} + \frac{c_{21}}{p-b}$$

mit $N(p)$ multipliziert, so ergibt sich:

$$1 = c_{11}(p-b) + c_{21}(p-a) = (c_{11} + c_{21})\,p - (bc_{11} + ac_{21}).$$

c_{11} und c_{21} sollen durch Vergleich der Koeffizienten gleicher p-Potenzen der rechten und linken Seite der letzten Gleichung bestimmt werden. Dieser Vergleich ergibt das Gleichungssystem

$$c_{11} + c_{21} = 0, \qquad -bc_{11} - ac_{21} = 1$$

mit der Lösung $c_{11} = -c_{21} = \frac{1}{a-b}$. $L^{-1}\{F(p)\}$ siehe Beispiel 2.25b.

b) *Rücktransformation von $F(p)$ im allgemeinen Fall*

Jetzt wird $L^{-1}\{F(p)\}$ bestimmt, wobei $F(p)$ die Form (2.31) hat. Jeder rechts in (2.31) vorkommende Summand (Partialbruch) entspricht einer für $t > 0$ stetigen Originalfunktion. Für $\operatorname{Re} p > \operatorname{Re} p_i$ gilt nämlich nach Beispiel 2.11 und Regel (2.16):

$$L^{-1}\left\{\frac{c}{(p-p_i)^k}\right\} = \frac{ct^{k-1}}{(k-1)!}\,e^{p_i t}; \quad k = 1, 2, \ldots; \quad p_i \in K.$$

Folglich erhält man aus (2.31) die für $\operatorname{Re} p > \max \operatorname{Re} p_i$ gültige **Umkehrformel für rationale Bildfunktionen** als folgenden

S.2.8 **Satz 2.8:** *Falls die rationale Funktion* $F(p) = \frac{Z(p)}{N(p)}$ *die Partialbruchzerlegung* (2.31) *besitzt, so ist*

$$L^{-1}\{F(p)\} = \sum_i \left(c_{i1} + c_{i2}t + \cdots + c_{i\alpha_i}\frac{t^{\alpha_i - 1}}{(\alpha_i - 1)!}\right) e^{p_i t}. \tag{2.32}$$

Formel (2.32) spielt eine große Rolle bei der Lösung von gewöhnlichen Differentialgleichungen (Abschnitt 3.1.), sie hängt eng mit dem dortigen Heavisideschen Entwicklungssatz zusammen.

Beispiel 2.24b: Die für $F(p)$ gefundene Partialbruchzerlegung im Beispiel 2.24a ergibt nach (2.32) für $\operatorname{Re} p > 1$:

$$L^{-1}\{F(p)\} = (c_{11} + c_{12}t)\,e^{p_1 t} + c_{21}\,e^{p_2 t} + c_{31}\,e^{p_3 t} + c_{41}\,e^{p_4 t}.$$

Werden die errechneten Werte für $c_{11}, \ldots, c_{41}$ und p_i eingesetzt, so ergibt sich

$$L^{-1}\{F(p)\} = -2 - t + e^t + \tfrac{1}{2}e^{jt} + \tfrac{1}{2}e^{-jt}.$$

Beachtet man noch die Beziehung $\frac{1}{2}(e^{jt} + e^{-jt}) = \cos t$, so erhält man im Ergebnis nur reellwertige Funktionen.

Beispiel 2.25b: Für die im Beispiel 2.25a betrachtete rationale Funktion folgt mit (2.32) für $\operatorname{Re} p > \max(\operatorname{Re} a, \operatorname{Re} b)$:

$$L^{-1}\{F(p)\} = L^{-1}\left\{\frac{1}{(p-a)(p-b)}\right\} = \frac{e^{at} - e^{bt}}{a-b}; \quad a, b \in K, \quad a \neq b.$$

Ist $a = A + jB$, $b = A - jB$ (konjugiert komplexe Nullstellen), so läßt sich das Ergebnis mit (2.35) noch umformen zu

$$L^{-1}\{F(p)\} = \frac{1}{B}\,e^{At}\sin Bt.$$

c) Rücktransformation bei einfachen Nullstellen des Nenners

Ist eine Nullstelle $p_i \in K$ des Nenners $N(p)$ einfach, dann ergibt die Grenzwertmethode ([T 1], S. 176) zur Bestimmung des zugehörigen Koeffizienten c_{i1} in der Darstellung (2.31)

$$c_{i1} = \frac{Z(p_i)}{N'(p_i)}. \tag{2.33}$$

Sind alle Nullstellen von $N(p)$ einfach und hat $N(p)$ den Grad n, so vereinfacht sich (2.31) und damit auch Satz 2.8 wesentlich; es ist zunächst

$$F(p) = \frac{Z(p)}{N(p)} = \sum_{i=1}^{n} \frac{Z(p_i)}{N'(p_i)} \frac{1}{p - p_i}.$$

Satz 2.9: *Falls der Nenner $N(p)$ der rationalen Funktion $F(p) = \dfrac{Z(p)}{N(p)}$ nur einfache Nullstellen $p_i \in K$ hat, so ist* S.2.9

$$L^{-1}\{F(p)\} = \sum_{i=1}^{n} \frac{Z(p_i)}{N'(p_i)} e^{p_i t}. \tag{2.34}$$

In (2.32) und (2.34) kann man rechts stets zu reellwertigen Funktionen übergehen, falls die Polynome $Z(p)$ und $N(p)$ nur reelle Koeffizienten haben. Dazu benutzt man die Eulersche[1]) Formel (siehe Übersicht S. 8) in der Form

$$e^{at} = e^{At} (\cos Bt + j \sin Bt), \quad a = A + jB. \tag{2.35}$$

Beispiel 2.26: Mit (2.34) wird die Originalfunktion bestimmt zu

$$F(p) = \frac{Z(p)}{N(p)}, \quad Z(p) = p^2 - 2p + 5, \quad N(p) = p^3 + 1.$$

Die Nullstellen von $N(p)$ sowie die Koeffizienten in (2.34) sind hier:

$$p_1 = -1, \quad p_2 = \tfrac{1}{2}(1 + j\sqrt{3}), \quad p_3 = \bar{p}_2; \quad N'(p) = 3p^2;$$

$$\frac{Z(p_1)}{N'(p_1)} = \frac{8}{3}, \frac{Z(p_2)}{N'(p_2)} = -\frac{5}{6} - j\frac{\sqrt{3}}{2}, \frac{Z(p_3)}{N'(p_3)} = -\frac{5}{6} + j\frac{\sqrt{3}}{2}.$$

Mit der üblichen Zusammenfassung zu reellwertigen Funktionen unter Verwendung von (23.5) ist für $\operatorname{Re} p > \frac{1}{2}$:

$$L^{-1}\{F(p)\} = \frac{8}{3} e^{-t} - \left(\frac{5}{6} + j\frac{\sqrt{3}}{2}\right) e^{(1+j\sqrt{3})t/2} + \left(-\frac{5}{6} + j\frac{\sqrt{3}}{2}\right) e^{(1-j\sqrt{3})t/2}$$

$$= \frac{8}{3} e^{-t} - \frac{5}{3} e^{t/2} \cos\frac{\sqrt{3}t}{2} + \sqrt{3}\, e^{t/2} \sin\frac{\sqrt{3}t}{2}.$$

2.4.2. Rücktransformation mittels Rechenregeln und Tabelle 1

Für nichtrationale Bildfunktionen stehen in Tabelle 1 die Korrespondenzen (T 41)–(T 95) zur Verfügung. Tabelle 1 (bzw. umfangreichere Tabellen: [T 2], [T 4]) kann man oft auch dann benutzen, wenn die Bildfunktion nicht unmittelbar vor-

[1]) Leonard Euler (1707–1783), Schweizer Mathematiker.

kommt. Man kann versuchen, $F(p)$ durch Anwendung der Rechenregeln (2.10) bis (2.28) so umzuformen, daß Tabelle 1 benutzt werden kann. Die Partialbruchzerlegung rationaler Bildfunktionen ist ein Beispiel für solche Umformungen.

Das folgende Beispiel zeigt, daß auch rationale Bildfunktionen sich mitunter einfacher als durch (2.32) transformieren lassen.

Beispiel 2.27: Bei Benutzung von (T 14) ist

$$L^{-1}\left\{\frac{1}{N(p)}\right\}, \quad N(p) = p^3(p^2-1),$$

zu bestimmen. Verwendet man den Integrationssatz (2.21) dreimal (siehe auch Aufgabe 2.9b), so ergibt sich für $\operatorname{Re} p > 1$:

$$L^{-1}\left\{\frac{1}{N(p)}\right\} = \int_0^t \int_0^{t_1} \int_0^{t_2} \sinh t_3 \, dt_3 \, dt_2 \, dt_1 = \int_0^t \int_0^{t_1} (\cosh t_2 - 1) \, dt_2 \, dt_1$$

$$= \int_0^t (\sinh t_1 - t_1) \, dt_1 = \cosh t - 1 - \frac{1}{2} t^2.$$

Dagegen wären bei Anwendung der Partialbruchzerlegung für Formel (2.31) die Bestimmung von fünf c_{ik} nötig gewesen.

Schließlich soll noch an drei Beispielen die Rücktransformation nichtrationaler Bildfunktionen gezeigt werden.

Beispiel 2.28: Faltungssatz (2.20), (2.7) und (2.5) ergeben (siehe auch S. 8)

$$L^{-1}\left\{\frac{1}{\sqrt{p}} \frac{1}{p-1}\right\} = \frac{e^t}{\sqrt{\pi}} \int_0^t \frac{e^{-\tau}}{\sqrt{\tau}} \, d\tau = \frac{2e^t}{\sqrt{\pi}} \int_0^{\sqrt{t}} e^{-x^2} \, dx = e^t \operatorname{erf} \sqrt{t}.$$

Beispiel 2.29: Dämpfungssatz (2.17) und (2.7) ergeben für $a > 0$

$$L^{-1}\left\{\frac{1}{\sqrt{p+a}}\right\} = \frac{1}{\sqrt{\pi t}} e^{-at}.$$

Beispiel 2.30: Aus (T 69) folgt mit dem Differentiationssatz (2.23)

$$L^{-1}\left\{\sqrt{\frac{\pi a}{p}} e^{a/p}\right\} = pL^{-1}\left\{\frac{1}{p}\sqrt{\frac{\pi a}{p}} e^{a/p}\right\} = (\sinh 2\sqrt{at})' = \sqrt{\frac{a}{t}} \cosh 2\sqrt{at}.$$

2.4.3. Rücktransformation durch Reihenentwicklung

Ist eine Bildfunktion gegeben in Form einer unendlichen Reihe von Bildfunktionen $F_n(p)$ oder läßt sie sich in eine solche Reihe entwickeln, so kann formal gliedweise rücktransformiert werden. Es wird also zu

$$F(p) = \sum_{n=0}^{\infty} F_n(p)$$

die Funktion

$$f(t) = \sum_{n=0}^{\infty} f_n(t), \quad f_n(t) = L^{-1}\{F_n(p)\},$$

gebildet. Zu klären ist jetzt, ob die Reihe der Originalfunktionen konvergiert und ob $L\{f(t)\} = F(p)$ gilt. Der folgende einfache Satz über die gliedweise Rücktransformation ist in [9], S. 188, zu finden.

Satz 2.10: *Ist die unendliche Reihe* **S.2.10**

$$F(p) = \sum_{n=0}^{\infty} a_n p^{-\lambda_n}, \quad 0 < \lambda_0 < \lambda_1 < \cdots < \lambda_n \to \infty,$$

absolut konvergent für $|p| > R$, *so ist sie Laplace-Transformierte der Originalfunktion*

$$f(t) = \sum_{n=0}^{\infty} a_n \frac{t^{\lambda_n - 1}}{\Gamma(\lambda_n)}. \tag{2.36}$$

(2.36) *konvergiert für beliebige (sogar komplexe)* $t \neq 0$.

Beispiel 2.31: Satz 2.10 wird für die Funktion

$$F(p) = \frac{1}{\sqrt{p}} e^{1/p} = \frac{1}{\sqrt{p}} \sum_{n=0}^{\infty} \frac{1}{n!\, p^n} = \sum_{n=0}^{\infty} \frac{1}{n!\, p^{n+1/2}}$$

angewendet. Die Reihe ist (wie bekannt) absolut konvergent für $|p| > 0$, die zugehörige Originalfunktion ist durch (2.36) bestimmt mit $\lambda_n = n + \frac{1}{2}$:

$$f(t) = \sum_{n=0}^{\infty} \frac{1}{n!\,\Gamma(n + 1/2)} t^{n-\frac{1}{2}} = \frac{1}{\sqrt{\pi t}} \sum_{n=0}^{\infty} \frac{(4t)^n}{(2n)!} = \frac{1}{\sqrt{\pi t}} \cosh 2\sqrt{t}.$$

Benutzt wurden bei der Umformung die Reihendarstellung von $\cosh x$ ([T 1], S. 34) sowie die Formel ([B 12], Abschnitt 2.2.)

$$\Gamma\left(n + \frac{1}{2}\right) = \frac{(2n)!\sqrt{\pi}}{n!2^{2n}}, \quad n = 1, 2, \ldots.$$

Ein besonders einfacher Fall für Satz 2.10 entsteht für natürliche Zahlen $\lambda_n = n + 1$; $F(p)$ ist dann eine Potenzreihe in p^{-1} ohne Absolutglied, $\Gamma(n + 1)$ wird durch $n!$ ersetzt.

Satz 2.10a: *Ist die Potenzreihe* **S.2.10a**

$$F(p) = \sum_{n=0}^{\infty} a_n p^{-n-1}$$

konvergent für $|p| > R$, *so ist sie Laplace-Transformierte der für alle* t *konvergenten Potenzreihe*

$$f(t) = \sum_{n=0}^{\infty} \frac{1}{n!} a_n t^n. \tag{2.37}$$

Beispiel 2.32: Bei Verwendung der für $|p| > 1$ konvergenten Binomialreihe ([T 1], S. 32) ist nach Satz 2.10a für

$$F(p) = \frac{1}{\sqrt{p^2 + 1}} = \frac{1}{p} \frac{1}{\sqrt{1 + p^{-2}}} = \sum_{n=0}^{\infty} \binom{-\frac{1}{2}}{n} p^{-2n-1},$$

$$f(t) = \sum_{n=0}^{\infty} \binom{-\frac{1}{2}}{n} \frac{1}{(2n)!} t^{2n} = \sum_{n=0}^{\infty} \frac{(-1)^n}{(n!)^2} \left(\frac{t}{2}\right)^{2n} = J_0(t)$$

wegen der Definition der Besselschen[1]) Funktion (siehe Übersicht S. 8).

[1]) Wilhelm Friedrich Bessel (1784–1846), deutscher Astronom.

2.4.4. Die komplexe Umkehrformel

Versagen die bisherigen Methoden der Rücktransformation, so ist auf die komplexe Umkehrformel zurückzugreifen. Diese Formel wird hier nur für die Klasse der absolut konvergenten Laplace-Integrale angegeben; ein Beweis des folgenden Satzes ist in [9], S. 153, zu finden.

S.2.11 **Satz 2.11:** *Konvergiert $F(p) = L\{f(t)\}$ absolut für ein reelles $p = x_0$, so ist für $x \geqq x_0$ und an jeder Stelle t, wo $f(t)$ in einer Umgebung von beschränkter Variation*[1]) *ist:*

$$\lim_{y\to\infty} \frac{1}{2\pi \mathrm{j}} \int\limits_{x-\mathrm{j}y}^{x+\mathrm{j}y} \mathrm{e}^{tq} F(q)\,\mathrm{d}q = \begin{cases} \frac{1}{2}(f(t+0)+f(t-0)), & t>0, \\ \frac{1}{2}f(+0), & t=0, \\ 0, & t<0. \end{cases} \tag{2.38}$$

Der Integrationsweg ist eine Gerade in der Halbebene der absoluten Konvergenz von (2.1) parallel zur imaginären Achse. $f(t+0)$ und $f(t-0)$ bedeuten wie üblich den rechts- und linksseitigen Grenzwert an der Stelle t; an jeder Stetigkeitsstelle von $f(t)$ stimmen diese beiden Grenzwerte bekanntlich überein, und in (2.38) steht dann rechts einfach $f(t)$. Die als Voraussetzung genannte beschränkte Variation garantiert die Existenz dieser Grenzwerte.

Die Bedeutung des Satzes 2.11 besteht darin, daß es sich in (2.38) um ein Integral mit einem Integranden in Form einer analytischen Funktion und um einen Integrationsweg in der komplexen p-Ebene handelt. Über solche Integrale ist vieles bekannt ([B 9], Abschnitt 4.): Cauchyscher[2]) Integralsatz, Möglichkeit der Deformation des Integrationsweges, Auswertung durch Residuenrechnung u.a.m. Die folgenden Ausführungen in diesem Abschnitt sind nur mit diesen funktionentheoretischen Begriffen aus [B 9] verständlich.

Für das Residuum einer analytischen Funktion, die als Quotient zweier analytischer Funktionen $F_1(p)$ und $F_2(p)$ darstellbar ist (wobei $F_2(p)$ in $p = p_0$ eine einfache Nullstelle hat), gilt bekanntlich:

$$\underset{p=p_0}{\text{Residuum}} \left(\frac{F_1(p)}{F_2(p)} \right) = \frac{F_1(p_0)}{F_2'(p_0)}. \tag{2.39}$$

Da sich der Integrationsweg in (2.38) ins Unendliche erstreckt, ist bei der Deformation dieses Weges ein Grenzübergang nötig. Dazu ist der folgende Satz ([4], S. 32) sehr nützlich.

S.2.12 **Satz 2.12:** *Strebt $F(p)$ für $|p| \to \infty$ in $\frac{\pi}{2} \leqq \arg(p-c) \leqq \frac{3\pi}{2}$ gleichmäßig gegen null, so gilt für $t > 0$:*

$$\lim_{R\to\infty} \int_C \mathrm{e}^{tq} F(q)\,\mathrm{d}q = 0. \tag{2.40}$$

---

[1]) $f(t)$ heißt von beschränkter Variation, wenn $f(t)$ als Differenz zweier monoton wachsender Funktionen dargestellt werden kann. Eine solche Funktion $f(t)$ hat als Unstetigkeitsstellen höchstens Sprungstellen.

[2]) Augustin Louis Cauchy (1789–1857), französischer Mathematiker.

C ist ein Halbkreis mit dem Radius R um den Punkt $p = c$ in der linken Halbebene $\operatorname{Re} p \leqq c$ oder ein Teil dieses Halbkreises (Bild 2.6a).

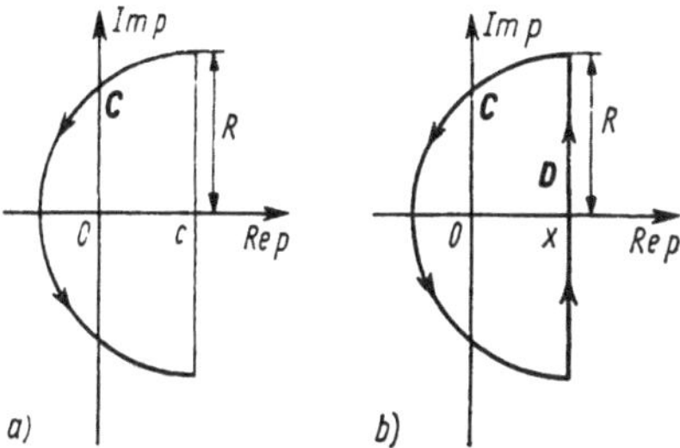

Bild 2.6a. Integrationsweg in (2.40)
Bild 2.6b. Integrationswege im Beispiel 2.33

Beispiel 2.33: Formel (2.38) und die Verwendung der funktionentheoretischen Hilfsmittel soll für die einfache Funktion $F(p) = L\{u(t)\} = \frac{1}{p}$ illustriert werden; hier ist $x_0 = 0$ (Beispiel 2.1) und $u(t)$ von beschränkter Variation (ansonsten muß die Probe $F(p) = L\{f(t)\}$ gemacht werden).

Als Integrationsweg wird der in Bild 2.6b dargestellte Weg gewählt mit beliebigem $c = x > x_0 = 0$. $p = 0$ ist ein einfacher Pol und die einzige Singularität von $F(p)$, $p = 0$ liegt im Inneren des vom Integrationsweg umschlossenen Gebietes. Deshalb ist nach (2.39) und dem Residuensatz

$$\int_{CD} e^{tq} \frac{dq}{q} = 2\pi j.$$

Wegen $|F(p)| = \frac{1}{|p|}$ (unabhängig von $\arg(p - x)$) strebt $F(p)$ gleichmäßig gegen null auf C für $|p| \to \infty$; also gilt (2.40). Für $R \to \infty$ und $t > 0$ folgt deshalb

$$\lim_{R\to\infty} \int_{CD} e^{tq} \frac{dq}{q} = \lim_{R\to\infty} \int_{x-jR}^{x+jR} e^{tq} \frac{dq}{q} = 2\pi j.$$

Für $t = 0$ gilt die letzte Umformung nicht. Hier hat man

$$\int_{x-jy}^{x+jy} \frac{dq}{q} = \ln q \Big|_{x-jy}^{x+jy} = \ln \frac{x + jy}{x - jy} = \ln \frac{x/y + j}{x/y - j} \to \ln(-1) = j\pi$$

für $y \to \infty$ wegen $\ln p = \ln |p| + j \arg p$ und $x > 0$.

Zusammenfassend ergibt (2.38) somit für jedes $x > 0$:

$$\lim_{y\to\infty} \frac{1}{2\pi j} \int_{x-jy}^{x+jy} e^{tq} \frac{dq}{q} = \frac{1}{2\pi j} \int_{x-j\infty}^{x+j\infty} e^{tq} \frac{dq}{q} = \begin{cases} 1, & t > 0, \\ 1/2, & t = 0, \\ 0, & t < 0. \end{cases} \tag{2.41}$$

Beispiel 2.34: Die Originalfunktion zur Bildfunktion

$$F(p) = \frac{p}{p^2 + a^2} e^{-b\sqrt{p}}, \quad a > 0, \quad b \geqq 0, \tag{2.42}$$

soll bestimmt werden ([10], S. 190). Der Faltungssatz (2.20) wäre anwendbar; er ergibt aber eine unzweckmäßige Darstellung der Originalfunktion, die z. B. nicht das Verhalten für $t \to \infty$ erkennen läßt. Deshalb wird Formel (2.38) verwendet. Zunächst wird der in Bild 2.7 dargestellte Integrationsweg A betrachtet. Nach dem Residuensatz ist

$$\int_A e^{qt} F(q)\,dq = \int_{C_I} + \int_{E_I} + \int_F + \int_{E_{II}} + \int_{C_{II}} + \int_D$$

$$= 2\pi j \sum_{p=\pm ja} \text{Residuum}\,(e^{pt} F(p)) = \pi j(e^{tja}\, e^{-b\sqrt{ja}} + e^{-tja}\, e^{-b\sqrt{-ja}}). \tag{2.43}$$

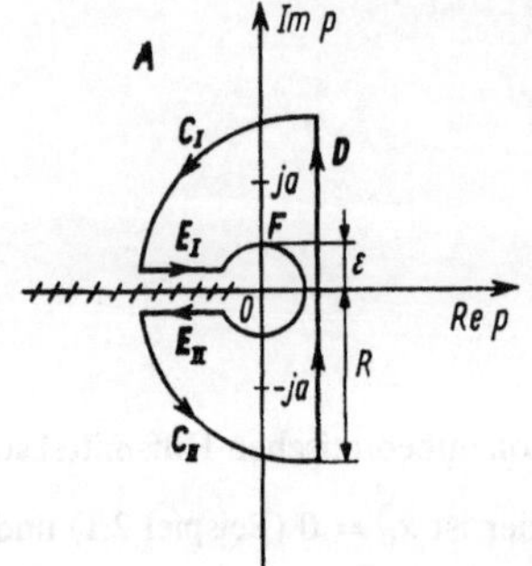

Bild 2.7. Integrationsweg A und seine Teile im Beispiel 2.34

Weil $p = ja$ und $p = -ja$ einfache Polstellen sind, läßt sich die obige Bestimmung der Residuen nach (2.39) durchführen mit $F_1(p) = e^{tp} p\, e^{-b\sqrt{p}}$, $F_2(p) = p^2 + a^2$. Benutzt man noch $\sqrt{j} = \frac{1}{\sqrt{2}}(1 + j)$, $\sqrt{-j} = \frac{1}{\sqrt{2}}(1 - j)$, so ergibt sich

$$\frac{1}{2\pi j} \int_A e^{qt} F(q)\,dq = e^{-b\sqrt{a/2}} \cos\,(at - b\sqrt{a/2}).$$

Jetzt wird der Integrationsweg A deformiert, zunächst soll $R \to \infty$ streben. Wegen

$$|F(p)| = \frac{|p|}{|p^2 + a^2|}\, e^{-b\,\text{Re}\sqrt{p}} \leqq \frac{1}{|p|}\, e^{-b\,\text{Re}\sqrt{p}} \leqq \frac{1}{|p|} \to 0$$

für $|p| \to 0$ gleichmäßig bezüglich des Argumentes auf den Bögen C_I und C_{II} gilt (2.40): $\int_{C_I} \to 0$, $\int_{C_{II}} \to 0$.

Für $\varepsilon \to 0$ strebt $\int_F \to 0$, weil der Integrand beschränkt ist und die Länge des Integrationsweges F gegen null strebt. Da der Integrand nur auf der längs der negativen reellen Achse verhefteten Riemannschen Fläche eindeutig ist, ist im Grenzfall $\varepsilon \to 0$ für das obere Ufer $p = x\,e^{j\pi}$ und für das untere Ufer $p = x\,e^{-j\pi}$ zu setzen. Dann ist $\sqrt{p} = jx$ für das obere Ufer und $\sqrt{p} = -jx$ für das untere Ufer. Es folgt

$$\lim_{\substack{R\to\infty \\ \varepsilon\to 0}} \left(\int_{E_I} + \int_{E_{II}} \right) = \int_{-\infty}^{0} + \int_{0}^{-\infty} = \int_0^{\infty} (e^{-tx}\,(e^{bj\sqrt{x}} - e^{-bj\sqrt{x}})\, \frac{x\,dx}{x^2 + a^2}.$$

Wegen (2.38) folgt zusammenfassend für $t > 0$ die Originalfunktion $f(t)$ aus (2.42) als

$$f(t) = \lim_{R\to\infty} \frac{1}{2\pi j} \int_D = e^{-b\sqrt{a/2}} \cos\,(at - b\sqrt{a/2})$$

$$- \frac{1}{\pi} \int_0^{\infty} e^{-tx}\, \frac{x \sin b\sqrt{x}\,dx}{x^2 + a^2}. \tag{2.44}$$

An dieser Darstellung läßt sich das Verhalten von $f(t)$ für $t \to \infty$ ablesen: Es wird durch die cos-Funktion beschrieben, weil das Integral nach Satz 2.5 gegen null strebt.

In der technischen Literatur wird mitunter behauptet und benutzt, daß die Originalfunktion $f(t)$ gleich der Summe der Residuen der Bildfunktion $F(p)$ ist. Beispiel 2.34 zeigt außer der lehrreichen Anwendung funktionentheoretischer Sätze, daß dies i. allg. nicht gilt, denn das Integral in (2.44) entsteht nicht so.

Anders als in den zwei Beispielen können auch unendlich viele Pole von $F(p)$ auftreten, die hier praktizierte Anwendung des Residuensatzes und Satz 2.12 lassen sich dann verallgemeinern.

2.4.5. Aufgaben: Bestimmung von Originalfunktionen

Aufgabe 2.21: Durch Partialbruchzerlegung bestimme man *

a) $L^{-1}\{2/(p^4 - 1)\}$; b) $L^{-1}\{1/(p^4 + 1)\}$;

die Ergebnisse sollen nur reellwertige Funktionen enthalten.

Aufgabe 2.22: Man bestimme a) mittels Partialbruchzerlegung und b) durch (2.20) und (2.23) die Originalfunktion zu $p/(p^2 - 1)^2$. *

Aufgabe 2.23: Man ermittle die Originalfunktionen zu *

a) $\dfrac{1}{\sqrt{4p}}\, e^{-2p}$ mit (2.14); b) $\dfrac{1}{\sqrt{4p+1}}$ mit (2.17).

Aufgabe 2.24: Durch Reihenentwicklung transformiere man $\dfrac{1}{p}\, e^{-1/4p}$. *

Aufgabe 2.25: Mit (2.38) bestimme man die Originalfunktion zu $F(p) = \dfrac{1}{p} \ln(1 + p)$. Hinweis: Integrationsweg ähnlich Bild 2.7 wählen, hier aber -1 umgehen und 0 einschließen! *

2.5. Asymptotische Eigenschaften

Nach einer Zusammenstellung der in der Asymptotik gebräuchlichen Begriffe und Symbole werden einfache asymptotische Eigenschaften der Laplace-Transformation und ihrer Umkehrung aufgeführt.

Mit den in Abschnitt 2.5.2. angeführten Sätzen wird die Auswirkung asymptotischer Eigenschaften der Originalfunktion $f(t)$ auf die Bildfunktion $F(p)$ gegeben, ohne daß die Bildfunktion explizit berechnet wird.

Interessanter für die Anwendung (aber auch komplizierter) sind die Aussagen des Abschnitts 2.5.3. Dort wird von asymptotischen Eigenschaften der Bildfunktion $F(p)$ auf solche der zugehörigen Originalfunktion $f(t)$ geschlossen, ohne $f(t)$ explizit zu berechnen. Sind nur solche Eigenschaften der Lösung einer Funktionalgleichung gesucht, so ersparen die Sätze in 2.5.3. die oft umständliche Rücktransformation. Insbesondere die Frage der Stabilität der Lösungen einer gewöhnlichen Differentialgleichung kann auf diese Weise beantwortet werden.

2.5.1. Asymptotische Darstellungen und Entwicklungen

Das Verhalten einer Funktion $f(t)$ für $t \to t_0$ (t reelle oder komplexe Veränderliche, t_0 kann auch $\pm\infty$ sein) kann sehr unterschiedlich sein: Es kann Konvergenz gegen einen Grenzwert, bestimmte oder unbestimmte Divergenz vorliegen. Soll dieses Verhalten noch genauer beschrieben werden, so zieht man eine (möglichst einfache) Vergleichsfunktion $g(t)$ heran und untersucht den Quotienten $\frac{f(t)}{g(t)}$ für $t \to t_0$ und $t \in U$. Dabei bedeutet U eine unendliche Punktmenge mit $t_0 \notin U$ als Randpunkt; der Quotient soll in U definiert sein. Beispiele solcher Punktmengen sind Winkelräume, Halbebenen und Geraden (Bild 2.8).

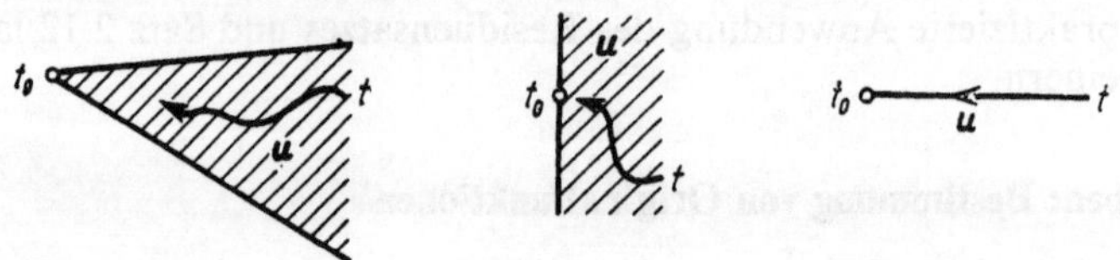

Bild 2.8. Punktmengen der Definition 2.2

Falls $\frac{f(t)}{g(t)} \to 0$ für $t \to t_0$ gilt, so schreibt man auch $f(t) = o(g(t))$, $t \to t_0$ (gelesen: $f(t)$ ist ein Klein-o von $g(t)$).

D.2.2 **Definition 2.2:** *Zwei Funktionen heißen für $t \to t_0$ und $t \in U$ asymptotisch gleich, wenn gilt:*

$$\frac{f(t)}{g(t)} \to 1, \quad t \to t_0 \quad bzw. \quad f(t) = g(t) + o(g(t)), \quad t \to t_0. \tag{2.45}$$

Für diesen Sachverhalt schreibt man $f(t) \sim g(t)$ (gelesen: $f(t)$ ist asymptotisch gleich $g(t)$); $g(t)$ heißt eine *asymptotische Darstellung* von $f(t)$; $g(t)$ stellt $f(t)$ näherungsweise dar.

Man kann nachweisen, daß sich asymptotische Darstellungen (natürlich für dieselbe Stelle t_0) stets multiplizieren, dividieren und potenzieren, aber nur unter zusätzlichen Bedingungen addieren, logarithmieren, differenzieren und integrieren lassen ([2], § 2).

Beispiel 2.35: Folgende Funktionen werden verglichen:

a) $f(t) = e^t$, $g(t) = 4^t$ für $t \to \infty$; b) $f(t) = \sin t$, $g(t) = t$ für $t \to 0$,

c) $f(t) = \frac{t^2 + 1}{2t + 1}$, $g(t) = t$ für $t \to \infty$.

Ausgehend von den leicht nachprüfbaren Beziehungen

$\frac{f(t)}{g(t)} \to$ a) 0 für $t \to \infty$; b) 1 für $t \to 0$; c) $\frac{1}{2}$ für $t \to \infty$

gilt bezüglich der o- und $\sim$-Beziehung

a) $f(t) = o(g(t))$, $f(t) \nsim g(t)$ für $t \to \infty$; b) $f(t) \sim g(t)$ für $t \to 0$; c) $f(t) \sim \frac{1}{2} g(t)$ für $t \to \infty$.

Beispiel 2.36: Als eine bekannte nichttriviale asymptotische Darstellung wird die der Gamma-Funktion $\Gamma(t)$ für reelle $t \to \infty$ angegeben ([2], S. 67; Stirlingsche[1]) Formel):

$$\Gamma(t) \sim \sqrt{\frac{2\pi}{t}} \left(\frac{t}{e}\right)^t, \quad t \to \infty.$$

Hier ist die Vergleichsfunktion eine elementare Funktion, während $\Gamma(t)$ eine komplizierte spezielle Funktion ist.

[1]) James Stirling (1692–1770), englischer Mathematiker.

Bei der Darstellung der asymptotischen Gleichheit in der Form $f(t) = g(t) + o(g(t))$ kann der Summand $o(g(t))$ als Fehler bei der Ersetzung von $f(t)$ durch $g(t)$ aufgefaßt werden. Will man diesen Fehler immer genauer ausdrücken, so kommt man zur

Definition 2.3: *Ist $g_{\nu+1}(t) = o(g_\nu(t))$ für $t \to t_0$, $t \in U$, und gilt für jedes $n = 0, 1, 2, \ldots$ mit festen Koeffizienten a_ν* **D.2.3**

$$f(t) = \sum_{\nu=0}^{n} a_\nu g_\nu(t) + o(g_n(t)) \quad \text{für} \quad t \to t_0, \tag{2.46}$$

so schreibt man

$$f(t) \approx \sum_{\nu=0}^{\infty} a_\nu g_\nu(t) \quad \text{für} \quad t \to t_0.$$

Die unendliche Reihe, die nicht zu konvergieren braucht, heißt *asymptotische Entwicklung* von $f(t)$. Für $n = 0$ erhält man speziell die oben eingeführte asymptotische Darstellung von $f(t)$.

Die Eigenschaft $g_{\nu+1}(t) = o(g_\nu(t))$ haben z.B. die Funktionen $g_\nu(t) = (t - t_0)^{\lambda_\nu}$ für $t \to t_0$ oder $g_\nu(t) = t^{-\lambda_\nu}$ für $t \to \infty$, sofern $\operatorname{Re}\lambda_{\nu+1} > \operatorname{Re}\lambda_\nu$ ist. Entwicklungen nach diesen Potenzfunktionen sind besonders häufig.

Man kann zeigen: Asymptotische Entwicklungen nach denselben Funktionen $g_\nu(t)$ lassen sich gliedweise addieren, subtrahieren und mit einer Funktion multiplizieren; eine Funktion $f(t)$ hat höchstens eine asymptotische Entwicklung nach den Funktionen $g_\nu(t)$, aber nicht umgekehrt ([2], § 3).

Zwischen konvergenten und asymptotischen Entwicklungen besteht folgender Unterschied: Für das Restglied $r_n(t) = f(t) - \sum_{\nu=0}^{n} a_\nu g_\nu(t)$ gilt im ersten bzw. zweiten Fall

$$\lim_{n\to\infty} r_n(t) = 0 \text{ bei festem } t \quad \text{bzw.} \quad \lim_{t\to t_0} \frac{r_n(t)}{g_n(t)} = 0 \text{ bei festem } n.$$

Zwei Beispiele für asymptotische Entwicklungen sollen den Begriff und den erwähnten Zusammenhang mit konvergenten Reihen noch illustrieren.

Beispiel 2.37: Jede für $|t - t_0| \leqq R$ absolut und gleichmäßig konvergente Reihe

$$f(t) = \sum_{\nu=0}^{n} a_\nu (t - t_0)^{\lambda_\nu}, \qquad \operatorname{Re}\lambda_{\nu+1} > \operatorname{Re}\lambda_\nu,$$

ist zugleich eine asymptotische Entwicklung von $f(t)$ für $t \to t_0$. Denn wegen der vorausgesetzten Konvergenz folgt die Abschätzung

$$\left|f(t) - \sum_{\nu=0}^{\infty} a_\nu (t - t_0)^{\lambda_\nu}\right| = \left|\sum_{\nu=n+1}^{\infty} a_\nu (t - t_0)^{\lambda_\nu}\right| \leqq C\,|t - t_0|^{\operatorname{Re}\lambda_{n+1}};$$

die rechte Seite ist gleich einem $o(|t - t_0|^{\operatorname{Re}\lambda_n})$ für $t \to t_0$ und jedes n, womit (2.46) erfüllt ist. Beispielsweise folgt deshalb aus den bekannten Reihenentwicklungen für e^t oder $\ln(1 + t)$ sofort

$$e^t \approx \sum_{\nu=0}^{\infty} \frac{t^\nu}{\nu!} \quad \text{für} \quad t \to 0, \qquad \ln(1 + t) \approx \sum_{\nu=1}^{\infty} \frac{(-1)^{\nu+1} t^\nu}{\nu} \quad \text{für} \quad t \to 0.$$

Beispiel 2.38: Als eine bekannte asymptotische Entwicklung wird die von $\ln \Gamma(t)$ für reelle $t \to \infty$ angegeben:

$$\ln \Gamma(t) \approx t(\ln t - 1) - \ln \sqrt{t} + \ln \sqrt{2\pi} + \sum_{\nu=1}^{\infty} \frac{B_{2\nu}}{2\nu(2\nu - 1)} t^{-2\nu+1};$$

dabei bedeuten die $B_{2\nu}$ die Bernoullischen[1]) Zahlen; es ist $B_2 = 1/6$, $B_4 = -1/30$, $B_6 = 1/42$, $B_8 = -1/30, \ldots$ ([2], S. 67). Diese Entwicklung heißt Stirlingsche Entwicklung der Gamma-Funktion.

2.5.2. Asymptotische Eigenschaften der Laplace-Transformation

In diesem Abschnitt wird von dem asymptotischen Verhalten der Originalfunktion $f(t)$ für $t \to +0$ auf das der Bildfunktion $F(p)$ für $p \to \infty$ geschlossen, d.h., eine asymptotische Darstellung oder Entwicklung von $f(t)$ wird unter bestimmten Voraussetzungen auf eine asymptotische Darstellung oder Entwicklung von $F(p)$ abgebildet.

S.2.13 **Satz 2.13:** *Sind $f(t)$ und $g(t)$ transformierbar und ist $g(t) > 0$ und stetig für $t > 0$, dann folgt aus*

$$f(t) \sim ag(t) \quad \text{für } t \to +0, \quad a \in \mathrm{K},$$

für die zugehörigen Laplace-Transformierten

$$F(p) \sim aG(p) \quad \text{für (reelle) } p \to \infty.$$

Der Beweis dieses von Berg stammenden Satzes ist in [1], S. 187, zu finden.

Beispiel 2.39: Oft ist als Vergleichsfunktion sogar die einfache Funktion $g(t) = t^\alpha$, $\alpha > -1$, möglich mit $G(p) = a\Gamma(\alpha + 1)/p^{\alpha+1}$. Dies kann zur asymptotischen Auswertung des Integrals in Formel (2.44) benutzt werden; dabei wird jetzt gegenüber (2.44) p statt t und t statt x geschrieben. In Satz 2.13 ist dann

$$f(t) = \frac{b \sin b\sqrt{t}}{t^2 + a^2} \sim \frac{bt^{3/2}}{a^2} = g(t), \; t \to +0,$$

$$F(p) \sim \frac{b\Gamma(5/2)}{a^2 p^{5/2}} = \frac{3b\sqrt{\pi}}{4a^2 p^{5/2}}, \; p \text{ (reell)} \to \infty.$$

S.2.14 **Satz 2.14:** a) *Wenn* $\lim\limits_{t \to +0} f(t) = a$ *existiert, so ist* $\lim\limits_{p \to \infty} pF(p) = a$; b) *wenn* $\lim\limits_{t \to \infty} f(t) = b$ *existiert, so ist* $\lim\limits_{p \to +0} pF(p) = b$.

Der *Beweis* von a) folgt aus Beispiel 2.39 für $\alpha = 0$ und (2.45). b) folgt aus $f(t) - a = r(t)$, $|r(t)| < \varepsilon$ für $t \geqq T$, $\varepsilon > 0$ beliebig, und

$$\left| F(p) - \frac{a}{p} \right| \leqq \int_0^T e^{-pt} |r(t)| \, dt + \int_T^\infty e^{-pt} |r(t)| \, dt < \int_0^T |r(t)| \, dt + \varepsilon \int_0^\infty e^{-pt} \, dt$$

$$= C + \frac{\varepsilon}{p},$$

[1]) Jakob Bernoulli (1654–1705), Schweizer Mathematiker.

also $|pF(p) - a| < Cp + \varepsilon$, für $p \to +0$ ergibt sich daraus die Behauptung. Die Korrespondenz (T 62, $p \to \infty$) und (T 8, $p \to +0$) zeigen, daß Satz 2.14 nicht umkehrbar ist (siehe aber Satz 2.16).

Beispiel 2.40: Die Besselsche Funktion $J_0(t)$ besitzt für $t \to \infty$ einen Grenzwert. Wegen Beispiel 2.32 und Satz 2.14b) ist

$$\lim_{t\to\infty} J_0(t) = \lim_{p\to+0} pL\{J_0(t)\} = \lim_{p\to+0} \frac{p}{\sqrt{p^2+1}} = 0.$$

Über die Transformation asymptotischer Entwicklungen gilt der

Satz 2.15: *Ist $f(t)$ transformierbar und gilt* **S.2.15**

$$f(t) \approx \sum_{\nu=0}^{\infty} a_\nu t^{\lambda_\nu} \quad \textit{für } t \to +0 \quad \textit{und} \quad -1 < \lambda_0 < \lambda_1 < \dots,$$

so hat $F(p)$ die asymptotische Entwicklung

$$F(p) \approx \sum_{\nu=0}^{\infty} a_\nu \frac{\Gamma(\lambda_\nu + 1)}{p^{\lambda_\nu+1}} \textit{für } p \textit{ (reell)} \to \infty.$$

Der *Beweis* dieses Satzes ist einfach. Nach (2.46) gilt

$$f(t) - \sum_{\nu=0}^{n-1} a_\nu t^{\lambda_\nu} = a_n t^{\lambda_n} + o(t^{\lambda_n}) \sim a_n t^{\lambda_n} \quad \text{für } t \to +0.$$

Diese asymptotische Gleichung ist nach Satz 2.13 mit $g(t) = a_n t^{\lambda_n}$ transformierbar; damit folgt für jedes $n = 1, 2, \dots$

$$F(p) - \sum_{\nu=0}^{n-1} a_\nu \frac{\Gamma(\lambda_\nu+1)}{p^{\lambda_\nu+1}} \sim a_n \frac{\Gamma(\lambda_n+1)}{p^{\lambda_n+1}} = a_n \frac{\Gamma(\lambda_n+1)}{p^{\lambda_n+1}} + o\left(\frac{1}{p^{\lambda_n+1}}\right).$$

Diese Gleichung ist aber wegen (2.46) gleichbedeutend mit der angegebenen asymptotischen Entwicklung von $F(p)$.

Ist die Reihe für $f(t)$ absolut konvergent, so ist sie nach Beispiel 2.37 zugleich asymptotische Entwicklung; für $F(p)$ ergibt sich i. allg. trotzdem nur obige asymptotische Entwicklung. Dieser Sachverhalt und eine Anwendung des Satzes 2.15 werden im nächsten Beispiel illustriert.

Beispiel 2.41: Die Funktion

$$f(t) = \mathrm{e}^{-t^2} = \sum_{\nu=0}^{\infty} (-1)^\nu \frac{t^{2\nu}}{\nu!}$$

ist nach Satz 2.1 Laplace-transformierbar, die angegebene Reihe konvergiert für alle t und ist damit wegen Beispiel 2.37 zugleich asymptotische Entwicklung für $t \to +0$. Nach Satz 2.15 ist deshalb mit $\Gamma(2\nu + 1) = (2\nu)!$

$$F(p) \approx \sum_{\nu=0}^{\infty} (-1)^\nu \frac{(2\nu)!}{\nu!} p^{-2\nu-1} \quad \text{für} \quad p \text{ (reell)} \to \infty.$$

Diese Reihe divergiert tatsächlich für alle p. Wegen

$$F(p) = \int_0^\infty \mathrm{e}^{-pt-t^2}\,\mathrm{d}t = \mathrm{e}^{p^2/4} \int_{p/2}^\infty \mathrm{e}^{-u^2}\,\mathrm{d}u = \frac{\sqrt{\pi}}{2} \mathrm{e}^{p^2/4}\left(1 - \mathrm{erf}\frac{p}{2}\right)$$

$\left(\text{Substitution } t = u - \frac{p}{2}\right)$ ergibt sich durch Umstellung eine asymptotische Entwicklung der Fehlerfunktion für $x = \frac{p}{2} \to \infty$:

$$1 - \operatorname{erf} x \approx \frac{1}{\sqrt{\pi}} \frac{e^{-x^2}}{x} \sum_{\nu=0}^{\infty} (-1)^\nu \frac{(2\nu)!}{\nu!} (2x)^{-2\nu} \quad \text{für} \quad x \to \infty .$$

Sätze der angegebenen Art heißen Abelsche[1]) Sätze für die Laplace-Transformation; sie lassen sich in vieler Hinsicht verallgemeinern ([1], § 45; [2], § 23; [4], Kap. VII).

2.5.3. Asymptotische Eigenschaften der Rücktransformation

In diesem Abschnitt wird vom asymptotischen Verhalten einer Bildfunktion $F(p)$ auf das der Originalfunktion $f(t)$ geschlossen. Solche Sätze können bei der Rücktransformation von großem Vorteil sein, insbesondere wenn sich $f(t)$ nur schwierig bestimmen läßt oder eine explizite Darstellung von $f(t)$ gar nicht benötigt wird.

Leider ist es nicht möglich, die Sätze 2.13 bis 2.15 (und ähnliche Sätze) ohne weiteres umzukehren, dies zeigen schon einfache Beispiele. Außerdem interessiert vorwiegend das Verhalten von $f(t)$ für $t \to \infty$. Sätze der gesuchten Art heißen Abelsche Sätze für die Rücktransformation, wenn über $f(t)$ keine Voraussetzungen gemacht werden, sonst Taubersche[2]) Sätze. Weitergehende Aussagen als hier findet man in [1], § 46, und [4], § 45.

S.2.16 **Satz 2.16:** *Konvergiert $L\{f(t)\}$ für jedes $p > 0$ und ist $f(t)$ monoton wachsend, so gilt* $\lim\limits_{t\to\infty} f(t) = \lim\limits_{p\to+\infty} pF(p)$.

Einen Beweis dieses Satzes findet man in [1], S. 196.

Ist $F(p) = \frac{Z(p)}{N(p)}$ eine rationale Bildfunktion, so kann man aus der Darstellung (2.32) der zugehörigen Originalfunktion $f(t)$ sofort folgendes erkennen: Für das Verhalten von $f(t)$ für $t \to \infty$ sind allein die Nullstellen p_i mit größtem Realteil (und unter diesen die mit der größten Vielfachheit α_i) von $N(p)$ ausschlaggebend. Gibt es mehrere solche Nullstellen, so müssen alle berücksichtigt werden. Das ergibt den

S.2.17 **Satz 2.17:** *Ist $F(p) = \frac{Z(p)}{N(p)}$ eine rationale Bildfunktion, $N(p_i) = 0$ und $A = \max\limits_i \operatorname{Re} p_i$, so gilt*

$$f(t) = \sum c_{i\alpha_i} \frac{t^{\alpha_i - 1}}{(\alpha_i - 1)!} e^{p_i t} + o(t^{\alpha_i - 1} e^{At}) \quad \text{für} \quad t \to \infty, \tag{2.47}$$

wobei über alle p_i mit maximalem Realteil und größter Vielfachheit zu summieren ist.

Hat die Funktion $\sum$ ab einem gewissen t keine Nullstellen, so kann (2.47) auch in der Form $f(t) \sim \sum$ für $t \to \infty$ geschrieben werden.

---

[1]) Niels Hendrik Abel (1802–1829), norwegischer Mathematiker.

[2]) Alfred Tauber (geb. 1866, Todesjahr unbekannt), österreichischer Mathematiker.

Die asymptotische Darstellung von $f(t)$ kann also ohne vollständige Rücktransformation angegeben werden. Die benötigten Koeffizienten c_{ik} sind nach einer der in Abschnitt 2.4.2. dargestellten Methoden zu bestimmen; liegt eine einfache Nullstelle p_i vor, so ist wieder $c_{i1} = Z(p_i)/N'(p_i)$.

Beispiel 2.42: Es sind die asymptotischen Darstellungen für $t \to \infty$ der Originalfunktionen $f(t)$ der rationalen Bildfunktionen $F(p)$ der Beispiele a) 2.24 a, b) 2.25 a und c) 2.26 zu bestimmen.

a) Nullstelle mit maximalem Realteil ist $p_2 = 1$ mit $\alpha_2 = 1$, $c_{21} = 1$ nach oben; daher ist $f(t) \sim e^t$ für $t \to \infty$.

b) Ist $\operatorname{Re} a > \operatorname{Re} b$, so ist die einfache Nullstelle $p = a$ zu berücksichtigen, es ist $f(t) = \frac{1}{a-b} e^{at} + o(e^{\operatorname{Re} at}) \sim \frac{1}{a-b} e^{at}$ für $t \to \infty$.

c) Die einfachen Nullstellen $p_{2/3} = \frac{1}{2}(1 \pm j\sqrt{3})$ haben maximalen Realteil, die zugehörigen Koeffizienten sind $-\left(\frac{5}{6} \pm j\frac{\sqrt{3}}{2}\right)$, deshalb gilt (bei Beachtung von (2.35))

$$f(t) = e^{t/2}\left(\sqrt{3}\sin\frac{\sqrt{3}t}{2} - \frac{5}{3}\cos\frac{\sqrt{3}t}{2}\right) + o(e^{t/2}) \quad \text{für} \quad t \to \infty.$$

Die Tatsache, daß die Singularität mit größtem Realteil der Bildfunktion das asymptotische Verhalten der Originalfunktion bestimmt, gilt i. allg. nicht für nichtrationale Bildfunktionen.

2.5.4. Stabilität der Originalfunktionen

Mitunter interessiert von der Lösung einer Funktionalgleichung nicht einmal das genaue asymptotische Verhalten für $t \to \infty$, sondern lediglich die (asymptotische) Stabilität. Es wird gefragt, welcher der folgenden Fälle eintritt (Bild 2.9):

1. $f(t) \to B$ für $t \to \infty$ ($B = 0$: stabil, $B \neq 0$: uneigentlich stabil),
2. $f(t)$ hat keinen Grenzwert für $t \to \infty$, ist aber wenigstens beschränkt (quasistabil, auch asymptotisch stabil genannt),
3. $f(t)$ ist nicht beschränkt für $t \to \infty$ (instabil).

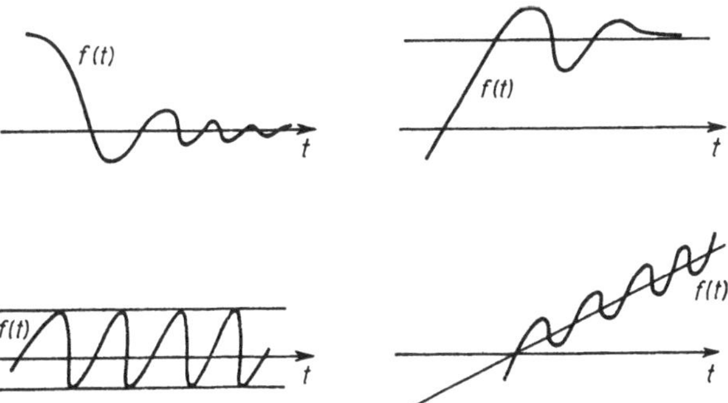

Bild 2.9. Stabiles, uneigentlich stabiles, quasistabiles und instabiles Verhalten von $f(t)$ für $t \to \infty$

Für rationale Bildfunktionen $F(p)$ läßt sich der Stabilitätsfall sofort aus Formel (2.47) ablesen. Es gilt der

S.2.18 **Satz 2.18:** *Ist* $F(p) = \frac{Z(p)}{N(p)}$ *eine rationale Bildfunktion und ist* $N(p_i) = 0$, *so gilt mit* $A = \max_i \operatorname{Re} p_i$:

$A > 0$: *$f(t)$ ist instabil;*

$A < 0$: *$f(t)$ ist stabil;*

$A = 0$ *und wenigstens eine das Maximum annehmende Nullstelle ist mehrfach: $f(t)$ ist instabil;*

$A = 0$ *und alle das Maximum annehmende Nullstellen sind einfach, und es ist für eine davon* $\operatorname{Im} p_i \neq 0$: *$f(t)$ ist quasistabil,*

$A = 0$ *und die einzige das Maximum annehmende Nullstelle ist die einfache Nullstelle* $p_0 = 0$: *$f(t)$ ist uneigentlich stabil.*

Es gibt viele Kriterien, die sogar ohne explizite Bestimmung der Nullstellen von $N(p)$ eine Antwort gestatten ([12], 9. Kap.; [3], § 11).

Beispiel 2.43: Die Stabilität der Originalfunktionen, die zu den rationalen Bildfunktionen der Beispiele a) 2.24 a, b) 2.25 a, c) 2.26 gehören, wird bestimmt: Bei a) und c) ist $f(t)$ instabil, weil bei a) $A = 1 > 0$ und bei c) $A = \frac{1}{2} > 0$ ist. b) Ohne Einschränkung der Allgemeinheit wird $\operatorname{Re} a \geqq \operatorname{Re} b$ angenommen, $a \neq b$. Für $\operatorname{Re} a > 0$ ist $f(t)$ instabil, für $\operatorname{Re} a < 0$ ist $f(t)$ stabil. Für $\operatorname{Re} a = 0$ ist $f(t)$ quasistabil, weil entweder $\operatorname{Im} a \neq 0$ oder $\operatorname{Im} a = 0, \operatorname{Im} b \neq 0$ ist.

Satz 2.18 wird bei der Untersuchung der Lösungen von gewöhnlichen Differentialgleichungen eine Rolle spielen. Ist $F(p)$ keine rationale Bildfunktion, so gilt dieses einfache Kriterium i. allg. nicht, d.h., das asymptotische Verhalten (und damit die Stabilität) der Originalfunktion $f(t)$ für $t \to \infty$ muß nicht immer von der Singularität mit größtem Realteil der Bildfunktion $F(p)$ abhängen.

2.5.5. Aufgaben: Anwendung asymptotischer Formeln

* *Aufgabe 2.26:* Man bestimme eine asymptotische Darstellung von $h(t) = \frac{\sqrt{t}\, e^{2t} \cosh t}{\sinh 2t}$ für a) $t \to 0$ und b) $t \to \infty$.

* *Aufgabe 2.27:* Man bestimme eine asymptotische Darstellung von $F(p) = L\{f(t)\}$ für $p \to \infty$ mit a) $f(t) = \frac{1}{\sqrt{t}} \sinh t$; b) $f(t) = te^t \sqrt{t^2 + 1} \ln(t^2 + t)$.

* *Aufgabe 2.28:* Für $H(p) = L\{h(t)\}$ bestimme man 5 Glieder der asymptotischen Entwicklung für $p \to \infty$, $h(t)$ aus Aufgabe 2.26. Hinweis: $\Gamma(n + \frac{1}{2})$ wie in Beispiel 2.31 umrechnen!

* *Aufgabe 2.29:* Man bestimme eine asymptotische Darstellung von $f(t)$ für $t \to \infty$ bei a) $F(p) = 1/(p^4 - 1)$; b) $F(p) = 1/(p^4 + 1)$; c) $F(p) = p/(p^2 - 1)^2$.

* *Aufgabe 2.30:* Welches Stabilitätsverhalten haben die Originalfunktionen $f(t)$ für $t \to \infty$ bei

a) $F(p) = \frac{p+2}{p^3 + p + 2}$; b) $F(p) = \frac{p^2}{p^3 - 3p^2 + 4p - 2}$; c) $F(p) = \frac{1}{p^3 - 3p^2 + 2p}$.

3. Anwendungen der Laplace-Transformation

In diesem Abschnitt wird die Lösung von verschiedenen Funktionalgleichungen behandelt. Dazu werden die in Abschnitt 2. zusammengestellten Regeln und Eigenschaften der Transformation benötigt.

Die Lösung von gewöhnlichen Differentialgleichungen (Abschnitt 3.1.) und von Systemen solcher Differentialgleichungen (Abschnitt 3.2.) mit vorgegebenen Anfangswerten spielt eine besondere Rolle; diese Aufgabenstellung war der Anlaß zur Entwicklung der Transformation. Partielle Differentialgleichungen und andere Probleme werden in den Abschnitten 3.3. und 3.4. behandelt. In allen Abschnitten werden Beispiele aus naturwissenschaftlichen und technischen Disziplinen (Mechanik, theoretische Physik, Elektrotechnik, Regelungstechnik, Systemtheorie) angegeben, die allgemeinverständlich sind und keineswegs die Spezialliteratur der jeweiligen Disziplin ersetzen.

Das immer wiederkehrende Prinzip der Lösung einer Funktionalgleichung mittels einer Transformation ist in Bild 3.1 dargestellt. Es ist klar, daß die Anwendung einer Transformation dann vorteilhaft ist, wenn sich im Bildbereich einfachere Gleichungen ergeben als im Originalbereich. Ferner ist unter der Rücktransformation der Lösung der Bildgleichung nicht immer die explizite Darstellung im Originalbereich zu verstehen, vielmehr genügen mitunter asymptotische Aussagen oder Angaben über die Stabilität.

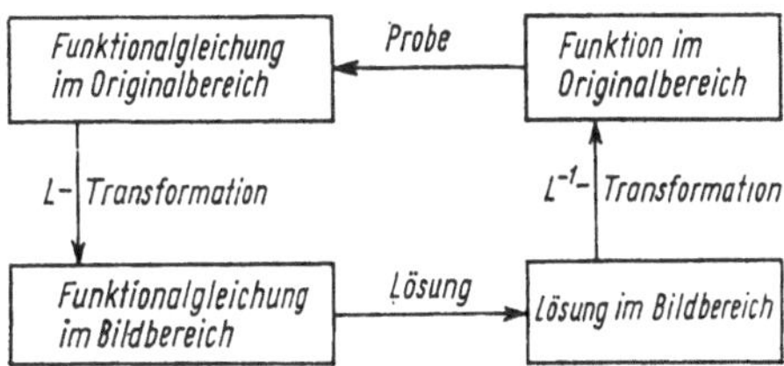

Bild 3.1. Lösungsschema bei Anwendung der Laplace-Transformation

3.1. Lineare Differentialgleichungen mit konstanten Koeffizienten

Naturwissenschaftliche und technische Probleme werden besonders häufig durch lineare Differentialgleichungen mit konstanten Koeffizienten beschrieben. Eine solche Differentialgleichung für die gesuchte Funktion $y = y(t)$ hat die Form

$$y^{(n)} + a_{n-1}y^{(n-1)} + \cdots + a_1 y' + a_0 y = f(t). \tag{3.1}$$

Dabei bedeuten $n \in \mathsf{N}$ die Ordnung, $a_i \in \mathsf{R}$ oder $a_i \in \mathsf{K}$ die Koeffizienten und $f(t)$ die rechte Seite der Differentialgleichung. Für $f(t) \equiv 0$ heißt (3.1) bekanntlich homogen, für $f(t) \not\equiv 0$ inhomogen. Die Veränderliche $t \geqq 0$ ist in der Regel die Zeit; für $t < 0$ sind wegen (2.3) alle Funktionen identisch null.

Im Abschnitt 3.1.1. werden Anfangswertaufgaben gelöst. Die Struktur eines durch (3.1) modellierten Problems läßt sich besonders gut erkennen, wenn für die Funktion $f(t)$ verschiedene spezielle Vorgaben gemacht werden. Diese Untersuchungen werden in Abschnitt 3.1.2. durchgeführt. Dort wird auch die Diracsche Delta-Funktion eingeführt und die Transformation darauf ausgedehnt.

3.1.1. Anfangswertaufgaben

Bei einer Anfangswertaufgabe sind außer der Differentialgleichung (3.1) noch zusätzlich die Anfangswerte

$$y_0 = y(0), \quad y_0' = y'(0), \ldots, y_0^{(n-1)} = y^{(n-1)}(0) \tag{3.2}$$

gegeben. Diese Anfangswerte gehen wegen der beabsichtigten Anwendung des Differentiationssatzes (2.24) als rechtsseitige Grenzwerte ($t \to +0$) von $y(t), y'(t), \ldots, y^{(n-1)}(t)$ in die zugehörige Bildgleichung ein.

Die Anfangswertaufgabe (3.1), (3.2) wird unter zwei verschiedenen Annahmen für die Funktion $f(t)$ betrachtet; der erste Fall tritt besonders häufig auf.

a) $f(t)$ besitzt eine rationale Bildfunktion

Wegen Satz 2.8, Formel (2.32), besitzt die Funktion $f(t)$ genau dann eine rationale Bildfunktion $F(p)$, wenn sie eine Linearkombination von Funktionen der Form (komplexe Schreibweise)

$$t^k e^{at}, \quad k \in \mathrm{N}, \quad a \in \mathrm{K},$$

oder der Form (reelle Schreibweise)

$$t^k e^{at}, \quad t^m e^{bt} \sin \alpha t, \quad t^n e^{ct} \cos \beta t, \quad k, m, n \in \mathrm{N}, \quad a, b, c, \alpha, \beta \in \mathrm{R}, \tag{3.3}$$

ist. *Die existierende, eindeutige und n-mal* (sogar beliebig oft) *stetig differenzierbare Lösung $y(t)$ von* (3.1), (3.2) für solche Funktionen ist bekanntlich ebenfalls eine Linearkombination von Funktionen der Form (3.3) ([B 7.1], 3.3.4.–3.3.6.). Da die Funktionen (3.3) und ihre Ableitungen Laplace-transformierbar sind (Beispiel 2.16), läßt sich die gesuchte Lösung $y(t)$ eines Anfangswertproblems immer mittels Laplace-Transformation finden. Die rechtsseitigen Grenzwerte und die Anfangswerte (3.2) stimmen wegen der Stetigkeit von $y(t), \ldots, y^{(n)}(t)$ überein. Damit hat man den

S.3.1 **Satz 3.1:** *Bei rationaler Bildfunktion $F(p) = L\{f(t)\}$ läßt sich das Anfangswertproblem* (3.1), (3.2) *stets wie folgt lösen:* (3.1), (3.2) *wird mit dem Differentiationssatz* (2.24) *transformiert, die entstehende algebraische Bildgleichung nach $Y = Y(p) = L\{y(t)\}$ aufgelöst und die rationale Bildfunktion $Y(p)$ rücktransformiert.*

Mit (2.24) ergibt sich von (3.1) und (3.2) die Bildgleichung

$$\begin{aligned} & p^n Y - y_0 p^{n-1} - y_0' p^{n-2} - \ldots - y_0^{(n-1)} \\ & + a_{n-1}(p^{n-1} Y - y_0 p^{n-2} - y_0' p^{n-3} - \ldots - y_0^{(n-2)}) + \ldots \\ & + a_2 \ (p^2 Y - y_0 p - y_0') + a_1(pY - y_0) + a_0 Y = F(p). \end{aligned}$$

In dieser algebraischen Gleichung für Y, in die die Anfangswerte (3.2) mit eingegangen sind, werden die Abkürzungen

$$\begin{aligned} P(p) &= p^n + a_{n-1}p^{n-1} + \cdots + a_1 p + a_0, \\ R(p) &= y_0(p^{n-1} + a_{n-1}p^{n-2} + \cdots + a_2 p + a_1) \\ &\quad + y'_0(p^{n-2} + a_{n-1}p^{n-3} + \cdots + a_3 p + a_2) + \cdots \\ &\quad + y_0^{(n-2)}(p + a_{n-1}) + y_0^{(n-1)} \end{aligned} \tag{3.4}$$

eingeführt. $P(p)$ bzw. $R(p)$ sind Polynome in p vom Grade n bzw. höchstens vom Grade $n - 1$. Bildgleichung und Lösung sind jetzt

$$P(p)Y(p) - R(p) = F(p), \quad Y(p) = \frac{R(p)}{P(p)} + \frac{F(p)}{P(p)} = \frac{Z(p)}{N(p)}. \tag{3.5}$$

$Y(p)$ ist tatsächlich eine rationale Bildfunktion, weil der Grad des Zählerpolynoms $Z(p)$ kleiner als der Grad des Nennerpolynoms $N(p)$ ist, $y(t) = L^{-1}\{Y(p)\}$ kann nach Tabelle 1 oder Abschnitt 2.4.1. gefunden werden.

Der Vorteil gegenüber anderen Lösungsmethoden für Anfangswertaufgaben besteht in der unmittelbaren Berücksichtigung der Anfangswerte (3.2) in der Bildgleichung und damit in der Lösung $y(t)$. Die allgemeine Lösung der Differentialgleichung (3.1) wird bei diesem Vorgehen nicht benötigt im Gegensatz zur üblichen Methode.

Beispiel 3.1: Die Lösung der Anfangswertaufgabe

$$y''' + y'' - 2y' = t\,\mathrm{e}^{-t}, \quad y_0 = 1, \quad y'_0 = -2, \quad y''_0 = 3,$$

ist nach Satz 3.1 zu bestimmen. Im Bildbereich entsteht mit (2.24) und (T 6) für Y die algebraische Gleichung

$$p^3 Y - p^2 + 2p - 3 + p^2 Y - p + 2 - 2(pY - 1) = \frac{1}{(p+1)^2}.$$

Die Polynome $P(p)$ und $R(p)$ ergeben sich hier mit

$$P(p) = p^3 + p^2 - 2p = p(p-1)(p+2), R(p) = p^2 - p - 1. \tag{3.6}$$

Die Lösung der Bildgleichung und ihre Partialbruchzerlegung nach (2.31) ist damit

$$Y(p) = \frac{R(p)}{P(p)} + \frac{F(p)}{P(p)} = \frac{(p^2 - p - 1)(p+1)^2 + 1}{p(p-1)(p+2)(p+1)^2} = \frac{Z(p)}{N(p)},$$

$$Y(p) = \frac{c_{01}}{p} + \frac{c_{11}}{p-1} + \frac{c_{21}}{p+2} + \frac{c_{31}}{p+1} + \frac{c_{32}}{(p+1)^2}.$$

Nach der Grenzwertmethode bestimmen sich die Koeffizienten zu

$$c_{01} = 0, \quad c_{11} = -\tfrac{1}{4}, \quad c_{21} = 1, \quad c_{31} = \tfrac{1}{4}, \quad c_{32} = \tfrac{1}{2};$$

damit ist die Lösung der Anfangswertaufgabe mit (T 5) und (T 6)

$$y(t) = -\tfrac{1}{4}\mathrm{e}^{t} + \mathrm{e}^{-2t} + \tfrac{1}{4}\mathrm{e}^{-t} + \tfrac{1}{2}t\,\mathrm{e}^{-t} = -\tfrac{1}{2}\sinh t + \mathrm{e}^{-2t} + \tfrac{1}{2}t\,\mathrm{e}^{-t}.$$

Beispiel 3.2: Die Biegelinie $y(x)$ eines Balkens genügt dem Anfangswertproblem

$$EIy^{(4)} + Hy'' = q(x), \quad y(0) = y''(0) = 0, \quad y'(0) = A, \quad EIy'''(0) = B,$$

unter folgenden Bedingungen (siehe auch Bild 3.2):

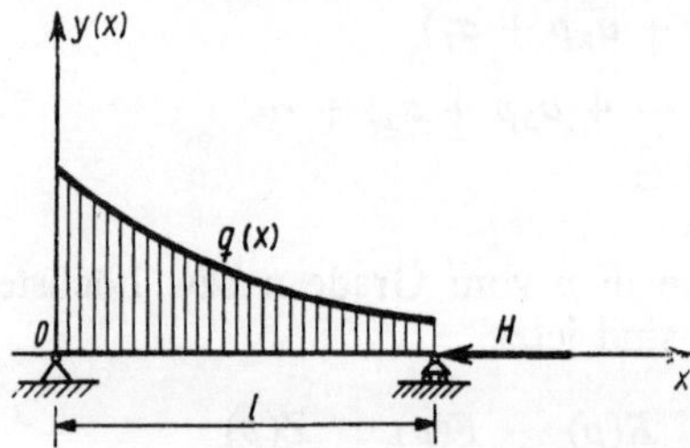

Bild 3.2. Lagerung und Belastung des Balkens im Beispiel 3.2

Der Balken ist gerade mit symmetrischem Querschnitt, er ist links gelenkig und rechts horizontal verschieblich gelagert, er hat die Biegesteifigkeit EI und wird durch eine stetige Streckenlast $q(x)$ sowie eine horizontale Druckkraft H am rechten Ende belastet. Die Biegelinie $y(x)$ soll bestimmt werden für

$$EI = 6480, \quad H = 20, \quad q(x) = 41e^{-x/2}.$$

Als Bildgleichung und ihre Lösung ergeben sich mit den konkreten Werten nach (2.24) und (T 5):

$$6480\left(p^4Y - Ap^2 - \frac{B}{6480}\right) + 20\,(p^2Y - A) = \frac{41}{p + 1/2},$$

$$Y(p) = \frac{82}{(2p + 1)\,P(p)} + \frac{6480Ap^2 + 20A + B}{P(p)}, \quad P(p) = 20p^2\,(324p^2 + 1).$$

$Y(p)$ läßt sich durch Partialbruchzerlegung (mit der Abkürzung $C = 20A + B + 81$) in der Form

$$Y(p) = \frac{1}{40p^2}\left(\frac{1}{p + \frac{1}{2}} + \frac{C}{162}\,\frac{1}{p^2 + \frac{1}{324}} - \frac{p}{p^2 + \frac{1}{324}}\right) + \frac{A}{p^2 + \frac{1}{324}}$$

schreiben. Die Rücktransformation geschieht deshalb am einfachsten mit dem Integrationssatz (2.21) und mit (T 5), (T 8) sowie (T 9):

$$y(x) = \frac{1}{40}\int_0^x\int_0^t\left(e^{-\tau/2} - \cos\frac{\tau}{18} + \frac{C}{9}\sin\frac{\tau}{18}\right)d\tau\,dt + 18A\sin\frac{x}{18}$$

$$= \frac{1}{40}\int_0^x\left(-2e^{-t/2} - 18\sin\frac{t}{18} - \frac{2C}{9}\cos\frac{t}{18} + 2 + \frac{2C}{9}\right)dt + 18A\sin\frac{x}{18}$$

$$= \frac{1}{10}e^{-x/2} + \frac{81}{10}\cos\frac{x}{18} - \frac{9(B + 81)}{10}\sin\frac{x}{18} - \frac{82}{10} + \frac{20A + B + 82}{20}\,x.$$

Die Konstanten A und B sind durch das rechte Lager des Balkens festgelegt, sie sollen hier nicht näher bestimmt werden.

Zwei weitere Anfangswertaufgaben wurden bereits in den Beispielen 2.14 und 2.15 behandelt. Nach Satz 3.1 läßt sich auch jedes homogene Anfangswertproblem mit beliebigen Anfangswerten lösen, denn $f(t) \equiv 0$ hat die rationale Bildfunktion $F(p) \equiv 0$. Als Lösung ergibt sich nach (3.5) $y(t) = y_h(t) = L^{-1}\left\{\frac{R(p)}{P(p)}\right\}$.

Beispiel 3.3: Das folgende homogene Anfangswertproblem

$$y'' + a_1 y' + a_0 y = 0; \quad y_0, y_0' \text{ beliebig}; \quad a_0, a_1 \text{ reell};$$

wird gelöst. Die Bildgleichung und die Polynome $P(p)$ und $R(p)$ lauten

$$p^2 Y - y_0 p - y_0' + a_1(pY - y_0) + a_0 Y = 0,$$

$$P(p) = p^2 + a_1 p + a_0, \quad R(p) = y_0 p + y_0' + a_1 y_0,$$

und damit ergibt sich als Lösung

$$Y(p) = \frac{R(p)}{P(p)} = y_0 \frac{p}{P(p)} + (y_0' + a_1 y_0) \frac{1}{P(p)}.$$

Zur Rücktransformation werden die Nullstellen

$$a = -\tfrac{1}{2} a_1 + \sqrt{D}, \quad b = -\tfrac{1}{2} a_1 - \sqrt{D}, \quad D = \tfrac{1}{4} a_1^2 - a_0,$$

von $P(p) = (p - a)(p - b)$ benötigt. Soll das Ergebnis nur reellwertige Funktionen enthalten, so sind folgende Fallunterscheidungen nötig.

Für $D > 0$, d.h. a und b reell und verschieden, wird (T 96) und (T 99) benutzt. Nach den Exponentialfunktionen geordnet, ergibt sich:

$$y(t) = \frac{(a + a_1) y_0 + y_0'}{2\sqrt{D}} e^{at} - \frac{(b + a_1) y_0 + y_0'}{2\sqrt{D}} e^{bt}. \tag{3.7}$$

Für $D < 0$, d.h. a und b konjugiert komplex, benutzt man (T 97). Daraus folgt zunächst

$$L^{-1}\left\{\frac{p}{P(p)}\right\} = e^{-\frac{1}{2}a_1 t}\left(\cos\sqrt{-D}\,t - \frac{1}{2\sqrt{-D}} a_1 \sin\sqrt{-D}\,t\right).$$

Nach den trigonometrischen Funktionen geordnet, ergibt sich

$$y(t) = \left(y_0 \cos\sqrt{-D}\,t + \frac{a_1 y_0 + 2y_0'}{2\sqrt{-D}} \sin\sqrt{-D}\,t\right) e^{-\frac{1}{2}a_1 t}. \tag{3.8}$$

Für $D = 0$, d.h. $a = b = -\frac{1}{2} a_1$, ist nach (T 98)

$$y(t) = (y_0 + (y_0' + \tfrac{1}{2} a_1 y_0) t)\, e^{-\frac{1}{2}a_1 t}. \tag{3.9}$$

Beispiel 3.4: Hat ein Stromkreis (Bild 3.3a) die Kapazität C, den Widerstand R und die Induktivität L, so gelten zunächst zwischen Strom i und Spannung u die Gleichungen

$$u_R = Ri(t), \quad u_L = Li'(t), \quad u_C = \frac{1}{C}\int_0^t i(\tau)\,d\tau, \quad u_R + u_L + u_C = 0.$$

Dabei soll $i(0) = 0$ und $u_C(0) = u_0$ sein; aus der letzten Bedingung folgt wegen $u_C(0) = u_L(0)$ noch $Li'(0) = u_0$.

Durch Differentiation nach t folgt für den Strom $i(t)$

$$Li''(t) + Ri'(t) + \frac{1}{C}\,i(t) = 0, \quad i(0) = 0, \quad i'(0) = \frac{1}{L}\,u_0 . \tag{3.10}$$

Setzt man $y(t) = i(t), a_1 = \frac{R}{L}, a_0 = \frac{1}{LC}$, so liegt Beispiel 3.3 vor. Folgende Bezeichnungen sollen gelten:

$$\delta = \frac{R}{2L}, \quad \omega_0 = \frac{1}{\sqrt{LC}}, \quad a = -\delta + \sqrt{D}, \quad b = -\delta - \sqrt{D}, \quad D = \delta^2 - \omega_0^2 .$$

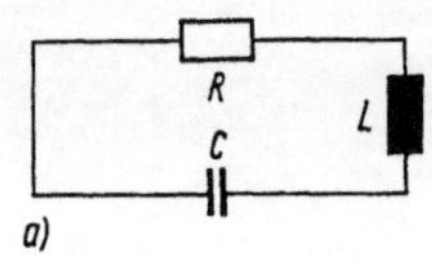

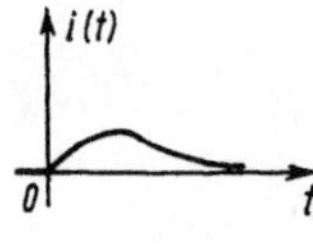

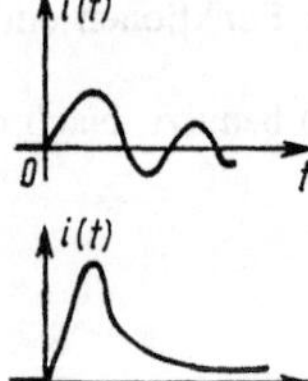

Bild 3.3a. *RLC*-Stromkreis aus Beispiel 3.4
Bild 3.3b. Stark gedämpfte Schwingung, schwach gedämpfte Schwingung, aperiodischer Grenzfall

Als freie gedämpfte elektrische Schwingungen ergeben sich damit aus (3.7) bis (3.9) folgende Funktionen $i(t)$ (Bild 3.3b):

a) $D > 0$, d.h. $\delta^2 - \omega_0^2 > 0$ (starke Dämpfung):

$$i(t) = \frac{u_0}{2L\sqrt{D}}\,e^{(-\delta+\sqrt{D})t} - \frac{u_0}{2L\sqrt{D}}\,e^{(-\delta-\sqrt{D})t} = \frac{u_0}{L\sqrt{D}}\,e^{-\delta t}\sinh\sqrt{D}\,t;$$

b) $D < 0$, d.h. $\delta^2 - \omega_0^2 < 0$ (schwache Dämpfung):

$$i(t) = \frac{u_0}{L\sqrt{-D}}\,e^{-\delta t}\sin\sqrt{-D}\,t;$$

c) $D = 0$, d.h. $\delta^2 - \omega_0^2 = 0$ (aperiodischer Grenzfall):

$$i(t) = \frac{u_0}{L}\,t\,e^{-\delta t}.$$

Im Beispiel 3.7 wird dieser Stromkreis wieder betrachtet. Dort wird dann eine Eingangsspannung $e(t)$ vorhanden sein, die zu erzwungenen Schwingungen führt.

b) $f(t)$ ist für $t > 0$ stetig bis auf isoliert liegende Sprungstellen

Wie in a) wird das Anfangswertproblem (3.1), (3.2) betrachtet und vorläufig angenommen, daß $y(t), \ldots, y^{(n)}(t)$ und $f(t)$ Laplace-transformierbar sind. Dann ergibt sich wie in a) als Bildgleichung von (3.1), (3.2) und deren Lösung

$$P(p)Y(p) - R(p) = F(p), \qquad Y(p) = \frac{R(p)}{P(p)} + Q(p)F(p).$$

$\dfrac{R(p)}{P(p)}$ und $Q(p) = \dfrac{1}{P(p)}$ sind rationale Bildfunktionen; die zugehörigen Originalfunktionen

$$y_h(t) = L^{-1}\left\{\frac{R(p)}{P(p)}\right\}, q(t) = L^{-1}\{Q(p)\} = L^{-1}\left\{\frac{1}{P(p)}\right\} \tag{3.11}$$

lassen sich nach Abschnitt 2.4.1. bestimmen und haben die Form (2.32). Hat $P(p)$ nur einfache Nullstellen, so gilt auch die einfachere Darstellung (2.34). $y_h(t)$ ist Lösung von (3.1), (3.2) für $f(t) \equiv 0$. Benutzt man noch den Faltungssatz (2.20) zur Rücktransformation von $Y(p)$, so ergibt sich

$$y(t) = y_h(t) + q(t) * f(t) = y_h(t) + \int_0^t q(t-\tau) f(\tau)\, d\tau. \tag{3.12}$$

Unabhängig davon, ob $y(t), \ldots, y^{(n)}(t)$ und $f(t)$ transformierbar sind, wird im Satz 3.2 die Funktion (3.12) als Lösung von (3.1), (3.2) verifiziert, falls $f(t)$ der folgenden einfachen Voraussetzung genügt.

Satz 3.2: *Ist die Funktion $f(t)$ für $t > 0$ bis auf isoliert liegende Sprungstellen stetig und existiert $\int_0^t |f(\tau)|\, d\tau$, so ist* (3.12) *außerhalb der Sprungstellen die Lösung der Anfangswertaufgabe* (3.1), (3.2). **S.3.2**

Beweis: $y_h(t)$ aus (3.12) genügt der Gleichung (3.1) mit $f(t) \equiv 0$ und den gegebenen Anfangswerten (3.2). Deshalb bleibt zu zeigen, daß $g(t) = q(t) * f(t)$ der Gleichung (3.1) mit der gegebenen Funktion $f(t)$ und verschwindenden Anfangswerten (3.2) genügt.

Die Funktion $q(t)$ ist nach a) Lösung der Anfangswertaufgabe

$$q^{(n)} + a_{n-1}q^{(n-1)} + \cdots + a_1 q' + a_0 q = 0,$$
$$q(0) = q'(0) = \cdots = q^{(n-2)}(0) = 0, \quad q^{(n-1)}(0) = 1, \tag{3.13}$$

weil die zugehörige Bildgleichung $P(p)\,Y(p) - 1 = 0$ die Lösung $Y(p) = Q(p)$ hat. Die Funktion $q(t)$ und alle ihre Ableitungen sind stetig, deshalb und wegen $\int_0^t |f(\tau)|\, d\tau < \infty$ existieren alle Faltungen $q^{(\nu)} * f(t)$, $\nu = 0, 1, \ldots, n$ ([9], S. 54).

Aus $g(t) = q(t) * f(t)$ folgt nach einer Differentiationsregel ([9], S. 62)

$$g'(t) = q'(t) * f(t), \ldots, g^{(n-1)}(t) = q^{(n-1)}(t) * f(t) \tag{3.14}$$

wegen der Anfangswerte $q(0) = q'(0) = \cdots = q^{(n-2)}(0) = 0$. Daraus folgt, daß auch die Funktionen $g(t), \ldots, g^{(n-1)}(t)$ stetig sind und für $t \to +0$ alle den Wert Null annehmen. $g^{(n)}(t)$ existiert in jedem Intervall, in dem keine Sprungstellen von $f(t)$ liegen (oder für alle $t > 0$, falls $f(t)$ durchweg stetig ist), und es ist

$$g^{(n)}(t) = \int_0^t q^{(n)}(t-\tau) f(\tau)\,\mathrm{d}\tau + q^{(n-1)}(0) f(t) = q^{(n)}(t) * f(t) + f(t)$$

wegen $q^{(n-1)}(0) = 1$. An jeder Sprungstelle t von $f(t)$ existieren links- und rechtsseitiger Grenzwert $f(t-0)$ und $f(t+0)$, folglich existieren dort wegen der letzten Gleichung auch links- und rechtsseitiger Grenzwert $g^{(n)}(t-0)$ und $g^{(n)}(t+0)$, d. h., $g^{(n)}(t)$ und damit auch $y^{(n)}(t)$ haben dieselben Sprungstellen wie $f(t)$.

$g(t)$ genügt tatsächlich (3.1), denn durch Einsetzen und Ausklammern von $f(t)$ ergibt sich für jedes Intervall, das keine Sprungstelle von $f(t)$ enthält,

$$\begin{aligned} &q^{(n)} * f(t) + f(t) + a_{n-1} q^{(n-1)} * f(t) + \cdots + a_0 q * f(t) \\ &= (q^{(n)} + a_{n-1} q^{(n-1)} + \cdots + a_0 q) * f(t) + f(t) = f(t), \end{aligned}$$

weil der Ausdruck in der Klammer wegen (3.13) gleich null ist. *An jeder Sprungstelle von $f(t)$ ist* (3.1) *durch* (3.12) *links- und rechtsseitig erfüllt.* Damit ist der Beweis beendet.

Der Satz gestattet also die teilweise Anwendung der Laplace-Transformation, denn sowohl $y_h(t)$ als auch $q(t)$ in (3.12) können mit ihr berechnet werden.

Die Funktionen (3.3) sind stetig und erfüllen deshalb die Voraussetzungen des Satzes 3.2, d. h., Satz 3.1 ist ein Spezialfall von Satz 3.2. In diesem Fall sind die Lösung nach Satz 3.1 und die Lösung (3.12) nur verschiedene Darstellungen derselben Funktion. Andererseits ist Satz 3.2 umfassender, weil die Funktion $f(t)$ in ihm weder stetig noch transformierbar sein muß.

Die Voraussetzung $\int_0^t |f(\tau)|\,\mathrm{d}\tau$ läßt Funktionen zu, die im Nullpunkt sogar eine absolut integrierbare Singularität haben $\left(\text{wie z. B. } f(t) = \frac{1}{\sqrt{t}}\right)$.

Beispiel 3.5a: Die Lösung der Anfangswertaufgabe

$$y''' + y'' - 2y' = \begin{cases} 1, & 0 \leqq t < 1, \\ 0, & 1 < t \end{cases} \quad \text{mit } y_0 = 1, \quad y_0' = -2, \quad y_0'' = 3,$$

wird nach Satz 3.2 bestimmt. Die Funktion $f(t)$ ist bis auf die eine Sprungstelle bei $t = 1$ stetig. Das Anfangswertproblem

$$y''' + y'' - 2y' = 0, \quad y_0 = 1, \quad y_0' = -2, \quad y_0'' = 3,$$

hat nach (3.6) die Bildgleichung

$$P(p)\,Y = R(p), \quad P(p) = p(p-1)(p+2), \quad R(p) = p^2 - p - 1.$$

Die Lösung $y_h(t)$ ergibt sich wegen der einfachen Nullstellen von $P(p)$ nach (2.34) als

$$y_h(t) = L^{-1}\left\{\frac{R(p)}{P(p)}\right\} = \frac{1}{2} - \frac{1}{3}\mathrm{e}^t + \frac{5}{6}\mathrm{e}^{-2t}.$$

$g(t) = q(t) * f(t)$ ist Lösung des Anfangswertproblems

$$y''' + y'' - 2y' = \begin{cases} 1, 0 \leqq t < 1 \\ 0, 1 < t \end{cases} \quad \text{mit } y_0 = y_0' = y_0'' = 0.$$

$q(t)$ findet man wieder nach (2.34), es ist

$$q(t) = L^{-1}\{Q(p)\} = -\tfrac{1}{2} + \tfrac{1}{3}\,\mathrm{e}^{t} + \tfrac{1}{6}\,\mathrm{e}^{-2t}.$$

Für die Funktion $g(t)$ ergibt sich wegen der Definition von $f(t)$ damit

$$g(t) = \begin{cases} \int\limits_0^t q(t-\tau)\,\mathrm{d}\tau, & 0 \leqq t \leqq 1, \\ \int\limits_0^1 q(t-\tau)\,\mathrm{d}\tau, & 1 \leqq t. \end{cases}$$

Diese Integrale lassen sich noch berechnen und ergeben

$$\int\limits_0^t q(t-\tau)\,\mathrm{d}\tau = -\tfrac{1}{2}\,t + \tfrac{1}{3}\,\mathrm{e}^{t} \int\limits_0^t \mathrm{e}^{-\tau}\,\mathrm{d}\tau + \tfrac{1}{6}\,\mathrm{e}^{-2t} \int\limits_0^t \mathrm{e}^{2\tau}\,\mathrm{d}\tau$$

$$= -\frac{1}{4} - \frac{1}{2}\,t + \frac{1}{3}\,\mathrm{e}^{t} - \frac{1}{12}\,\mathrm{e}^{-2t}, \quad 0 \leqq t \leqq 1;$$

$$\int\limits_0^1 q(t-\tau)\,\mathrm{d}\tau = -\frac{1}{2} + \frac{1}{3}\,\mathrm{e}^{t} \int\limits_0^1 \mathrm{e}^{-\tau}\,\mathrm{d}\tau + \frac{1}{6}\,\mathrm{e}^{-2t} \int\limits_0^1 \mathrm{e}^{2\tau}\,\mathrm{d}\tau$$

$$= -\frac{1}{2} + \frac{1}{3}\left(1 - \frac{1}{\mathrm{e}}\right)\mathrm{e}^{t} + \frac{1}{12}\,(\mathrm{e}^2 - 1)\,\mathrm{e}^{-2t}, \quad 1 \leqq t.$$

Nach (3.12) folgt durch Zusammenfassen als Lösung der Aufgabe

$$y(t) = \begin{cases} \dfrac{1}{4} - \dfrac{1}{2}\,t + \dfrac{3}{4}\,\mathrm{e}^{-2t}, & 0 \leqq t \leqq 1, \\ -\dfrac{1}{3}\,\mathrm{e}^{t-1} + \dfrac{3}{4}\,\mathrm{e}^{-2t} + \dfrac{1}{12}\,\mathrm{e}^{-2(t-1)}, & 1 \leqq t. \end{cases}$$

Aus dem Beweis des Satzes 3.2 folgt, daß $y(t)$, $y'(t)$ und $y''(t)$ stetig sind und $y'''(t)$ eine Sprungstelle bei $t = 1$ hat; dies kann man am Beispiel nachprüfen.

Ist die Funktion $f(t)$ sogar Laplace-transformierbar (dies wird in Satz 3.2 nicht verlangt) und hat sie die Laplace-Transformierte $F(p)$, so kann für die Rücktransformation von $Q(p)\,F(p)$ statt des Faltungssatzes (2.20) mitunter auch eine andere Rechenregel schneller und einfacher zur Bestimmung von $g(t)$ führen. Die Berechnung des Faltungsintegrales entfällt dann; dazu das folgende

Beispiel 3.5 b: Dasselbe Anfangswertproblem wie in 3.5a wird unter Beachtung der letzten Bemerkung gelöst. Die Bildgleichung und ihre Lösung ist hier mit $P(p)$ und $R(p)$ wie in 3.5a

$$P(p)\,Y(p) = R(p) + (1 - \mathrm{e}^{-p})\,\frac{1}{p}\,, \quad Y = \frac{R(p)}{P(p)} + \frac{1}{p}\,Q(p) - \mathrm{e}^{-p}\,\frac{1}{p}\,Q(p).$$

Wie in 3.5a erhält man $y_h(t)$ und $q(t)$ und daraus nach dem Integrationssatz (2.21) und dem Verschiebungssatz (2.14)

$$L^{-1}\left\{\frac{1}{p}Q(p)\right\} = \int_0^t q(\tau)\,d\tau = -\frac{1}{4} - \frac{1}{2}t + \frac{1}{3}e^t - \frac{1}{12}e^{-2t},$$

$$L^{-1}\left\{e^{-p}\frac{1}{p}Q(p)\right\} = \begin{cases} 0, 0 \leqq t \leqq 1, \\ -\frac{1}{4} - \frac{1}{2}(t-1) + \frac{1}{3}e^{t-1} - \frac{1}{12}e^{-2(t-1)}, 1 \leqq t. \end{cases}$$

Faßt man $y_h(t)$ und die beiden letzten Ausdrücke zusammen, so ergibt sich dieselbe Lösung $y(t)$ wie in 3.5a.

Beispiel 3.6: Die Anfangswertaufgabe

$$y'' + a_1 y' + a_0 y = f(t), \quad y_0 = y_0' = 0,$$

mit beliebiger bis auf Sprungstellen stetiger Funktion $f(t)$ wird gelöst. Für die Lösung $y(t) = g(t)$ (weil $R(p) \equiv 0$) wird $q(t)$ benötigt. Nach (3.13) genügt $q(t)$ hier der Anfangswertaufgabe

$$y'' + a_1 y' + a_0 y = 0, \quad y_0 = 0, \quad y_0' = 1.$$

Folglich ist nach Beispiel 3.3, Formeln (3.7) bis (3.9), mit den dortigen Bedeutungen von a, b, D für

$$D > 0: q(t) = \frac{1}{2\sqrt{D}}(e^{at} - e^{bt}),$$

$$D < 0: q(t) = \frac{1}{\sqrt{-D}} e^{-\frac{1}{2}a_1 t} \sin\sqrt{-D}\,t,$$

$$D = 0: q(t) = t\,e^{-\frac{1}{2}a_1 t}.$$

Die Lösung der obigen Aufgabe ist nun durch

$$y(t) = g(t) = q(t) * f(t) = \int_0^t q(t-\tau) f(\tau)\,d\tau$$

gegeben mit den drei verschiedenen Funktionen $q(t)$ für die drei Fälle $D > 0$, $D < 0$ und $D = 0$. Ein dem Beispiel 3.5b analoges Vorgehen ist hier nicht möglich, weil $f(t)$ beliebig (also auch nicht transformierbar) sein kann.

Beispiel 3.7: Hat der im Beispiel 3.4 betrachtete Stromkreis die Eingangsspannung $e(t)$ (Bild 3.4), so gilt (falls $e(t)$ differenzierbar ist) wegen (3.10) für den Strom $i(t)$ jetzt

$$Li''(t) + Ri'(t) + \frac{1}{C}i(t) = e'(t), \quad i(0) = 0, \quad i'(0) = K > 0.$$

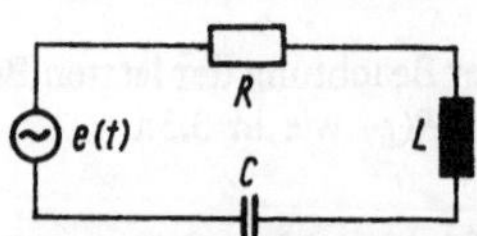

Bild 3.4. *RLC*-Stromkreis mit Eingangsspannung

Die Lösung $i(t)$ läßt sich in allen Fällen mit (3.12) angeben als

$$i(t) = i_h(t) + i_0(t) = i_h(t) + \int_0^t q(t-\tau)\, e(\tau)\, d\tau,$$

dabei ist $i_h(t)$ aus Beispiel 3.4 $\left(\frac{1}{L} u_0 = K\right)$ und $q(t)$ aus Beispiel 3.6 zu entnehmen.

Für $R > 0$ ist $\delta = \frac{R}{2L} > 0$ und damit stets $i_h(t) \to 0$ für $t \to \infty$ nach Beispiel 3.4 (dies folgt auch aus Satz 2.18, weil beide Nullstellen von $Lp^2 + Rp + \frac{1}{C}$ negativ sind). Deshalb interessiert man sich vorwiegend für $i_0(t)$. Dafür ergibt sich aus Beispiel 3.6 mit den Bezeichnungen des Beispieles 3.4 für

$$D > 0{:}\ i_0(t) = \frac{1}{2\sqrt{D}} \int_0^t \left(e^{(-\delta+\sqrt{D})\tau} - e^{(-\delta+\sqrt{D})\tau}\right) e(t-\tau)\, d\tau;$$

$$D < 0{:}\ i_0(t) = \frac{1}{\sqrt{-D}} \int_0^t e^{-\delta\tau} \sin \sqrt{-D}\,\tau\, e(t-\tau)\, d\tau;$$

$$D = 0{:}\ i_0(t) = \int_0^t \tau\, e^{-\delta\tau}\, e(t-\tau)\, d\tau.$$

Eine einfachere Darstellung von $i_0(t)$ gibt es nicht; das Berechnen der Integrale für konkrete $e(t)$ ist i. allg. aufwendig.

Für $e(t) = \begin{cases} 1, 0 \leqq t < T, \\ 0, T < t, \end{cases}$ und $D = 0$ z. B. ist (Bild 3.7) für

$$0 \leqq t \leqq T{:}\ i_0(t) = \int_0^t \tau\, e^{-\delta\tau}\, d\tau = \frac{1}{\delta^2}\left[1 - (\delta t + 1)\, e^{-\delta t}\right];$$

$$T \leqq t{:}\ i_0(t) = \int_0^T (t-\tau)\, e^{-\delta(t-\tau)}\, d\tau = t\, e^{-\delta t} \int_0^T e^{-\delta t}\, d\tau - e^{-\delta t} \int_0^T \tau\, e^{\delta\tau}\, d\tau$$

$$= \frac{1}{\delta^2}\left[(1 + \delta(t-T))\, e^{-\delta(t-T)} - (\delta t + 1)\, e^{-\delta t}\right].$$

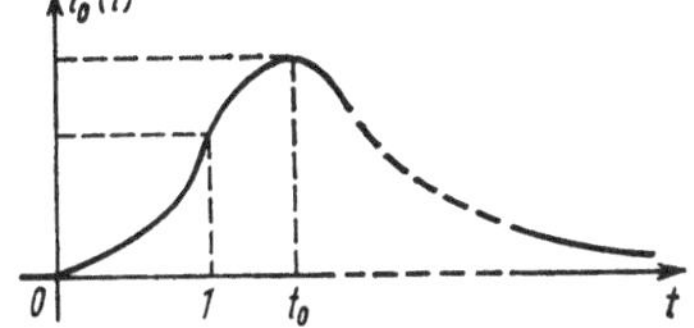

Bild 3.5. Strom $i_0(t)$ aus Beispiel 3.7

Das Bestimmen der allgemeinen Lösung $y(t)$ sowie das Lösen von Rand- und Eigenwertproblemen für die Differentialgleichung (3.1) ist ebenfalls mittels Laplace-Transformation möglich. Dabei müssen alle nicht vorgegebenen Anfangswerte aus der Folge $y_0, y_0', \ldots, y_0^{(n-1)}$ in der Bildgleichung als Parameter behandelt und nach der Rücktransformation den gestellten Bedingungen angepaßt werden (siehe Aufgaben 3.5 und 3.6).

3.1.2. Spezielle rechte Seiten $f(t)$

Die innere Struktur eines physikalischen oder technischen Systems, das sich durch eine gewöhnliche lineare Differentialgleichung mit konstanten Koeffizienten beschreiben läßt, ist durch die homogene Differentialgleichung mit den gegebenen Anfangswerten bestimmt; die zugehörige Lösung ist $y_h(t)$.

Die äußeren Einwirkungen auf das modellierte System werden durch die Funktion $f(t)$ (Erregung, Eingangs-, Steuer-, Störfunktion, Eingangssignal) ausgedrückt. Die bei verschwindenden Anfangswerten zugehörige Lösung ist $g(t) = q(t) * f(t)$. Die Funktion $g(t)$ (Antwort, Ausgangsfunktion, -signal) wird anschließend für verschiedene wichtige Funktionen $f(t)$ untersucht, d. h., es wird das Anfangswertproblem

$$y^{(n)} + a_{n-1}y^{(n-1)} + \cdots + a_1 y' + a_0 y = f(t),$$

$$y_0 = y_0' = \cdots = y_0^{(n-1)} = 0, \tag{3.15}$$

betrachtet, das nach Satz 3.2, Formel (3.12), die folgende Lösung hat:

$$g(t) = q(t) * f(t) = \int_0^t q(t - \tau) f(\tau)\, d\tau, \tag{3.16}$$

$$q(t) = L^{-1}\{Q(p)\}, \quad P(p) = p^n + a_{n-1}p^{n-1} + \cdots + a_0, \quad Q(p) = \frac{1}{P(p)}.$$

$q(t)$ heißt **Gewichtsfunktion** (oder auch Greensche[1]) Funktion).

Die in Betracht kommenden Funktionen $f(t)$ sind transformierbar und nach dem Faltungssatz (2.20) folgt aus (3.16)

$$G(p) = Q(p)F(p). \tag{3.17}$$

Von dieser viel einfacheren Bildgleichung kann nunmehr auch anders auf $g(t)$ geschlossen werden (z.B. durch Partialbruchzerlegung bei rationalem $G(p)$).

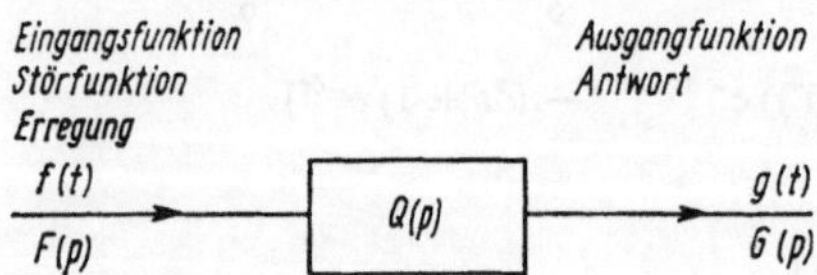

Bild 3.6. Schematische Darstellung der Gleichung (3.17)

$Q(p)$ heißt **Übertragungsfaktor** (auch -funktion), er verknüpft sehr einfach durch (3.17) $F(p)$ (wie $f(t)$ Eingangsfunktion genannt) mit $G(p)$ (wie $g(t)$ Ausgangsfunktion genannt). Gleichung (3.17) und Eigenschaften des Übertragungsfaktors bleiben in gewissen Fällen sogar bei nichtverschwindenden Anfangswerten erhalten (siehe [2], § 23). Sieht man von den konkreten physikalischen oder technischen Einzelheiten des modellierten Systems ab, so kann der Zusammenhang wie in Bild 3.6 dargestellt werden. Werden mehrere Systeme durch Reihen-, Parallel- oder Rückführschaltung zu

[1]) Georg Green (1793–1841), englischer Mathematiker.

sammengefügt (Bild 3.7), so spiegelt sich das in einfachen Rechnungen mit den Übertragungsfaktoren wider; davon wird in der Elektrotechnik, Regelungstechnik und Systemtheorie ausgiebig Gebrauch gemacht. Es gelten folgende

Verknüpfungsregeln für Übertragungsglieder:

a) *Reihenschaltung:* $Q(p) = Q_1(p)\,Q_2(p)$,

b) *Parallelschaltung:* $Q(p) = Q_1(p) + Q_2(p)$,

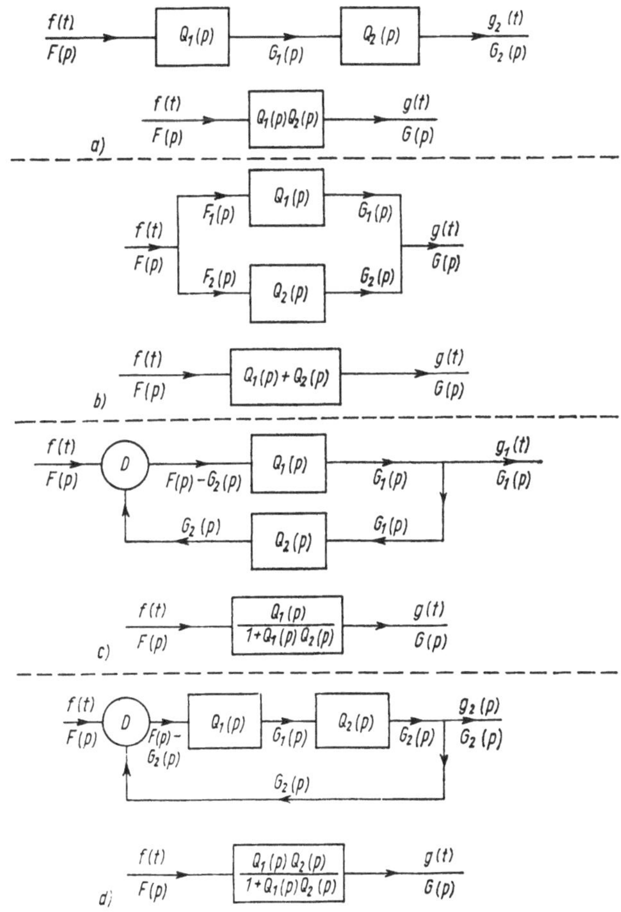

Bild 3.7a. Reihenschaltung von Übertragungsfaktoren
Bild 3.7b. Parallelschaltung von Übertragungsfaktoren
Bild 3.7c. 1. Rückführschaltung von Übertragungsfaktoren
Bild 3.7d. 2. Rückführschaltung von Übertragungsfaktoren

c) 1. *Rückführschaltung:* $Q(p) = \dfrac{Q_1(p)}{1 + Q_1(p)Q_2(p)}$,

d) 2. *Rückführschaltung:* $Q(p) = \dfrac{Q_1(p)\,Q_2(p)}{1 + Q_1(p)\,Q_2(p)}$.

Der *Beweis* dieser Regeln folgt aus $G_1(p) = Q_1(p)\,F_1(p)$ und $G_2(p) = Q_2(p)\,F_2(p)$ im Fall

a) wegen $F_2(p) = G_1(p)$ und $G_2(p) = G(p)$,
b) wegen $F_1(p) = F_2(p) = F(p)$ und $G_1(p) = G_2(p) = G(p)$,
c) wegen $F_1(p) = F(p) - G_2(p)$ und $G_1(p) = F_2(p) = G(p)$,
d) wegen $F_1(p) = F(p) - G_2(p)$ und $G_2(p) = G(p)$.

Mit diesen Verknüpfungsregeln ist es möglich, aus technisch sinnvollen Elementarbaugliedern (mit sehr einfachen Übertragungsfaktoren) komplizierte Systeme der Elektrotechnik, Regelungstechnik und Systemtheorie aufzubauen und den sie charakterisierenden Übertragungsfaktor zu bestimmen; die Beispiele 3.8 und 3.9 skizzieren dieses Vorgehen.

Beispiel 3.8: Als Schwingungsglied wird ein Elementarbauglied bezeichnet, dessen Eingangsfunktion $f(t)$ und Ausgangsfunktion $g(t)$ der Differentialgleichung

$$g''(t) + a_1 g'(t) + a_0 g(t) = f(t), \quad g(0) = g'(0) = 0,$$

genügen. Der *RLC*-Stromkreis der Abb. 3.4 ist ein solches Glied für elektrotechnische Systeme $\left(a_1 = \dfrac{R}{L},\ a_0 = \dfrac{1}{C}\right)$. Der Übertragungsfaktor $Q(p)$ eines Schwingungsgliedes ist

$$Q(p) = \frac{1}{p^2 + a_1 p + a_0}.$$

Die Gewichtsfunktion $q(t)$ wurde in Beispiel 3.7 in Abhängigkeit von $D = \frac{1}{4}a_1^2 - a_0$ bestimmt; für den technisch wichtigsten Fall ist $D < 0$ und nach Beispiel 3.7

$$q(t) = \frac{1}{\sqrt{-D}}\,e^{-\frac{1}{2}a_1 t} \sin \sqrt{-D}\,t.$$

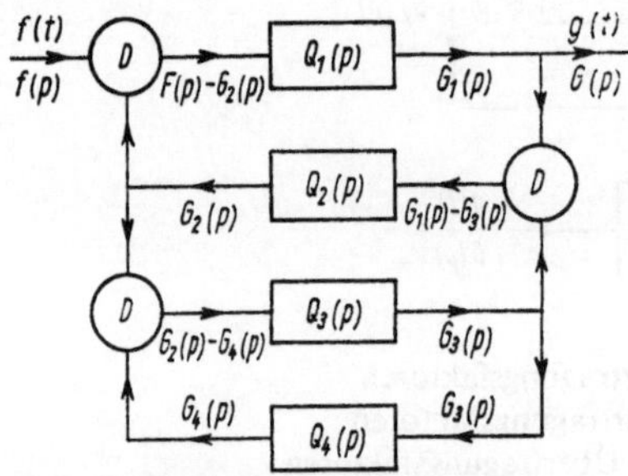

Bild 3.8. Beispiel einer Verknüpfung von Übertragungsfaktoren

Beispiel 3.9: Für das System des Bildes 3.8 wird der Übertragungsfaktor $Q(p)$ berechnet. Wegen der Beziehungen

$$G_1 = Q_1(F - G_2), \quad G_2 = Q_2(G_1 - G_3), \quad G_3 = Q_3(G_2 - G_4), \quad G_4 = Q_4 G_3$$

gilt nach Regel c) zunächst

$$G_3 = Q_I G_2, \quad Q_I = \frac{Q_3}{1 + Q_3 Q_4} \qquad G_2 = Q_2 G_1 - Q_2 Q_I G_1 .$$

Daraus ergeben sich G_2, $G = G_1$ und Q:

$$G_2 = \frac{Q_2(1 + Q_3 Q_4)}{1 + Q_3(Q_2 + Q_4)} G_1 = Q_{II} G_1, \quad G_1 = Q_1 F - Q_1 Q_{II} G_1;$$

$$G = G_1 = \frac{Q_1(1 + Q_3(Q_2 + Q_4))}{1 + Q_3(Q_2 + Q_4) + Q_1 Q_2(1 + Q_3 Q_4)} F = Q(p)\, F.$$

a) Sprungfunktion $f(t) = u(t)$, Übergangsfunktion $g_u(t)$

Für $f(t) = u(t) = \begin{cases} 0, & t \leqq 0, \\ 1, & t > 0, \end{cases}$ gilt wegen (2.4)

$$G_u(p) = \frac{1}{pP(p)} = \frac{1}{p} Q(p), \qquad g_u(t) = 1 * q(t) = \int_0^t q(\tau)\, d\tau. \tag{3.18}$$

Die Funktion $f(t) = u(t)$ drückt eine zeitlich konstante Erregung der Höhe 1 des Systems aus; $g_u(t)$ ist die zugehörige Lösung von (3.15).

$G_u(p)$ ist eine in p rationale Bildfunktion, die auch durch Partialbruchzerlegung rücktransformiert werden kann. Hat $pP(p)$ nur die einfachen Nullstellen $p_0 = 0$, $p_1, \ldots, p_n$, so gilt für die Koeffizienten nach (2.33)

$$c_{i1} = \frac{1}{P(p_i) + p_i P'(p_i)}, \qquad i = 0, 1, \ldots, n,$$

und $g_u(t)$ hat nach (2.34) die einfache Form

$$g_u(t) = \frac{1}{P(0)} + \sum_{i=1}^{n} \frac{1}{p_i P'(p_i)} e^{p_i t}. \tag{3.19}$$

Diese Formel heißt *Heavisidescher Entwicklungssatz*, sie spielt z. B. in der Elektrotechnik eine große Rolle. Hat $pP(p)$ mehrfache Nullstellen, so ist zur Bestimmung von $g_u(t)$ Formel (2.32) zu verwenden.

Für $\operatorname{Re} p_i < 0$, $i = 1, 2, \ldots, n$, folgt aus (3.19) bzw. bei mehrfachen Nullstellen aus (2.32) sofort

$$g_u(t) \to \frac{1}{P(0)} = \frac{1}{a_0}, \qquad t \to \infty, \tag{3.20}$$

d. h., $g_u(t)$ ist uneigentlich stabil. Dies gilt auch bei beliebigen Anfangswerten für (3.1) wegen $y_h(t) \to 0$, $t \to \infty$, bei $\operatorname{Re} p_i < 0$.

$g_u(t)$ heißt **Übergangsfunktion.** Mit ihr kann man $g(t)$ für jede Funktion $f(t)$ angeben, denn aus (3.18) folgt $g_u'(t) = q(t)$ und daraus wegen (3.16)

$$g(t) = g_u'(t) * f(t) = \int_0^t g_u'(t-\tau) f(\tau)\,d\tau = \frac{d}{dt}\int_0^t g_u(t-\tau) f(\tau)\,d\tau,$$

wenn noch $g_u(0) = 0$ beachtet wird. Die letzte Darstellung von $g(t)$ heißt *Duhamelsche Formel.* Die Übergangsfunktion $g_u(t)$ kann analytisch bestimmt und auch durch technische Experimente gefunden werden, sie kann zu Stabilitätsuntersuchungen herangezogen werden.

Beispiel 3.10: Die Übergangsfunktion für das Problem $y'' + a_1 y' + a_0 y = u(t)$, $y_0 = y_0' = 0$, wird bestimmt. Nach Beispiel 3.3, den dortigen Bedeutungen von a, b und D sowie Formel (3.18) ist nach einiger Rechnung für

$$D > 0:\ g_u(t) = \frac{1}{2\sqrt{D}} \int_0^t (e^{a\tau} - e^{b\tau})\,d\tau = \frac{1}{2\sqrt{D}\,ab}(b\,e^{at} - a\,e^{bt} - b + a)$$

$$= \frac{1}{a_0} + \frac{1}{2a_0\sqrt{D}}(b\,e^{at} - a\,e^{bt}) \quad \text{wegen } a - b = 2\sqrt{D}, \quad ab = a_0,$$

$$D < 0:\ g_u(t) = \frac{1}{\sqrt{-D}} \int_0^t e^{-\frac{1}{2}a_1\tau} \sin\sqrt{-D}\,\tau\,d\tau$$

$$= \frac{1}{a_0} - \frac{1}{a_0\sqrt{-D}} e^{-\frac{1}{2}a_1 t}\left(\frac{1}{2}a_1 \sin\sqrt{-D}\,t + \sqrt{-D}\cos\sqrt{-D}\,t\right),$$

$$D = 0:\ g_u(t) = \int_0^t \tau\,e^{-\frac{1}{2}a_1\tau}\,d\tau = \frac{1}{a_0} - \frac{1}{a_0}\left(1 + \frac{1}{2}a_1 t\right)e^{-\frac{1}{2}a_1 t}.$$

Der Summand $\frac{1}{a_0}$ ist in jedem Falle in Übereinstimmung mit (3.19) vorhanden. In diesem Beispiel ist das Faltungsintegral in (3.18) zur Bestimmung von $g_u(t)$ günstig, weil $q(t)$ im Beispiel 3.3 bereits berechnet wurde.

Beispiel 3.11: Die Übergangsfunktion für $y''' - y'' + 4y' - 4y = u(t)$, $y_0 = y_0' = y_0'' = 0$, ist zu bestimmen. Nach (3.18) folgt

$$G_u(p) = \frac{1}{pP(p)}, \quad P(p) = (p-1)(p^2+4), \quad P'(p) = 3p^2 - 2p + 4.$$

Da nur einfache Nullstellen $p_0 = 0$, $p_1 = 1$, $p_2 = 2j$, $p_3 = \bar{p}_2$ vorliegen, ist (3.19) anwendbar. Es ist

$$P(0) = -4, \quad p_1P'(p_1) = 5, \quad p_2P'(p_2) = 8(1-2j), \quad p_3P'(p_3) = 8(1+2j).$$

Durch Einsetzen und Umrechnen auf reelle Funktionen nach (2.35) folgt die Übergangsfunktion

$$g_u(t) = -\frac{1}{4} + \frac{1}{5}e^t + \frac{1}{8(1-2j)}e^{2jt} + \frac{1}{8(1+2j)}e^{-2jt}$$

$$= \frac{1}{20}(\cos 2t - 2\sin 2t + 4e^t - 5).$$

b) Funktion $f(t) = e^{j\omega t}$, Frequenzgang $Q(j\omega)$

Für $f(t) = e^{j\omega t}$, $\omega > 0$, gilt wegen (2.5)

$$G_\omega(p) = \frac{1}{(p - j\omega)\,P(p)}\,, \quad g_\omega(t) = q(t) * e^{j\omega t} = e^{j\omega t}\int_0^t e^{-j\omega\tau} q(\tau)\,d\tau .$$

Die Funktion $e^{j\omega t}$ drückt wegen

$$|e^{j\omega t}| = 1, \qquad e^{j\omega t} = \cos\omega t + j\sin\omega t,$$

eine periodische Kosinus- oder Sinus-Erregung der Amplitude 1 und der Frequenz ω aus. Statt mit den reellen Funktionen $\cos\omega t$ oder $\sin\omega t$ wird mit der einfacheren komplexen Funktion $e^{j\omega t}$ gerechnet und am Ende einer Rechnung zum Real- oder Imaginärteil übergegangen; diese Ausdrücke sind Lösungen von (3.1) wegen der reellen Koeffizienten in (3.1). $g_\omega(t)$, $\operatorname{Re} g_\omega(t)$ oder $\operatorname{Im} g_\omega(t)$ sind also die zu $e^{j\omega t}$, $\cos\omega t$ oder $\sin\omega t$ gehörenden Lösungen von (3.15).

$G_\omega(p)$ ist wieder eine in p rationale Funktion, die auch durch Partialbruchzerlegung rücktransformiert werden kann. Hat $(p - j\omega)\,Q(p)$ nur die einfachen Nullstellen $p_0 = j\omega, p_1, \ldots, p_n$, so folgt analog a) mit (2.33) und (2.34)

$$g_\omega(t) = \frac{1}{P(j\omega)}\,e^{j\omega t} + \sum_{i=1}^{n} \frac{1}{(p_i - j\omega)\,P'(p_i)}\,e^{p_i t}. \tag{3.21}$$

Liegen mehrfache Nullstellen vor, so ist (2.32) zu benutzen.

Ist $\operatorname{Re} p_i < 0$ für $i = 1, \ldots, n$, so folgt aus (3.21) bzw. bei mehrfachen Nullstellen aus (2.32) sofort

$$g_\omega(t) = \frac{1}{P(j\omega)}\,e^{j\omega t} + o(1) = Q(j\omega)\,e^{j\omega t} + o(1), \qquad t \to \infty .$$

Die letzte Formel beschreibt das Verhalten des modellierten Systems für große t (stationärer Zustand). Die Formel gilt sogar bei beliebigen Anfangsbedingungen für (3.1), weil $y_h(t) \to 0$ für $t \to \infty$ gilt unter der getroffenen Annahme $\operatorname{Re} p_i < 0$.

$$Q(j\omega) = |Q(j\omega)|\,e^{j\varphi(\omega)}, \qquad |Q(j\omega)| \quad \text{bzw.} \quad \varphi(\omega) \tag{3.22}$$

heißen **Frequenzgang**, Amplitude bzw. Phase des Frequenzganges. $Q(j\omega)$ ist der Wert des Übertragungsfaktors auf der imaginären Achse. Wegen der für $\operatorname{Re} p_i < 0$ gültigen Beziehung

$$g_\omega(t) = |Q(j\omega)|\,e^{j(\omega t + \varphi(\omega))} + o(1), \qquad t \to \infty, \tag{3.22a}$$

erkennt man in diesem Fall am Frequenzgang ohne Rücktransformation sofort Amplitudenänderung und Phasenverschiebung gegenüber der Eingangsfunktion $e^{j\omega t}$ für den stationären Zustand.

Der Frequenzgang kann wegen (3.18) aus der Übergangsfunktion durch

$$Q(j\omega) = j\omega G_u(j\omega)$$

berechnet werden. Auch umgekehrt kann die Übergangsfunktion aus dem Frequenzgang berechnet werden ([9], S. 97); dies ist wegen der möglichen experimentellen Ermittlung des Frequenzganges von Bedeutung.

Beispiel 3.12: Der Frequenzgang, seine Amplitude und Phase sowie der stationäre Zustand sind für $\omega = \frac{\pi}{4}$ und

$$y'' + 5y' + 4y = e^{j\omega t}, \quad y_0 \text{ und } y_0' \text{ beliebig,}$$

zu bestimmen. $P(p) = p^2 + 5p + 4$ hat die Nullstellen $p_1 = -1 < 0$ und $p_2 = -4 < 0$; es ist

$$Q(j\omega) = \frac{1}{4 - \omega^2 + 5j\omega} = \frac{1}{(4-\omega^2)^2 + 25\omega^2}(4 - \omega^2 - 5j\omega),$$

$$|Q(j\omega)| = ((4-\omega^2)^2 + 25\omega^2)^{-\frac{1}{2}} \approx 0{,}24,$$

$$\tan\varphi(\omega) = \frac{-5\omega}{4-\omega^2} \approx -2{,}564, \quad \varphi(\omega) \approx 68{,}7^0 \approx -1{,}2.$$

Für $t \to \infty$ ist damit nach (3.22a)

$$g_\omega(t) = 0{,}24\, e^{j\left(\frac{\pi}{4}t - 1{,}2\right)} + o(1).$$

y_0 und y_0' können tatsächlich beliebig sein, weil wegen der vorliegenden Nullstellen $y_h(t) \to 0$ für $t \to \infty$ gilt.

Bei der Erregung $\sin \omega t$ gilt für die Antwort $\operatorname{Im} g_\omega(t)$:

$$\operatorname{Im} g_\omega(t) = 0{,}24 \sin\left(\frac{\pi}{4}t - 1{,}2\right) + o(1), \quad t \to \infty.$$

Der Frequenzgang $Q(j\omega)$ ist eine komplexwertige Funktion der reellen Veränderlichen ω. Der Realteil von $Q(j\omega)$ ist eine gerade Funktion von ω, der Imaginärteil von $Q(j\omega)$ ist eine ungerade Funktion von ω:

$$\operatorname{Re} Q(j\omega) = \operatorname{Re} Q(-j\omega), \quad \operatorname{Im} Q(j\omega) = -\operatorname{Im} Q(-j\omega).$$

Dies gilt unter Beachtung von (3.16) wegen

$$Q(j\omega) = \frac{1}{P(j\omega)} = \frac{1}{|P(j\omega)|^2}\overline{P(j\omega)} = \frac{1}{|P(j\omega)|^2}(\operatorname{Re} P(j\omega) - j \operatorname{Im} P(j\omega)),$$

$$\operatorname{Re} P(j\omega) = \sum_{\nu \text{ gerade}} a_\nu (j\omega)^\nu, \quad \operatorname{Im} P(j\omega) = \sum_{\nu \text{ ungerade}} a_\nu (j\omega)^\nu.$$

Daraus folgen außerdem die Beziehungen

$$\overline{Q(j\omega)} = Q(-j\omega), \quad \overline{Q(-j\omega)} = Q(j\omega), \quad |Q(j\omega)|^2 = Q(j\omega)\, Q(-j\omega).$$

Der Frequenzgang $Q(j\omega)$ kann in der komplexen Ebene dargestellt werden. Aus dieser Darstellung (Ortskurve genannt) können Amplitude und Phase abgelesen werden. Dies illustriert das

Beispiel 3.13: Der Frequenzgang von

$$y'' + a_1 y' + a_0 y = e^{j\omega t}, \quad y_0 \text{ und } y_0' \text{ beliebig, } \tfrac{1}{4}a_1^2 = a_0,\, a_1 > 0,$$

wird bestimmt und graphisch dargestellt.

Für $P(p) = p^2 + a_1 p + a_0$ sind die Nullstellen $p_1 = p_2 = -\frac{1}{2}a_1 < 0$. Der Frequenzgang, seine

Amplitude und Phase sind hier

$$Q(\mathrm{j}\omega) = \frac{1}{a_0 - \omega^2 + a_1 \mathrm{j}\omega}, \quad |Q(\mathrm{j}\omega)| = \frac{1}{a_0 + \omega^2}.$$

$$\varphi(\omega) = \arctan \frac{-a_1\omega}{a_0 - \omega^2} \quad \text{bei } \omega \neq \sqrt{a_0}, \quad \varphi(\omega) = -\frac{\pi}{2} \text{ bei } \omega = \sqrt{a_0}.$$

Aus diesen Beziehungen folgt: Für wachsende $\omega \geqq 0$ ist offenbar $|Q(\mathrm{j}\omega)|$ monoton fallend von $\frac{1}{a_0}$ bis 0, für wachsende $\omega \geqq 0$ ist wegen $\varphi'(\omega) < 0$ auch $\varphi(\omega)$ monoton fallend von 0 bis $-\pi$. In Bild 3.9 ist dieser Sachverhalt dargestellt.

Der Frequenzgang läßt sich auch zu Stabilitätsuntersuchungen heranziehen (Ortskurvenkriterien).

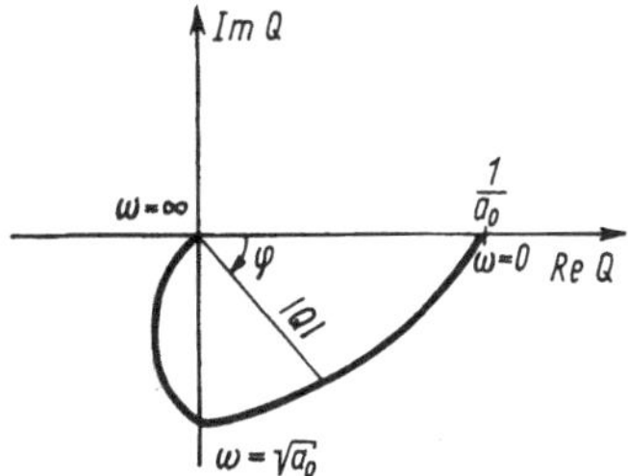

Bild 3.9. Frequenzgang $Q(\mathrm{j}\omega)$ des Beispiels 3.13 als Funktion von ω

c) Diracsche Delta-Funktion $\delta(t)$

In Physik und Technik ist häufig eine Funktion (Erregung) nötig, die eine sehr kurze Zeit mit einem sehr großen Wert wirkt. Dies ist z. B. bei der Beschreibung eines mechanischen Stoßes, eines Strom- oder Spannungsstoßes der Fall (Beispiel 3.14). Dabei soll zur Normierung stets die Gesamtintensität gleich 1 sein (siehe auch [B 22], 1.2.2.).

Solche Funktionen lassen sich beliebig viele angeben, die einfachste unter ihnen (Bild 3.10a) und ihre Gesamtintensität ist

$$\delta(t, \varepsilon) = \begin{cases} 0, & t < 0, \ \varepsilon < t \\ \frac{1}{\varepsilon}, & 0 \leqq t \leqq \varepsilon \end{cases} \quad \text{und} \quad \int_0^t \delta(\tau, \varepsilon)\, \mathrm{d}\tau = \varepsilon \frac{1}{\varepsilon} = 1, \ t \geqq \varepsilon.$$

Der Parameter ε (und auch die Vielfalt der Funktionen mit obigen Forderungen) stört bei Rechnungen und ist in den Anwendungen unwesentlich, deshalb wird der Grenzübergang $\varepsilon \to +0$ durchgeführt. Aus den obigen Beziehungen entsteht dadurch formal:

$$\delta(t) = \begin{cases} 0, & t \neq 0 \\ \infty, & t = 0 \end{cases} \quad \text{und} \quad \int_0^t \delta(\tau)\, \mathrm{d}\tau = 1, \quad t > 0.$$

Diese Gleichungen stehen zueinander im Widerspruch, denn es gibt keine Funktion $\delta(t)$ mit diesen Eigenschaften.

Trotzdem möchte man mit dieser „Pseudofunktion“ $\delta(t)$, auch **Diracsche Delta-**

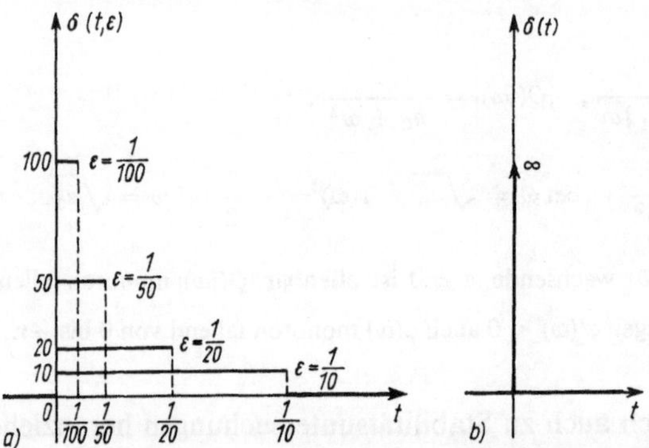

Bild 3.10a. Funktionen $\delta(t, \varepsilon)$ für $\varepsilon = \frac{1}{10}, \frac{1}{20}, \frac{1}{50}, \frac{1}{100}$

Bild 3.10b. Symbolische Darstellung der Diracschen Delta-Funktion $\delta(t)$

Funktion[1]) (Impulsfunktion; symbolische Darstellung in Bild 3.10b) genannt, gern rechnen, insbesondere soll sie in den Kalkül der Laplace-Transformation einbezogen werden. Dafür gibt es verschiedene Möglichkeiten. Hier wird anschließend der Begriff des Stieltjes-Integrales[2]) herangezogen, im Abschnitt 4.3.3. wird $\delta(t)$ im Rahmen der modernen Operatorenrechnung mit einer Distribution identifiziert. Diese letzte Auffassung ermöglicht es auch, Ableitungen (in einem verallgemeinerten Sinn) von $\delta(t)$ und deren Laplace-Transformierte zu bilden.

Das Riemann-Stieltjes-Integral $\int_a^b f(t)\,\mathrm{d}g(t)$ der stetigen Funktion $f(t)$ bezüglich der in $a \leqq t \leqq b$ monoton wachsenden Funktion $g(t)$ existiert bekanntlich immer ([B 2], S. 224). Setzt man $g(t) = u(t)$ ($u(t)$ siehe Übersicht S. 8), so folgt aus der Summendefinition dieses Integrales sofort

$$\int_a^b f(t)\,\mathrm{d}u(t) = \begin{cases} f(0), & a \leqq 0 < b, \\ 0, & \text{sonst}. \end{cases} \tag{3.23}$$

In Analogie zu der für stetig differenzierbare Funktionen richtigen Substitutionsregel führt man jetzt ein formales Element $\delta(t)$ durch die Schreibweise $\mathrm{d}u(t) = \delta(t)\mathrm{d}t$ ein, d.h., es wird

$$\int_a^b f(t)\,\delta(t)\,\mathrm{d}t = \int_a^b f(t)\,\mathrm{d}u(t) \tag{3.24}$$

gesetzt. Nunmehr lassen sich alle Rechenregeln für Stieltjes-Integrale anwenden; z.B. läßt sich die Faltung einer stetigen Funktion $f(t)$ mit $\delta(t)$ bestimmen als

$$f(t) * \delta(t) = \int_0^t f(t-\tau)\,\delta(\tau)\,\mathrm{d}\tau = \int_0^t f(t-\tau)\,\mathrm{d}u(\tau) = f(t). \tag{3.25}$$

[1]) Paul Adrien Maurice Dirac (geb. 1902), englischer Physiker.

[2]) Thomas-Jean Stieltjes (1856–1894), holländischer Mathematiker.

Ist nicht $t = 0$ sondern $t = t_0 > 0$ die kritische Stelle, so schreibt man in Verallgemeinerung von (3.24):

$$\int_a^b f(t)\,\delta(t - t_0)\,dt = \int_a^b f(t)\,du(t - t_0) = \begin{cases} f(t_0), & a \leqq t_0 < b, \\ 0, & \text{sonst.} \end{cases} \tag{3.26}$$

Beispiel 3.14: Die Delta-Funktion $\delta(t)$ als idealisierte mathematische Beschreibung physikalischer Vorgänge ist in den verschiedensten Gebieten nützlich:

a) Zwischen Kraft $K(t)$ und Impuls $J(t)$ in der Mechanik besteht der Zusammenhang

$$J(t) = \int_0^t K(\tau)\,d\tau, \qquad K(t) = J'(t).$$

Bei einem mechanischen Stoß der Größe J_0 zum Zeitpunkt $t = t_0$ springt der Impuls von 0 auf den konstanten Wert J_0, d.h., es ist $J(t) = J_0 u(t - t_0)$. Die hier zugehörige Kraft ist keine Funktion von t, sie läßt sich in der Form $K(t) = J_0\delta(t - t_0)$ darstellen. Analog lassen sich Strom- und Spannungsstöße beschreiben.

b) Ist die Eingangsspannung $e(t)$ eines RLC-Stromkreises (Beispiel 3.7) die Sprungfunktion $u(t)$, so kann $e'(t) = \delta(t)$ in der Differentialgleichung des Beispiels 3.7 gesetzt werden.

c) Bei der Belastung eines Balkens (Beispiel 3.2) kann neben der Streckenlast $q(x)$ auch eine Einzellast q_0 an der Stelle $x = x_0$ vorkommen. Diese Einzellast kann als Grenzwert einer Streckenlast analog Bild 3.10 aufgefaßt und mit $q_0(x) = q_0\delta(x - x_0)$ in der Differentialgleichung für die Balkendurchbiegung berücksichtigt werden.

Zur formalen Transformation von $\delta(t - t_0)$ bildet man unter Beachtung von (3.26) und wegen $0 \leqq t_0 < \infty$

$$\int_0^\infty e^{-pt}\delta(t - t_0)\,dt = \int_0^\infty e^{-pt}\,du(t - t_0) = e^{-pt_0}. \tag{3.27}$$

Die Funktionen e^{-pt_0} sind nach Beispiel 2.22 keine Laplace-Transformierten von transformierbaren Funktionen, weil sie periodisch in p sind. Man kann jedoch unter Beachtung der Vereinbarung (3.24) und der Formel (3.27) nachweisen, daß bei Hinzunahme der Elemente $\delta(t - t_0) = \dfrac{du(t - t_0)}{dt}$ zur Menge der transformierbaren Funktionen bzw. der Funktionen e^{-pt_0} zur Menge der Laplace-Transformierten die meisten Rechenregeln aus Abschnitt 2.2. gültig bleiben. Ein weiterer solcher Nachweis folgt aus den allgemeineren Überlegungen des Abschnitts 4.3.3. (Satz 4.5). Im folgenden wird lediglich die Verwendung von $\delta(t)$ als Störfunktion bei Differentialgleichungen der Form (3.1) gebraucht.

d) Impulsantwort $g_\delta(t)$

Die spezielle Diracsche Delta-Funktion $\delta(t)$ wird jetzt als rechte Seite $f(t)$ für das Anfangswertproblem (3.15) genommen; $\delta(t)$ drückt also eine kurzzeitige Einwirkung von großer Stärke mit der Gesamtintensität 1 aus. Die zugehörige Lösung $g_\delta(t)$ heißt **Impulsantwort.**[1])

Aus dem Anfangswertproblem

$$y^{(n)} + a_{n-1}y^{(n-1)} + \cdots + a_0 y = \delta(t), \qquad y(0) = \cdots = y^{(n-1)}(0) = 0,$$

[1]) In der Technik ist anders als hier „Impulsantwort“ bei einer Rechteckerregung $f(t)$ üblich.

ergibt sich mit (2.24), (3.27; $t_0 = 0$) und (3.4) $P(p)\,Y = 1$ und daraus sofort mit (3.11)

$$g_\delta(t) = \begin{cases} 0, & t \leqq 0 \\ q(t), & t > 0 \end{cases} = q(t)\,u(t). \tag{3.28}$$

Diese Impulsantwort $g_\delta(t)$ hat folgende Eigenschaften:

$g_\delta(t), \dots, g_\delta^{(n-2)}(t)$ ist stetig für alle t, weil nach (3.13) $q(0) = \dots = q^{(n-2)}(0) = 0$ ist; dagegen ist $g_\delta^{(n-1)}(t)$ unstetig bei $t = 0$, weil der linksseitige Grenzwert wegen (2.1) 0 und der rechtsseitige Grenzwert nach (3.13) gleich 1 ist. Bei $t = 0$ existiert deshalb $g_\delta^{(n)}(t)$ nicht. Schreibt man $g_\delta^{(n-1)}(t)$ in der Form

$$g_\delta^{(n-1)}(t) = q^{(n-1)}(t)\,u(t) = (q^{(n-1)}(t) - 1)\,u(t) + u(t),$$

so ist der erste Summand wieder stetig für alle t. Mit $\delta(t) = \dfrac{\mathrm{d}u(t)}{\mathrm{d}t}$ läßt sich deshalb die n-te Ableitung von $g_\delta(t)$ als Pseudofunktion auffassen und schreiben in der Form

$$g_\delta^{(n)}(t) = q^{(n)}(t)\,u(t) + \delta(t).$$

Beispiel 3.15: Es wird die Impulsantwort $g_\delta(t)$ für

$$y''' + y'' - 2y' = \delta(t), \quad y_0 = y_0' = y_0'' = 0,$$

bestimmt und diskutiert. Aus Beispiel 3.5a ist $q(t)$ bekannt, damit sind die Impulsantwort und ihre Ableitung

$$g_\delta(t) = \begin{cases} 0, & t \leqq 0, \\ -\frac{1}{2} + \frac{1}{3}\mathrm{e}^{t} + \frac{1}{6}\mathrm{e}^{-2t}, & t > 0, \end{cases} \qquad g_\delta'(t) = \begin{cases} 0, & t \leqq 0, \\ \frac{1}{3}\mathrm{e}^{t} - \frac{1}{3}\mathrm{e}^{-2t}, & t > 0. \end{cases}$$

Hier ist $n = 3$; $g_\delta(t)$ und $g_\delta'(t)$ sind für alle t stetig; dagegen hat

$$g_\delta''(t) = \left.\begin{cases} 0, & t \leqq 0 \\ \frac{1}{3}\mathrm{e}^{t} + \frac{2}{3}\mathrm{e}^{-2t}, & t > 0 \end{cases}\right\} = (\tfrac{1}{3}\mathrm{e}^{t} + \tfrac{2}{3}\mathrm{e}^{-2t} - 1)\,u(t) + u(t)$$

bei $t = 0$ eine Sprungstelle der Höhe 1. Es ist deshalb als Pseudofunktion

$$g_\delta'''(t) = \left(\frac{1}{3}\mathrm{e}^{t} - \frac{4}{3}\mathrm{e}^{-2t}\right)u(t) + \delta(t).$$

In Bild 3.11 sind diese Impulsantwort und ihre Ableitungen in der Umgebung von $t = 0$ dargestellt.

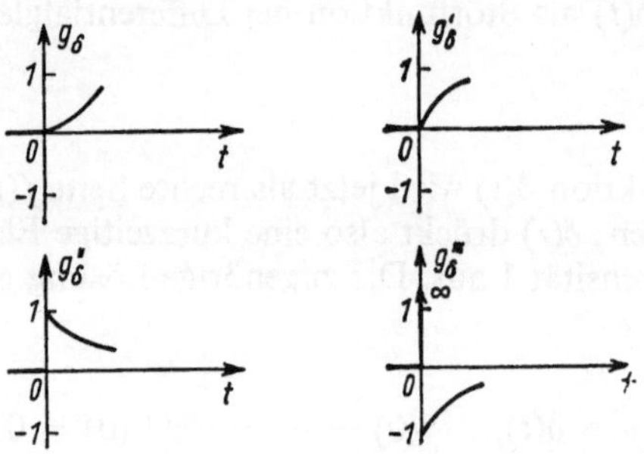

Bild 3.11. Impulsantwort $g_\delta(t)$ und ihre Ableitungen aus Beispiel 3.15

e) Übersicht

Das Anfangswertproblem

$$y^{(n)} + a_{n-1}y^{(n-1)} + \cdots + a_0 y = f(t), \quad y_0 = y'_0 = \cdots = y_0^{(n-1)} = 0,$$

mit der bei transformierbarem $f(t)$ gültigen Bildgleichung

$$P(p)\,Y(p) = F(p), \quad P(p) = p^n + a_{n-1}p^{n-1} + \cdots + a_0,$$

wurde für verschiedene Funktionen $f(t)$ betrachtet. Die wichtigsten Größen und Zusammenhänge sind nochmals in den folgenden Tabellen aufgeführt. Die in 3.1.2. verwendeten Bezeichnungen (aber nicht die Buchstaben) mit Ausnahme von „Impulsantwort" stimmen mit den in der technischen Literatur üblichen überein.

Bildbereich	Originalbereich
Übertragungsfaktor: $Q(p) = \frac{1}{P(p)}$	Gewichtsfunktion: $q(t)$
Frequenzgang: $Q(j\omega)$	–

Funktion $f(t)$ in (3.15)	Lösung $g(t)$ von (3.15)
$f(t) = u(t) = \begin{cases} 0, & t \leqq 0, \\ 1, & t > 0 \end{cases}$	Übergangsfunktion: $g_u(t)$, $g'_u(t) = q(t)$
	Heavisidescher Entwicklungssatz für $g_u(t)$
	Duhamelsche Formel für $g(t)$
$f(t) = e^{j\omega t}, \omega > 0$	$g_\omega(t)$
$f(t) = \cos \omega t$	$\operatorname{Re} g_\omega(t)$
$f(t) = \sin \omega t$	$\operatorname{Im} g_\omega(t)$
$f(t) = \delta(t)$	Impulsantwort: $g_\delta(t)$
	$g_\delta(t) = \left\{\begin{matrix} 0, & t \leqq 0, \\ q(t), & t > 0 \end{matrix}\right\} = q(t)\,u(t)$

Die Funktionen $q(t), g_u(t), g_\omega(t)$ und $g_\delta(t)$ beschreiben alle das Verhalten des durch (3.15) modellierten physikalischen oder technischen Systems gleichermaßen. Im nächsten Beispiel werden sie noch für ein elektrotechnisches System bestimmt.

Beispiel 3.16: Für die in Bild 3.12a angegebene Schaltung (ein Elementarbauglied) werden $Q(p)$, $q(t)$, $g_u(t)$, $g_\omega(t)$, $\operatorname{Im} g_\omega(t)$ und $g_\delta(t)$ berechnet und graphisch dargestellt in Bild 3.12b.

Bei dieser Schaltung handelt es sich um einen Spezialfall des in Bild 3.3 dargestellten Stromkreises mit $L = 0$; deshalb gilt wegen (3.10) für beliebige Anfangsbedingungen

$$Ri'(t) + \frac{1}{C}\,i(t) = 0.$$

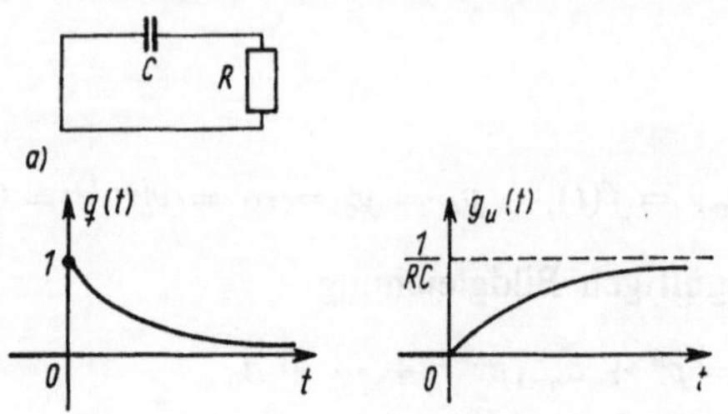

Bild 3.12a. *RC*-Schaltung des Beispiels 3.16

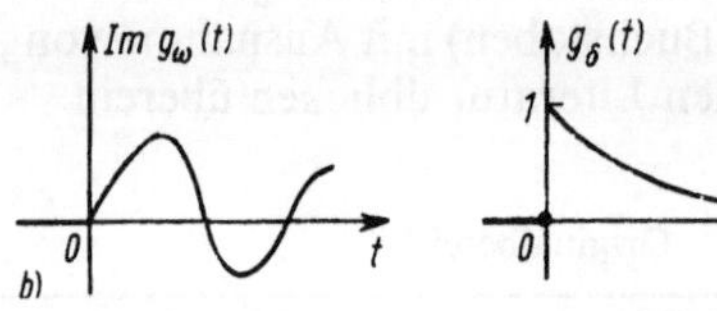

Bild 3.12b. $q(t)$, $g_u(t)$, Im $g_\omega(t)$ und $g_\delta(t)$ des Beispiels 3.16

Nach einfachen Rechnungen folgen wegen (T 5), (3.18) und (3.21)

$$Q(p) = \frac{1}{p + 1/RC}, \quad q(t) = \mathrm{e}^{-t/RC}, \quad g_u(t) = \frac{1}{RC}(1 - \mathrm{e}^{-t/RC}),$$

$$g_\omega(t) = \frac{1}{\mathrm{j}\omega + 1/RC}(\mathrm{e}^{\mathrm{j}\omega t} - \mathrm{e}^{-t/RC}) = \frac{RC(1 - \mathrm{j}\omega RC)}{1 + \omega^2 R^2 C^2}(\mathrm{e}^{\mathrm{j}\omega t} - \mathrm{e}^{-t/RC}),$$

$$\operatorname{Im} g_\omega(t) = \frac{\omega R^2 C^2}{1 + \omega^2 R^2 C^2}\left(\frac{\sin \omega t}{\omega RC} - \cos \omega t + \mathrm{e}^{-t/RC}\right),$$

$$g_\delta(t) = u(t)\,\mathrm{e}^{-t/RC}.$$

3.1.3. Aufgaben: Lösung linearer Differentialgleichungen

* *Aufgabe 3.1:* Man löse die Anfangswertprobleme

a) $y^{(4)} - y = 0, \quad y(0) = y'(0) = y''(0) = 0, \quad y'''(0) = 1;$

b) $y^{(4)} + y = 0, \quad y(0) = y'(0) = y''(0) = 0, \quad y'''(0) = 1;$

c) $y^{(5)} - y^{(4)} + y''' - y'' = 0, \quad y(0) = y'(0) = y''(0) = 0, \quad y'''(0) = 1,$
$y^{(4)}(0) = 2.$

* *Aufgabe 3.2:* Man löse die Anfangswertprobleme

a) $y'' - y = t^2. \quad y(0) = y'(0) = 1,$

b) $y'' - y = \mathrm{e}^{-t} \sin t, \quad y(0) = 0, \quad y'(0) = -1.$

* *Aufgabe 3.3:* Man löse das Anfangswertproblem

$$y^{(4)} - y = f(t), \quad y(0) = y'(0) = y''(0) = 0, \quad y'''(0) = 1;$$

$$f(t) = 0 \quad \text{für} \quad 0 \leqq t < 1, \quad f(t) = \mathrm{e}^{-2(t-1)} \quad \text{für} \quad 1 < t.$$

Aufgabe 3.4: Man löse die Anfangswertaufgabe *

$$y'' + 16y' + 8y = \begin{cases} 0, & 0 \leqq t < 1, \quad 2 < t, \\ 1, & 1 < t < 2, \end{cases} \qquad \text{und} \qquad y(0) = y'(0) = 0.$$

Aufgabe 3.5: Man löse die Randwertaufgabe *

$$y''' + 2y'' + y' = t, \quad y(0) = y'(0) = 0, \quad y(1) = 0.$$

Aufgabe 3.6: Man löse die Eigenwertaufgabe *

$$y'' + \lambda^2 y = 0, \quad y'(0) = 0, \quad y'(\pi) = 0: \quad \lambda > 0.$$

Aufgabe 3.7: Für die Differentialgleichung *

$$y''' + 7y'' + 25y' + 39y = f(t), \quad y(0) = y'(0) = y''(0) = 0,$$

bestimme man $Q(p)$, $g_u(t)$, $g_\delta(t)$ und $Q(\mathrm{j}\omega)$.

Aufgabe 3.8: Man bestimme das stationäre Verhalten von *

$$y^{(4)} + 8y''' + 25y'' + 36y' + 20y = \sin t, \quad y(0) \quad \text{und} \quad y'(0) \text{ beliebig.}$$

Aufgabe 3.9: Man bestimme den Frequenzgang von *

$$y'' + ay' = f(t), \quad a > 0, \quad y(0) = y'(0) = 0,$$

und untersuche ihn als Funktion von $\omega \geqq 0$. Beschreibt (3.22a) das stationäre Verhalten?

Aufgabe 3.10: Die Impulsantwort ist zu bestimmen von *

$$y'' + ay' = \delta(t), \quad a > 0, \quad y(0) = y'(0) = 0.$$

3.2. Systeme linearer Differentialgleichungen

Physikalische oder technische Probleme werden oft sachgemäß als Systeme von linearen Differentialgleichungen mit konstanten Koeffizienten modelliert. Bei der Lösung von Anfangswertaufgaben für solche Systeme mittels Laplace-Transformation gibt es erhebliche Rechenvorteile gegenüber der üblichen Methode, insbesondere ist die Bestimmung nur einzelner interessierender Funktionen des Systems möglich.

Zur allgemeinen Darstellung der Systeme wird die Matrixschreibweise benutzt. Werden die Koeffizientenmatrizen und die Vektoren der gesuchten Funktionen bzw. der rechten Seiten

$$\mathbf{A} = (a_{ik}), \quad \mathbf{B}_l = (b_{ik}^{(l)}), \quad \mathbf{y}(t) = (y_i(t)) \quad \text{bzw.} \quad \mathbf{f}(t) = (f_i(t)),$$
$$i, k = 1, \ldots, N, \quad l = 1, \ldots, n-1, \quad t \geqq 0,$$

eingeführt, so hat die Anfangswertaufgabe für ein System von N Differentialgleichungen n-ter Ordnung die Form

$$\mathbf{A}\mathbf{y}^{(n)}(t) + \mathbf{B}_{n-1}\mathbf{y}^{(n-1)}(t) + \cdots + \mathbf{B}_0\mathbf{y}(t) = \mathbf{f}(t),$$
$$\mathbf{y}(0) = \mathbf{y}_0, \ldots, \mathbf{y}^{(n-1)}(0) = \mathbf{y}_0^{(n-1)}. \tag{3.29}$$

Für $|\mathbf{A}| \neq 0$ heißt das System (3.29) *normal*, es hat dann bekanntlich eine eindeutig bestimmte Lösung; solche Systeme werden in Abschnitt 3.2.1. gelöst. Für $|\mathbf{A}| = 0$ heißt das System (3.29) anormal oder *entartet;* es gibt lösbare und unlösbare entartete Anfangswertaufgaben (Abschnitt 3.2.2.).

Beispiel 3.17a: Für ein System 2. Ordnung werden die Matrizen **A**, $\mathbf{B}_l$ und die Vektoren $\mathbf{y}(t)$, $\mathbf{f}(t)$, $\mathbf{y}_0$ angegeben.

$$y_1'' + y_2'' + 2y_2' - y_1 + 5y_2 = -2e^{-t},$$
$$y_1'' - y_2'' + 2y_1' + y_1 - 3y_2 = 4e^{-t}\cos 2t,$$
$$y_1(0) = y_2(0) = 0, \quad y_1'(0) = 1, \quad y_2'(0) = 2.$$

Diesem System entspricht die eine Matrixgleichung (3.29) mit $N = 2$ und

$$\mathbf{A} = \begin{pmatrix} 1 & 1 \\ 1 & -1 \end{pmatrix}, \quad \mathbf{B}_1 = \begin{pmatrix} 0 & 2 \\ 2 & 0 \end{pmatrix}, \quad \mathbf{B}_0 = \begin{pmatrix} -1 & 5 \\ 1 & -3 \end{pmatrix}, \quad \mathbf{y}(t) = \begin{pmatrix} y_1 \\ y_2 \end{pmatrix},$$

$$\mathbf{f}(t) = \begin{pmatrix} f_1(t) \\ f_2(t) \end{pmatrix} = \begin{pmatrix} -2e^{-t} \\ 4e^{-t}\cos 2t \end{pmatrix}, \quad \mathbf{y}(0) = \mathbf{y}_0 = \begin{pmatrix} 0 \\ 0 \end{pmatrix}, \quad \mathbf{y}'(0) = \mathbf{y}_0' = \begin{pmatrix} 1 \\ 2 \end{pmatrix}.$$

Wegen $|\mathbf{A}| = -2 \neq 0$ liegt ein normales System vor; seine Lösung wird im Beispiel 3.17b ermittelt.

3.2.1. Normale Systeme

a) Alle $f_i(t)$ besitzen rationale Bildfunktionen $F_i(p)$

Analog zu Satz 3.1 für Differentialgleichungen gilt für den am häufigsten auftretenden Fall bei Systemen der

S.3.3 **Satz 3.3:** *Die Lösung* $\mathbf{y}(t)$ *eines normalen Systems* (3.29) *mit rationalen Bildfunktionen* $F_i(p) = L\{f_i(t)\}$ *läßt sich stets mittels Laplace-Transformation bestimmen.*

Der *Beweis* dieses Satzes folgt unter der gemachten Voraussetzung durch die mögliche Umformung des Systems (3.29) in eine Einzeldifferentialgleichung der Ordnung nN, die den Voraussetzungen des Satzes 3.1 genügt.

Das tatsächliche **Vorgehen bei der Lösung** ist folgendes: Mit den Vektoren $\mathbf{Y} = \mathbf{Y}(p) = (Y_i(p)) = (L\{y_i(t)\})$, $\mathbf{F}(p) = (F_i(p))$ ergibt sich mittels des Differentiationssatzes (2.24) unter Einbeziehung der Anfangswerte aus (3.29) die Bildgleichung

$$(\mathbf{A}p^n + \mathbf{B}_{n-1}p^{n-1} + \cdots + \mathbf{B}_0)\,\mathbf{Y} = \mathbf{F}(p) + \mathbf{R}(p). \tag{3.30}$$

Der Vektor $\mathbf{R}(p)$ hat als Komponenten Polynome in p, die sich durch die Anfangswerte ergeben. Diese Bildgleichung (3.30) ist ein lineares Gleichungssystem mit den Unbekannten $Y_1, \ldots, Y_N$; zur systematischen Lösung kann z. B. die Cramersche[1]) Regel oder der Gaußsche[2]) Algorithmus herangezogen werden. Wegen $|\mathbf{A}| \neq 0$ hat (3.30) eine eindeutig bestimmte Lösung **Y**. Jede Komponente von **Y** ist eine rationale Bildfunktion, deshalb können die Komponenten von $\mathbf{y}(t)$ durch Partialbruchzerlegung bestimmt werden.

Beispiel 3.17b: Das System aus 3.17a hat die Bildgleichungen

$$p^2Y_1 - 1 + p^2Y_2 - 2 + 2pY_2 - Y_1 + 5Y_2 = -2/(p+1),$$
$$p^2Y_1 - 1 - p^2Y_2 + 2 + 2pY_1 + Y_1 - 3Y_2 = 4(p+1)/(p^2 + 2p + 5);$$

---

[1]) Gabriel Cramer (1704–1752), Schweizer Mathematiker.
[2]) Carl Friedrich Gauss (1777–1855), deutscher Mathematiker.

werden diese Gleichungen nach Y_1 und Y_2 geordnet, so folgt

$$(p^2 - 1)\,Y_1 + (p^2 + 2p + 5)\,Y_2 = \frac{3p + 1}{p + 1},$$

$$(p + 1)^2 Y_1 - (p^2 + 3)\,Y_2 = -\frac{(p - 1)^2}{p^2 + 2p + 5}.$$

Dieses Gleichungssystem läßt sich auch in der Form (3.30) schreiben. Zu seiner Lösung wird die zweite Gleichung mit $\frac{p-1}{p+1}$ multipliziert und von der ersten Gleichung subtrahiert (Gaußscher Algorithmus). So ergibt sich zuerst Y_2 und dann Y_1 als

$$Y_1(p) = \frac{1}{(p + 1)^2}, \quad Y_2(p) = \frac{2}{p^2 + 2p + 5} = \frac{2}{(p + 1)^2 + 4};$$

daraus folgen sofort nach (T 6) und (T 20) als Lösungen $y_1(t) = t\,e^{-t}$, $y_2(t) = e^{-t} \sin 2t$.

Beispiel 3.18: Die Funktion $y_2(t)$ des Systems

$$\begin{aligned} y_1''' + y_3''' - y_3'' + 6y_1' - y_3' + 6y_1 &= 12, \\ 2y_2''' + y_3''' - 4y_3'' &= 0, \\ y_2''' + 3y_1'' - 12y_1' &= 0; \end{aligned}$$

$$y_1(0) = y_1'(0) = 0, \quad y_1''(0) = 2, \quad y_2(0) = y_2'(0) = y_2''(0) = 0,$$

$$y_3(0) = y_3'(0) = y_3''(0) = 0,$$

ist zu bestimmen. Die Bildgleichungen ergeben sich mit (2.24) als

$$\begin{aligned} (p^3 + 6p + 6)\,Y_1 + p(p^2 - p - 1)\,Y_3 &= \frac{2(6 + p)}{p}, \\ 2p^3 Y_2 + p^2(p - 4)\,Y_3 &= 0, \\ 3p(p - 4)\,Y_1 + p^3 Y_2 &= 0. \end{aligned}$$

Nach der bekannten Cramerschen Regel ergibt sich für $Y_2(p)$:

$$\begin{vmatrix} p^3 + 6p + 6 & 0 & p(p^2 - p - 1) \\ 0 & 2p^3 & p^2(p - 4) \\ 3p(p - 4) & p^3 & 0 \end{vmatrix} Y_2 = \begin{vmatrix} p^3 + 6p + 6 & \frac{2p(6 + p)}{p} & p(p^2 - p - 1) \\ 0 & 0 & p^2(p - 4) \\ 3p(p - 4) & 0 & 0 \end{vmatrix}.$$

Nach dem Berechnen der beiden Determinanten mit der Sarrusschen Regel ergibt sich schließlich:

$$-p^5(p - 4)(6p^2 + p^3)Y_2 = 6p^2(6 + p)(p - 4)^2, \quad Y_2 = \frac{24}{p^5} - \frac{6}{p^4}, \; y_2(t) = t^4 - t^3.$$

Beispiel 3.19: Beim Einschalten eines Gleichstrommotors ([15], S. 80; Bild 3.13) gilt für den Ankerstrom $i(t)$ und die Ankerwinkelgeschwindigekit $\omega(t)$ mit den Anfangsbedingungen $i(0) = 0$, $\omega(0) = 0$ das System

$$\begin{aligned} Li'(t) + Ri(t) + a\omega(t) &= u_0, \\ \theta\omega'(t) - ai(t) &= -M. \end{aligned}$$

Die erste Beziehung drückt das Spannungsgleichgewicht im Ankerstromkreis aus, die zweite Beziehung ist die mechanische Bewegungsgleichung. Es bedeuten: L, R und θ Induktivität, Widerstand und Trägheitsmoment des Ankers; M konstantes Drehmoment der Belastung; a eine Motorkonstante.

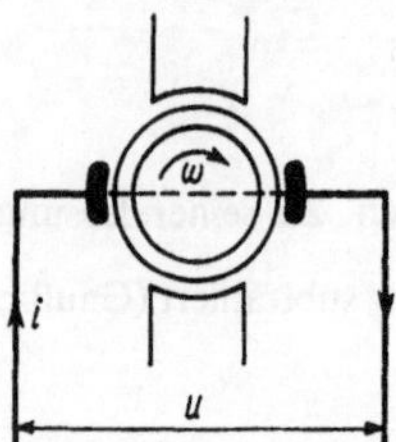

Bild 3.13. Gleichstrommotor des Beispiels 3.19

$\omega(t)$ wird explizit bestimmt, von $i(t)$ wird das Stabilitätsverhalten und $i'(0)$ bestimmt. Die Bildgleichungen und ihre Lösungen $I(p)$ und $W(p)$ (gefunden nach der Cramerschen Regel) sind:

$$(Lp + R)\, I(p) + aW(p) = \frac{1}{p} u_0, \quad aI(p) - \theta p W(p) = \frac{M}{p},$$

$$I(p) = \left(\frac{aM}{L\theta}\frac{1}{p} + \frac{1}{L} u_0\right) \frac{1}{p^2 + a_1 p + a_0},$$

$$W(p) = \left(\frac{u_0 a - RM}{L\theta}\frac{1}{p} - \frac{M}{\theta}\right) \frac{1}{p^2 + a_1 p + a_0}; \quad a_1 = \frac{R}{L}, \quad a_0 = \frac{a^2}{L\theta}.$$

Die Rücktransformation (bei Verwendung von reellwertigen Funktionen) hängt von den Nullstellen von $p^2 + a_1 p + a_0$ ab; im folgenden wird $D = \frac{1}{4} a_1^2 - a_0 < 0$ angenommen (auch $D \geqq 0$ ist technisch sinnvoll). Nach (T 97) und dem Integrationssatz (2.21) ist

$$\omega(t) = \frac{u_0 a - RM}{a^2}\left[1 - e^{-\frac{1}{2}a_1 t}\left(\frac{a_1}{2\sqrt{-D}} \sin\sqrt{-D}\, t + \cos\sqrt{-D}\, t\right)\right]$$

$$- \frac{M}{\theta\sqrt{-D}} e^{-\frac{1}{2}a_1 t} \sin\sqrt{-D}\, t.$$

Nach Satz 2.18 folgt, daß $i(t)$ uneigentlich stabil ist, denn $p = 0$ ist die einzige Nullstelle mit maximalem Realteil von $p(p^2 + a_1 p + a_0)$. Nach (2.47) folgt noch genauer aus $I(p)$ sofort

$$i(t) \to \frac{aM}{L\theta}\frac{1}{a_0} = \frac{M}{a}, \quad t \to \infty.$$

$i'(0)$ existiert; nach Satz 2.14a) und (2.23) ist

$$\lim_{t \to +0} i'(t) = \lim_{p \to \infty} p(I(p) - i(0)) = \lim_{p \to \infty} p^2 I(p) = \frac{1}{L} u_0 = i'(0).$$

b) *Die $f_i(t)$ sind für $t > 0$ stetig bis auf isoliert liegende Sprungstellen*

Analog wie im Satz 3.2 für eine Einzeldifferentialgleichung können auch bei Systemen Funktionen berücksichtigt werden, die bis auf Sprungstellen stetig sind. Sind diese Funktionen außerdem transformierbar, so kann man stets wie im nächsten Beispiel vorgehen.

Beispiel 3.20: Das System 1. Ordnung mit 2 gesuchten Funktionen

$$y_1' + 2y_2' - y_1 \qquad = f_1(t) = \begin{cases} 0, & 0 \leqq t < 1, \\ 1, & 1 < t, \end{cases}$$

$$y_1' - \ y_2' + y_1 - y_2 = f_2(t) = 1; \quad y_1(0) = y_2(0) = 0,$$

wird gelöst. Die Bildgleichungen sind mit Beispiel 2.8

$$(p - 1)\, Y_1 + 2pY_2 = \frac{1}{p}\,\mathrm{e}^{-p}, \quad (p + 1)\, Y_1 - (p + 1)\, Y_2 = \frac{1}{p}.$$

Mit der Cramerschen Regel ergeben sich die Lösungen

$$Y_1 = \frac{1}{2}\left(\frac{3}{3p - 1} - \frac{1}{p + 1}\right) + \mathrm{e}^{-p}\left(\frac{3}{3p - 1} - \frac{1}{p}\right),$$

$$Y_2 = \frac{3}{2}\,\frac{1}{3p - 1} + \frac{1}{2}\,\frac{1}{p + 1} - \frac{1}{p} + \mathrm{e}^{-p}\left(\frac{3}{3p - 1} - \frac{1}{p}\right).$$

Mit dem Verschiebungssatz (2.14) ergeben sich damit als Lösungen

$$y_1(t) = \tfrac{1}{2}(\mathrm{e}^{t/3} - \mathrm{e}^{-t}) + s(t), \quad y_2(t) = \tfrac{1}{2}(\mathrm{e}^{t/3} + \mathrm{e}^{-t}) - 1 + s(t),$$

$$s(t) = \begin{cases} 0, & 0 \leqq t \leqq 1, \\ \mathrm{e}^{(t-1)/3} - 1, & 1 \leqq t. \end{cases}$$

3.2.2. Entartete Systeme

Ist in (3.29) $|\mathbf{A}| = 0$, d.h., die Determinante der Koeffizienten bei den höchsten Ableitungen ist null, so liegt ein entartetes System vor. Vorgegebene Anfangswerte können im Widerspruch zu den Gleichungen des Systems stehen, deshalb gibt es lösbare und unlösbare entartete Systeme. Beide Arten kommen bei der Modellierung technischer Systeme (gekoppelte Schwingungen) vor und lassen sich sinnvoll verwenden.

Im folgenden soll es sich um Systeme von N Differentialgleichungen der Ordnung $n = 1$ (darauf läßt sich durch Einführung neuer Funktionen jedes System reduzieren ([B 7/1], Abschn. 4.1.) mit stetigen und transformierbaren Funktionen $f_i(t)$ handeln. (3.29) hat damit die Form

$$\mathbf{A}\mathbf{y}'(t) + \mathbf{B}\mathbf{y}(t) = \mathbf{f}(t), \quad \mathbf{y}(0) = \mathbf{y}_0, \quad |\mathbf{A}| = 0, \tag{3.31}$$

$$\mathbf{A} = (a_{ik}), \quad \mathbf{B} = (b_{ik}), \quad \mathbf{y}(t) = (y_i(t)), \quad \mathbf{f}(t) = (f_i(t)),$$

$$\mathbf{y}_0 = (y_i(0)) = (y_{0i}), \quad i, k = 1, 2, \dots, N; \quad t \geqq 0.$$

Transformiert man (3.31) mit dem Vektor $\mathbf{y}_0$ der Anfangswerte, so ergibt sich als Bildgleichung mit (2.23)

$$(\mathbf{A}p + \mathbf{B})\mathbf{Y} = \mathbf{F}(p) + \mathbf{A}\mathbf{y}_0. \tag{3.32}$$

Das Gleichungssystem (3.32) für die Unbekannten $Y_1, \dots, Y_N$ hat im Fall $D(p) = |\mathbf{A}p + \mathbf{B}| \not\equiv 0$ einen eindeutig bestimmten Lösungsvektor $\mathbf{Y}$, der z. B. mit der Cramerschen Regel gefunden werden kann. Nun steht die Frage nach dem Zusammenhang mit dem Vektor $\mathbf{y}$ aus (3.31). Dafür gibt es **drei Möglichkeiten:**

a) $\mathbf{Y}$ enthält Komponenten Y_i, die keine Bildfunktionen sind; dann ist (3.31) nicht durch Funktionen lösbar.

b) Zu $\mathbf{Y}$ läßt sich ein Vektor $\tilde{\mathbf{y}}(t)$ finden (dieser erfüllt dann $\mathbf{A}\tilde{\mathbf{y}}'(t) + \mathbf{B}\tilde{\mathbf{y}}(t) = \mathbf{f}(t)$), aber es ist $\tilde{\mathbf{y}}(0) \neq \mathbf{y}_0$. Dann ist (3.31) unlösbar, $\tilde{\mathbf{y}}(t)$ wird als verallgemeinerte Lösung bezeichnet, diese wird sich sinnvoll deuten lassen.

c) Genügt $\tilde{\mathbf{y}}(t)$ aus b) außerdem noch der Beziehung $\tilde{\mathbf{y}}(0) = \mathbf{y}_0$, dann ist (3.31) eindeutig lösbar mit dem Vektor $\tilde{\mathbf{y}}(t) = \mathbf{y}(t)$.

Das folgende Beispiel illustriert diese drei Möglichkeiten.

Beispiel 3.21: Es wird das System

$$y_1' + y_2' - y_1 = 0, \quad y_1' + y_2' + y_2 = 1; \quad y_1(0) = y_{01}, \quad y_2(0) = y_{02}, \tag{3.33}$$

betrachtet, zunächst sind die Anfangswerte y_{01} und y_{02} beliebig. Die Bildgleichungen (3.32) und $D(p)$ sind hier

$$(p-1)\,Y_1 + pY_2 = y_{01} + y_{02}, \quad pY_1 + (p+1)\,Y_2 = \frac{1}{p} + y_{01} + y_{02};$$

$$D(p) = \begin{vmatrix} p-1 & p \\ p & p+1 \end{vmatrix} = p^2 - 1 - p^2 = -1.$$

Nach der Cramerschen Regel folgen als Lösungen der Bildgleichungen

$$D(p)\,Y_1 = \begin{vmatrix} y_{01} + y_{02} & p \\ y_{01} + y_{02} + \frac{1}{p} & p+1 \end{vmatrix} = y_{01} + y_{02} - 1, \quad Y_1 = 1 - (y_{01} + y_{02}),$$

$$D(p)\,Y_2 = \begin{vmatrix} p-1 & y_{01} + y_{02} \\ p & y_{01} + y_{02} + \frac{1}{p} \end{vmatrix}$$

$$= 1 - \frac{1}{p} - (y_{01} + y_{02}), \qquad Y_2 = y_{01} + y_{02} - 1 + \frac{1}{p}.$$

a) Für $y_{01} + y_{02} \neq 1$ sind weder Y_1 noch Y_2 Bildfunktionen (nach Beispiel 2.22), das System (3.33) hat keine Funktionen als Lösungen (dies folgt auch unmittelbar durch Subtraktion der beiden Gleichungen des Systems).

b) Für $y_{01} + y_{02} = 1$ sind Y_1 und Y_2 Bildfunktionen, die zugehörigen Originalfunktionen $\tilde{y}_1(t) = 0$ und $\tilde{y}_2(t) = 1$ erfüllen die Differentialgleichungen des Systems. Für z.B. $y_{01} = 1$, $y_{02} = 0$ ist jedoch $\tilde{y}_1(0) \neq y_{01}$ und $\tilde{y}_2(0) \neq y_{02}$; das Anfangswertproblem (3.33) ist unlösbar, $\tilde{y}_1(t)$ und $\tilde{y}_2(t)$ sind verallgemeinerte Lösungen.

c) Für $y_{01} + y_{02} = 1$ und zugleich $y_{01} = 0$, $y_{02} = 1$ erfüllen die Funktionen $y_1(t) = \tilde{y}_1(t) = 0$ und $y_2(t) = \tilde{y}_2(t) = 1$ das System (3.33).

Hat die Matrix $\mathbf{A}$ den Rang r, so lassen sich aus (3.31) (z.B. durch den Gaußschen (Algorithmus $N - r$ Gleichungen ohne Ableitungen ermitteln. Führt man in diesen Gleichungen den Grenzübergang $t \to +0$ durch, so erhält man $N - r$ sogenannte Verträglichkeitsbedingungen zwischen den Anfangswerten, deren Erfüllung für die Lösbarkeit von (3.31) notwendig (aber nicht hinreichend) ist.

Beispiel 3.22: In (3.33) ist Rang (A) $= r = 1$, die $N - r = 2 - 1 = 1$ Gleichung ohne Ableitungen ist $y_1(t) + y_2(t) = 1$; aus ihr folgt für $t \to +0$ die Verträglichkeitsbedingung $y_{01} + y_{02} = 1$ für die Anfangswerte $y_1(0) = y_{01}, y_2(0) = y_{02}$. Wie der Fall b) des Beispiels 3.21 zeigt, ist diese Bedingung für die Lösbarkeit von (3.33) aber nicht hinreichend.

Weil die Verträglichkeitsbedingungen nur notwendig sind (und im unlösbaren Fall oft die verallgemeinerten Lösungen interessieren), ist das Vorgehen über die Bildgleichung (3.32) und Prüfen der eingetretenen Möglichkeit a), b) oder c) einfacher. Im folgenden geht es um die Deutung der verallgemeinerten Lösung $\tilde{\mathbf{y}}(t) = (\tilde{y}_1(t), \dots, \tilde{y}_N(t))$ des Fall b).

Die verallgemeinerte Lösung $\tilde{\mathbf{y}}(t)$ erfüllt die Differentialgleichungen in (3.31), aber für ihre Anfangswerte gilt $\tilde{\mathbf{y}}(0) \neq \mathbf{y}_0$. Dieser Sachverhalt läßt sich auf zwei Arten deuten:

A) Man faßt die Werte des Vektors $\mathbf{y}_0$ als *links*seitige Grenzwerte der Lösung $\mathbf{y}(t)$ auf (Vergangenheit des Systems). Die Sprünge $\tilde{\mathbf{y}}(0) - \mathbf{y}(0)$ sind dann durch die Sprünge des Vektors der Funktionen $\mathbf{f}(t)$ im Nullpunkt erklärbar ([7], S. 318). Bei dieser Auffassung muß natürlich die willkürliche Vereinbarung (2.3) ignoriert werden.

B) Man deutet entartete Systeme als Grenzfall normaler von einem Parameter abhängiger Systeme ([1], S. 95).

Beispiel 3.23: Die Deutung B) der verallgemeinerten Lösung wird illustriert am entarteten System

$$y_1'(t) + y_3(t) = 0, \quad y_1'(t) + y_2'(t) + y_3'(t) + y_2(t) = 1, \quad y_2(t) + y_3(t) = 0;$$
$$y_1(0) = y_{01} = 0, \qquad y_2(0) = y_{02} = 0, \quad y_3(0) = y_{03} = 0.$$

Die Bildgleichungen und $D(p)$ lauten

$$pY_1 + Y_3 = 0, \quad pY_1 + (p+1)\,Y_2 + pY_3 = \frac{1}{p}, \quad Y_2 + Y_3 = 0; \quad D(p) = 2p.$$

Die Lösungen der Bildgleichungen und die Funktionen $\tilde{y}_i(t)$ sind:

$$Y_1 = \frac{1}{2p^2}, \; Y_2 = \frac{1}{2p}, \; Y_3 = \frac{-1}{2p}; \quad \tilde{y}_1(t) = \frac{t}{2}, \; \tilde{y}_2(t) = \frac{1}{2}, \; \tilde{y}_3(t) = -\frac{1}{2}.$$

Die vorgegebenen Anfangswerte y_{01}, y_{02}, y_{03} werden nicht alle angenommen, es liegt Fall b) vor.

Betrachtet man nun das vom Parameter $k > 0$ abhängige System

$$\begin{aligned} &y_1'(t,k) + k y_3'(t,k) + y_3(t,k) = 0,\\ &y_1'(t,k) + (1+k)\,y_2'(t,k) + y_3'(t,k) + y_2(t,k) = 1,\\ &k y_2'(t,k) + k y_3'(t,k) + y_2(t,k) + y_3(t,k) = 0; \end{aligned}$$

$y_1(0,k) = y_2(0,k) = y_3(0,k) = 0$, mit den Bildgleichungen

$$pY_1 + (kp+1)\,Y_3 = 0, \quad pY_1 + (kp+1+p)\,Y_2 + pY_3 = \frac{1}{p},$$
$$(kp+1)(Y_2 + Y_3) = 0,$$

so ist $D(p) = (kp+1)^2\,2p$, $Y_1 = \dfrac{1}{2p^2}$, $Y_2 = -Y_3 = \dfrac{1}{2p(kp+1)}$.

Dazu gehören die Originalfunktionen

$$y_1(t,k) = \frac{t}{2}, \quad y_2(t,k) = \frac{1}{2} - \frac{1}{2}e^{-t/k}, \quad y_3(t,k) = -\frac{1}{2} + \frac{1}{2}e^{-t/k}.$$

Die für $y_i(t, k)$ vorgegebenen Anfangswerte werden angenommen (wie es bei einem normalen System immer der Fall sein muß). Für $k \to +0$ und $t > 0$ gilt nun

$$y_1(t, k) \to \tilde{y}_1(t), \quad y_2(t, k) \to \tilde{y}_2(t), \quad y_3(t, k) \to \tilde{y}_3(t);$$

dagegen ist für $k \to +0$ und $t = 0$

$$y_1(0, k) = 0 = \tilde{y}_1(0), \quad y_2(0, k) = 0 \neq \tilde{y}_2(0) = \tfrac{1}{2}, \quad y_3(0, k) = 0 \neq \tilde{y}_3(0) = -\tfrac{1}{2}.$$

Die Funktionen $\tilde{y}_i(t)$ erscheinen als die im Nullpunkt unstetigen Grenzwerte der Funktionen $y_i(t, k)$ für $k \to +0$.

3.2.3. Aufgaben: Lösung von Systemen

* *Aufgabe 3.11:* Man bestimme y_1, y_2 und y_3 aus

$$\begin{aligned} 2y_1' + y_2' + y_3' \quad - 5y_2 \quad &= 1, \\ y_1' - 2y_2' \quad - 5y_1 \quad + y_3 &= t, \\ y_1' + y_2' \quad + y_1 - 3y_2 \quad &= 0; \end{aligned}$$

$$y_1(0) = 0, \quad y_2(0) = 1, \quad y_3(0) = 0.$$

* *Aufgabe 3.12:* Man bestimme y_1 und y_2 aus

$$y_1' + 2y_2' + y_1 = \sin t, \quad 2y_1' + y_2' + y_2 = 0; \quad y_1(0) = y_2(0) = 0.$$

* *Aufgabe 3.13:* Für den in Bild 3.14 dargestellten Kettenleiter gilt bei differenzierbaren Eingangsspannungen $e_1(t)$ und $e_3(t)$ zur Bestimmung der Ströme $i_1(t), i_2(t)$ und $i_3(t)$ in den Maschen

$$\frac{L}{2} i_1''(t) + \frac{1}{C} i_1(t) - \frac{1}{C} i_2(t) = e_1'(t),$$

$$L i_2''(t) - \frac{1}{C} i_1(t) + \frac{2}{C} i_2(t) - \frac{1}{C} i_3(t) = 0,$$

$$\frac{L}{2} i_3''(t) - \frac{1}{C} i_2(t) + \frac{1}{C} i_3(t) = e_3'(t).$$

Man bestimme $i_3(t)$ bei verschwindenden Anfangswerten und bei $e_1(t) = e_3(t) = \sin \omega t$. Hinweis: $\omega_0 = \dfrac{2}{\sqrt{LC}}$ einführen!

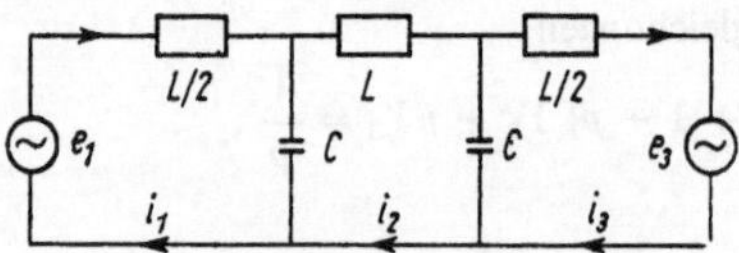

Bild 3.14. Kettenleiter der Aufgabe 3.13

* *Aufgabe 3.14:* Analog Beispiel 3.20 löse man

$$y_1' + y_2' + y_1 = 0, \quad y_1' - y_2' - y_2 = f(t); \quad y_1(0) = y_2(0) = 0;$$

$$f(t) = 1 \quad \text{für} \quad 0 \leqq t \leqq T, \quad f(t) = 0 \quad \text{für} \quad T < t.$$

Aufgabe 3.15: Man ermittle die verallgemeinerten Lösungen $\tilde{y}_i(t)$ und die von ihnen angenommenen Anfangswerte $\tilde{y}_i(0)$ des entarteten Systems *

$$y_1' + y_2' + y_3' = 1, \quad y_1' + y_3' + y_2 = 2, \quad y_2' + y_1 = 1;$$

$$y_{01} = y_{02} = y_{03} = 0.$$

3.3. Partielle Differentialgleichungen mit zwei Veränderlichen

Es werden lineare partielle Differentialgleichungen 2. Ordnung mit zwei unabhängigen Veränderlichen und konstanten Koeffizienten betrachtet. Diese spielen in der Praxis bereits eine große Rolle, auch ist das typische Vorgehen bei der Lösung mittels Laplace-Transformation schon an diesem Fall erkenntlich.

Für die gesuchte Funktion $y(x, t)$ mit $0 < t < \infty$, $a < x < b$, und stetiger Funktion $f(x, t)$ gelte die Gleichung

$$a_1 y_{xx} + a_2 y_{xt} + a_3 y_{tt} + b_1 y_x + b_2 y_t + cy = f(x, t)^{1)} \tag{3.34a}$$

mit den Anfangsbedingungen

$$y(x, 0) = y_1(x), \quad y_t(x, 0) = y_2(x) \tag{3.34b}$$

und den Randbedingungen

$$y(a, t) = y_3(t), \quad y(b, t) = y_4(t). \tag{3.34c}$$

Neben den Koeffizienten und der Funktion $f(x, t)$ sind auch die Funktionen $y_1(x)$, $y_2(x)$ (y_2 nur bei $a_3 \neq 0$) und $y_3(t)$, $y_4(t)$ (mit analoger Einschränkung) vorgegeben, sie sind zur eindeutigen Bestimmung von $y(x, t)$ nötig (Anzahl und Art der Vorgaben sind i. allg. eine schwierige Frage).

Die Gleichungen (3.34b) sind als Grenzwertbeziehungen für $t \to +0$, die Gleichungen (3.34c) als Grenzwertbeziehungen für $x \to a + 0$ bzw. $x \to b - 0$ zu verstehen, weil die Funktionswerte von $y(x, t)$ auf dem Rande des in Bild 3.15 dargestellten Gebietes i. allg. gar nicht existieren. Die Lösung $y(x, t)$ ist stets in einem Gebiet der x, t-Ebene gesucht, das hier ein Halbstreifen (Bild 3.15), der erste Quadrant oder die obere Halbebene sein kann.

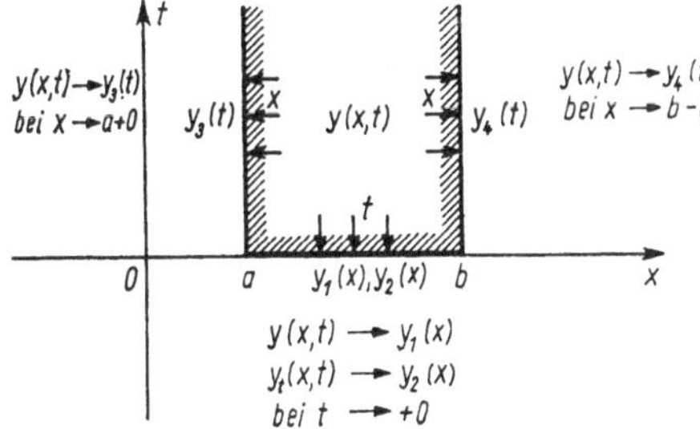

Bild 3.15. Halbstreifen in der x, t-Ebene

Das Lösungsprinzip aus Bild 3.1 ergibt von (3.34) bei Laplace-Transformation bezüglich t (x fest) mit dem Differentiationssatz (2.24) und den Bezeichnungen

---

1) Zur Bezeichnung der partiellen Ableitungen wird die Indexschreibweise benutzt: $y_x = \dfrac{\partial y(x, t)}{\partial x}$, $y_{xt} = \dfrac{\partial^2 y(x, t)}{\partial x \, \partial t}$ usw.

$L\{y(x,t)\} = Y(x,p)$, $L\{f(x,t)\} = F(x,p)$ die Bildgleichung

$$a_1 Y_{xx} + (a_2 p + b_1) Y_x + (a_3 p^2 + b_2 p + c) Y = G(x,p), \qquad (3.35\text{a})$$
$$G(x,p) = F(x,p) + a_2 y_1'(x) + (a_3 p + b_2) y_1(x) + a_3 y_2(x).$$

Die Bedingungen (3.34c) transformieren sich zu

$$Y(a,p) = Y_3(p), \qquad Y(b,p) = Y_4(p). \qquad (3.35\text{b})$$

Insgesamt ergibt sich anstelle der partiellen Differentialgleichung (3.34) für $y(x,t)$ mit Anfangs- und Randbedingungen die gewöhnliche Differentialgleichung (3.35a) 2. Ordnung für $Y(x,p)$ mit den Randbedingungen (3.35b). Die Ableitungen in (3.35a) werden nach x gebildet, p ist dabei als Parameter aufzufassen. (3.35) ist eine wesentlich einfachere mathematische Aufgabe als (3.34), die Transformation ist also wieder sehr zweckmäßig.

(3.35) wird nach üblichen Methoden oder nach Abschnitt 3.1.2. (falls $a = 0$ und $b = \infty$ ist, d.h. $0 < x < \infty$) gelöst; die explizite Rücktransformation von $Y(x,p)$ ist i. allg. sehr schwierig, oft begnügt man sich deshalb schon mit asymptotischen Aussagen für $t \to \infty$.

Die Überführung von (3.34) in (3.35) geschah durch formale Anwendung der Laplace-Transformation, eine ganze Reihe von Voraussetzungen (Transformierbarkeit, Vertauschung von Grenzübergängen) müssen dafür erfüllt sein. So gefundene Lösungen müssen deshalb durch die Einsetzprobe in (3.34) verifiziert werden; es kann auch weitere Lösungen geben, die auf diesem Wege nicht gefunden werden. Die Probe entfällt nur, wenn man Existenz- und Eindeutigkeitssätze heranzieht, die es für spezielle Klassen von partiellen Differentialgleichungen gibt ([4], § 54; [9], § 27).

3.3.1. Beispiele zu den Grundtypen

Die Differentialgleichungen (3.34) lassen sich bekanntlich (auch bei variablen Koeffizienten) in drei Typen einteilen:

Typ	Einfachstes Beispiel	
Elliptisch	Potentialgleichung:	$y_{xx} + y_{tt} = 0$
Hyperbolisch	Wellengleichung:	$y_{xx} - y_{tt} = 0$
Parabolisch	Wärmeleitungsgleichung:	$y_{xx} - y_t = 0$

An diesen drei Gleichungen wird zunächst (ohne den physikalischen Hintergrund) das grundsätzliche Vorgehen erläutert.

Beispiel 3.24: Es ist $y_{xx} + y_{tt} = 0$ für $0 < t < \infty$, $-\infty < x < \infty$ (also $a_1 = a_3 = 1$, $a_2 = b_1 = b_2 = c = 0$, $f \equiv 0$, $a = -\infty$, $b = \infty$) mit den Anfangsbedingungen

$$y(x,0) = y_1(x) = e^x, \qquad y_t(x,0) = y_2(x) = e^{2x}$$

zu lösen (Randbedingungen entfallen hier). (3.35a) lautet

$$Y_{xx} + p^2 Y = p\,e^x + e^{2x}.$$

Diese letzte Differentialgleichung wird jetzt mit den üblichen Methoden gelöst. Für die zugehörige homogene Differentialgleichung führt der Ansatz $Y = e^{\alpha x}$ ([B 7.1], 3.3.4.) auf die charakteristische Gleichung $\alpha^2 + p^2 = 0$ mit den Nullstellen $\alpha_1 = jp$, $\alpha_2 = -jp$; die Funktionen e^{jxp} und e^{-jxp} sind aber keine Bildfunktionen (Beispiel 2.22); die homogene Differentialgleichung hat also nur die Bild funktion $Y \equiv 0$ als Lösung. Eine spezielle Lösung der inhomogenen Differentialgleichung findet man mit der Ansatzmethode ([B 7.1], 3.3.6):

$$Y(x, p) = A(p)\, e^{x} + B(p)\, e^{2x}.$$

Wegen $Y_{xx} = A\, e^{x} + 4B\, e^{2x}$ folgt durch Einsetzen in die Differentialgleichung und durch Vergleich der Koeffizienten von e^{x} und e^{2x}: $A(1 + p^2) = p$, $B(4 + p^2) = 1$. Also ist

$$Y(x, p) = \frac{1}{1 + p^2}\, e^{x} + \frac{1}{4 + p^2}\, e^{2x}.$$

Die zugehörige Originalfunktion ergibt sich mit (T 9) und (T 8):

$$y(x, t) = e^{x} \cos t + \tfrac{1}{2}\, e^{2x} \sin t;$$

sie erfüllt tatsächlich die Potentialgleichung und die Anfangswerte.

Beispiel 3.25: Es ist $y_{xx} - y_{tt} = 0$ für $0 < t < \infty$, $0 < x < \infty$ (also $a_1 = -a_3 = 1$, $a_2 = b_1 = b_2 = c = 0$, $f \equiv 0$, $a = 0$, $b = \infty$) mit den Nebenbedingungen

$$y_1(x) = 0, \quad y_2(x) = 0, \quad y(0, t) = y_3(t), \quad y(\infty, t) = y_4(t) = 0$$

zu lösen. Die Transformation ergibt das Randwertproblem

$$Y_{xx} - p^2 Y = 0, \quad Y(0, p) = Y_3(p), \quad Y(\infty, p) = 0.$$

Mit dem Ansatz $Y = e^{\alpha x}$ ergibt sich die charakteristische Gleichung $\alpha^2 - p^2 = 0$ mit den Nullstellen $\alpha_1 = p$, $\alpha_2 = -p$; also ist

$$Y(x, p) = C_1(p)\, e^{xp} + C_2(p)\, e^{-xp}.$$

Wegen $Y(\infty, p) = 0$ und bei $\operatorname{Re} p > 0$ ist $C_1(p) \equiv 0$; aus $Y(0, p) = Y_3(p)$ folgt schließlich als Lösung der Bildgleichung

$$Y(x, p) = Y_3(p)\, e^{-xp}.$$

Die zugehörige Originalfunktion ermittelt sich mit dem Verschiebungssatz (2.14) als

$$y(x, t) = y_3(t - x) = \begin{cases} 0, & 0 < t < x, \\ y_3(t - x), & x < t. \end{cases}$$

Diese Funktion erfüllt die Wellengleichung und die gegebenen Nebenbedingungen, falls $y_3(t)$ zweimal differenzierbar ist.

Beispiel 3.26: Es wird $y_{xx} - y_t = 0$ für $0 < t < \infty$, $0 < x < \infty$ (also $a_1 = -b_2 = 1$, $a_2 = a_3 = b_1 = c = 0$, $f \equiv 0$, $a = 0$, $b = \infty$) gelöst mit den Nebenbedingungen

$$y(x, 0) = y_1(x) = 0, \quad y(0, t) = y_3(t) = c, \quad y(\infty, t) = y_4(t) = 0.$$

Das Randwertproblem (3.35) lautet hier

$$Y_{xx} - pY = 0, \quad Y(0, p) = c/p, \quad Y(\infty, p) = 0.$$

Der Ansatz $Y(x, p) = e^{\alpha x}$ führt auf die charakteristische Gleichung $\alpha^2 - p = 0$ mit den Nullstellen $\alpha_1 = \sqrt{p}$ und $\alpha_2 = -\sqrt{p}$; damit ist

$$Y(x, p) = C_1(p)\, e^{x\sqrt{p}} + C_2(p)\, e^{-x\sqrt{p}}.$$

Aus $Y(\infty, p) = 0$ folgt bei $\operatorname{Re} p > 0$ $C_1(p) \equiv 0$; wegen $Y(0, p) = \dfrac{c}{p}$ ist

$$Y(x, p) = \frac{c}{p}\, e^{-x\sqrt{p}}.$$

Die zugehörige Originalfunktion ist nach (T 76)

$$y(x, t) = c\left(1 - \operatorname{erf}\frac{x}{2\sqrt{t}}\right),$$

sie erfüllt die Wärmeleitungsgleichung und die Nebenbedingungen. Es gibt (wie man zeigen kann) eine weitere Lösung der Aufgabe, die sich nicht durch Laplace-Transformation bestimmen läßt.

Das Lösungsverfahren läßt sich offenbar auch bei Gleichungen höherer Ordnung (aber mit zwei Variablen) anwenden. Die wichtigste Frage ist hier, in welchen Fällen den Nullstellen des charakteristischen Polynoms der Bildgleichung Bildfunktionen entsprechen.

3.3.2. Ein Beispiel aus der Physik

Die Wärmeleitungsgleichung $y_{xx} - y_t = 0$ beschreibt die Temperatur $y(x, t)$ eines linearen Leiters (z.B. eines Thomson-Kabels) an der Stelle x zum Zeitpunkt t. Betrachtet man einen unendlich langen Leiter und läßt die Zeit von null an laufen, so ist $0 < t < \infty$, $0 < x < \infty$.

Für $t = 0$ soll der Leiter die Anfangstemperatur $y(x, 0) = y_1(x) = 0$ haben. Am linken Ende $x = 0$ soll $y(0, t) = y_3(t)$ gelten, d.h., es ist eine Wärmequelle vorhanden, die eine von der Zeit abhängige Temperatur garantiert. Am rechten Ende $x = \infty$ ist (physikalisch sinnvoll) $y(\infty, t) = y_4(t) = 0$. Diese Nebenbedingungen sind Grenzwertbeziehungen, ausführlich lauten sie:

$$\lim_{t \to +0} y(x, t) = y_1(x), \quad \lim_{x \to +0} y(x, t) = y_3(t), \quad \lim_{x \to \infty} y(x, t) = 0.$$

Zur Bestimmung von $y(x, t)$ mittels Laplace-Transformation ergibt sich analog Beispiel 3.26 für $Y(x, p)$ das Randwertproblem

$$Y_{xx} - pY = 0, \quad Y(0, p) = Y_3(p), \quad Y(\infty, p) = 0.$$

Die Differentialgleichung hat wieder die allgemeine Lösung

$$Y(x, p) = C_1(p)\,e^{x\sqrt{p}} + C_2(p)\,e^{-x\sqrt{p}};$$

$C_1(p) = 0$ und $C_2(p) = Y_3(p)$ folgen wie im Beispiel 3.26. Damit ist $Y(x, p) = Y_3(p)\,e^{-x\sqrt{p}}$; die zugehörige Originalfunktion ist wegen

$$L\left\{\psi(x, t) = \frac{x}{2t\sqrt{\pi t}}\,e^{-x^2/4t}\right\} = e^{-x\sqrt{p}}$$

([1], S. 148) und dem Faltungssatz (2.20)

$$y(x, t) = y_3(t) * \psi(x, t). \tag{3.36}$$

Diese Lösungsdarstellung ist sehr einfach, aber z.B. für das Ablesen des asymptotischen Verhaltens für $t \to \infty$ nicht besonders geeignet. $y(x, t)$ wird deshalb für einige spezielle Randtemperaturen noch in anderer Form angegeben.

a) Für $y_3(t) = cu(t) = c$ ist nach Beispiel 3.26

$$y(x, t) = c * \psi(x, t) = c\left(1 - \operatorname{erf}\frac{x}{2\sqrt{t}}\right) \to c, \quad t \to \infty.$$

b) Für $y_3(t) = \delta(t)$ ist nach Formel (3.25)

$$y(x, t) = \delta(t) * \psi(x, t) = \psi(x, t) \sim \frac{x}{2t\sqrt{\pi t}}, \; t \to \infty.$$

c) Für $y_3(t) = \cos \omega t$ sind die explizite Darstellung von $y(x, t)$ ohne Benutzen der Faltung in (2.44) und die asymptotische Darstellung im Beispiel 2.39 angegeben.

Sind jetzt im Gegensatz zu oben verschwindende Randwerte ($y_3(t) = y_4(t) = 0$) und eine nichtverschwindende Anfangstemperatur (z. B. $y_1(x) = e^{-x}$) gegeben, so folgt

$$Y_{xx} - pY = -e^{-x}, \qquad Y(0, p) = 0, \qquad Y(\infty, p) = 0.$$

Als Lösung findet man mit dem Ansatz $Y = C_2(p)\, e^{-x\sqrt{p}} + A(p)\, e^{-x}$

$$Y(x, p) = \frac{1}{p-1}\left(e^{-x} - e^{-x\sqrt{p}}\right), \qquad y(x, t) = e^{t-x} - e^t * \psi(x, t). \tag{3.37}$$

Die Lösung von $y_{xx} - y_t = 0$ mit $y(x, 0) = e^{-x}$, $y(0, t) = y_3(t)$ und $y(\infty, t) = 0$ setzt sich aus (3.36) und (3.37) zusammen:

$$y(x, t) = y_3(t) * \psi(x, t) + e^{t-x} - e^t * \psi(x, t).$$

3.4. Andere Anwendungen

Nach dem nun bereits vertrauten Lösungsprinzip (Bild 3.1) werden jetzt Differentialgleichungen mit Polynomkoeffizienten und Integralgleichungen vom Faltungstyp betrachtet. In Abschnitt 3.4.3. wird eine Zusammenstellung der behandelten und anderer Anwendungen gegeben.

Wie schon bei der Lösung von partiellen Differentialgleichungen erörtert wurde, soll anstelle des Überprüfens von Voraussetzungen für die Anwendung der Laplace-Transformation hinterher die gefundene Funktion durch die Einsetzprobe als Lösung des Problems verifiziert werden. Es ist stets möglich, daß beim Übergang zur Bildgleichung Lösungen verloren gehen oder auch neue Lösungen hinzukommen (dieser grundsätzliche Gedanke spielt schon in der Algebra z. B. bei der Auflösung von Wurzelgleichungen eine Rolle).

3.4.1. Lineare Differentialgleichungen mit Polynomkoeffizienten

Die zugrunde liegende Differentialgleichung n-ter Ordnung für die gesuchte Funktion $y(t)$ hat die Form

$$a_n(t)\, y^{(n)} + a_{n-1}(t) y^{(n-1)} + \cdots + a_1(t)\, y' + a_0(t)\, y = f(t). \tag{3.38}$$

Dabei sind die Koeffizienten $a_i(t)$ im Unterschied zu (3.1) jetzt Polynome in t. Der höchste vorkommende Grad der Polynome sei $m \geqq 1$ [$m = 0$ führt auf (3.1)].

Transformiert man (3.38) mit dem Multiplikationssatz (2.25) und dem Differentiationssatz (2.24), so ergibt sich als Bildgleichung für $Y(p)$ eine Differentialgleichung m-ter Ordnung mit Polynomkoeffizienten, deren höchster vorkommender Grad n ist. Die Größen m und n haben beim Übergang zum Bildbereich ihre Rollen vertauscht, die Transformation ist deshalb nur für $m \leqq n$ zweckmäßig; $m = 1$ ist besonders einfach zu behandeln.

Sind die Koeffizienten $a_i(t)$ zunächst rationale Funktionen von t, so läßt sich durch Multiplikation mit dem Hauptnenner aller $a_i(t)$ Gleichung (3.38) mit Polynomkoeffizienten herstellen.

Beispiel 3.27: Für die Besselsche Differentialgleichung

$$ty''(t) + y'(t) + ty(t) = 0$$

ist $a_0(t) = a_2(t) = t$, $a_1(t) = 1$, $f(t) = 0$, $m = 1$, $n = 2$. Mit (2.24) und (2.25) folgt

$$-(p^2 Y - y_0 p - y_0')' + pY - y_0 - Y' = 0.$$

Führt man die Ableitung nach p aus und ordnet, so ist

$$(p^2 + 1)\, Y' + pY = 0.$$

Die Bildgleichung ist von 1. Ordnung, sie läßt sich z. B. durch die Methode der Trennung der Veränderlichen ([B 7/1], 2.3.1.) lösen. Es ist

$$\frac{\mathrm{d}Y}{Y} = -\frac{p\,\mathrm{d}p}{p^2 + 1}, \qquad \ln |Y| = \ln C - \frac{1}{2} \ln (p^2 + 1).$$

Daraus folgt $Y(p)$ und nach (T 80) $y(t)$ mit

$$Y(p) = \frac{C}{\sqrt{p^2 + 1}}, \qquad y(t) = CJ_0(t).$$

$CJ_0(t)$ erfüllt tatsächlich die Differentialgleichung. Die zweite dazu linear unabhängige Lösung läßt sich so nicht finden.

Hat man die Korrespondenz (T 80) nicht zur Verfügung, so findet man die Originalfunktion zu $Y(p)$ durch Reihenentwicklung (Beispiel 2.32).

3.4.2. Integralgleichungen vom Faltungstyp

Wegen der einfachen Abbildung der Faltung durch (2.20) ist die Laplace-Transformation besonders geeignet zur Lösung von Integralgleichungen, in denen die gesuchte Funktion $y(t)$ unter einem Faltungsintegral vorkommt (Faltungstyp). Beispiele solcher Integralgleichungen sind:

a) Volterrascher[1]) Typ erster Art: $\int\limits_0^t k(t - \tau)\, y(\tau)\, \mathrm{d}\tau = f(t)$,

b) Volterrascher Typ zweiter Art: $y(t) - \int\limits_0^t k(t - \tau)\, y(\tau)\, \mathrm{d}\tau = f(t)$,

c) Spezielle nichtlineare Art: $\int\limits_0^t y(t - \tau)\, y(\tau)\, \mathrm{d}\tau = f(t)$.

[1]) Vito Volterra (1860–1940), italienischer Mathematiker.

$f(t)$ und der sogenannte Kern $k(t)$ sind gegeben. Mit dem Faltungssatz (2.20) ergeben sich als Bildgleichungen und ihre Lösungen:

$$\text{a)}\ K(p)\,Y(p) = F(p), \qquad Y(p) = \frac{F(p)}{K(p)},$$

$$\text{b)}\ Y(p) - K(p)\,Y(p) = F(p), \qquad Y(p) = \frac{F(p)}{1 - K(p)},$$

$$\text{c)}\ Y^2(p) = F(p), \qquad Y(p) = \pm\sqrt{F(p)}\,.$$

Beispiel 3.28: Ist $k(t) = t$ und $f(t) = t^2$, so haben wegen $K(p) = 1/p^2$ und $F(p) = 2/p^3$ die drei Bildgleichungen die Lösungen

$$\text{a)}\ \frac{2}{p}, \quad \text{b)}\ \frac{2}{p^3}\,\frac{1}{1 - 1/p^2} = \frac{1}{p}\,\frac{2}{p^2 - 1}, \quad \text{c)}\ \pm\sqrt{2}\,\frac{1}{p\sqrt{p}}.$$

Die zugehörigen Originalfunktionen sind nach (T 1), (T 101) und (T 41)

$$\text{a)}\ 2, \quad \text{b)}\ 2(\cosh t - 1), \quad \text{c)}\ \pm 2\sqrt{\frac{2t}{\pi}}\,;$$

sie erfüllen die Integralgleichungen tatsächlich.

Natürlich ist es bei anderen Vorgaben für $k(t)$ und $f(t)$ i. allg. schwieriger, die Rücktransformation durchzuführen und in die Integralgleichung einzusetzen. Bei a) kommt der Faltungssatz (2.20) nicht in Frage, weil $\frac{1}{K(p)}$ und damit oft auch $Y(p)$ keine Bildfunktion ist (z. B. für $k(t) = f(t)$), bei b) ist i. allg. eine Reihenentwicklung vorzunehmen und bei c) ist ebenfalls zunächst zu klären, ob $\sqrt{F(p)}$ überhaupt eine Bildfunktion ist. Lösungssätze für Integralgleichungen findet man in [8], 25. Kapitel.

Beispiel 3.29: Wird ein physikalisches oder technisches System durch eine lineare Differentialgleichung mit konstanten Koeffizienten beschrieben, so gilt bei verschwindenden Anfangswerten, bei gegebener Eingangsfunktion $f(t)$ und bei bekannter Gewichtsfunktion $q(t)$ für die Ausgangsfunktion $g(t)$ nach (3.16):

$$g(t) = q(t) * f(t) = \int_0^t f(t - \tau)\,q(\tau)\,d\tau.$$

Wie bekannt, charakterisiert $q(t)$ das System vollständig.

Denkt man sich jetzt bei gegebener Erregung $f(t)$ und gegebener Antwort $g(t)$ die Gewichtsfunktion $q(t) = y(t)$ als gesucht, so erhält man zu deren Bestimmung gerade die Volterrasche Integralgleichung erster Art

$$\int_0^t f(t - \tau)\,y(\tau)\,d\tau = g(t).$$

Hat man beispielsweise zu $f(t)$ aus (T 86) die Antwort $g(t) = e^{-t}$ bestimmt (gemessen), so gilt im Bildbereich (also für den Übertragungsfaktor $Q(p) = Y(p)$):

$$Y(p) = \frac{G(p)}{F(p)} = \frac{1}{p(p - 1)}(1 - e^{-Tp}) = \left(\frac{1}{p - 1} - \frac{1}{p}\right)(1 - e^{-Tp}).$$

Nach (2.14) gehört dazu die Originalfunktion

$$y(t) = e^t - 1 + \begin{cases} 0, & 0 \leqq t \leqq T, \\ 1 - e^{t-T}, & T \leqq t. \end{cases}$$

Nach diesem Ergebnis kann der Aufbau des konkreten Systems analysiert werden.

3.4.3. Übersicht der behandelbaren Gleichungstypen

In der folgenden Tabelle sind die in diesem Band behandelten und andere Gleichungstypen und ihre zugehörigen Bildgleichungen zusammengestellt. Die Übersicht zeigt die Vielfalt der Anwendungsmöglichkeiten der Laplace-Transformation; es wird die Abkürzung Dgl für Differentialgleichung verwendet.

Funktionalgleichung für y im Originalbereich	Abschnitt	Funktionalgleichung für Y im Bildbereich
Lineare Dgl mit konstanten Koeffizienten	3.1.	Algebraische Gleichung
System von linearen Dgln mit konstanten Koeffizienten	3.2.	Gleichungssystem
Lineare Dgl mit Polynomkoeffizienten	3.4.1.	Lineare Dgl mit Polynomkoeffizienten
Lineare Differenzengleichung	–	Algebraische Gleichung
Lineare Differential-Differenzengleichung	–	Algebraische Gleichung
Integralgleichung vom Faltungstyp	3.4.2.	Algebraische Gleichung
Lineare Integro-Dgl mit Faltungsintegral	–	Algebraische Gleichung
Lineare partielle Dgl mit zwei unabhängigen Veränderlichen und konstanten Koeffizienten	3.3.	Gewöhnliche lineare Dgl mit konstanten Koeffizienten
Lineare partielle Dgl mit m unabhängigen Veränderlichen und konstanten Koeffizienten ($m \geqq 2$)	–	Lineare partielle Dgl mit $m - 1$ unabhängigen Veränderlichen und konstanten Koeffizienten

3.4.4. Aufgaben: Verschiedene Gleichungstypen

* *Aufgabe 3.16:* Man löse die partielle Differentialgleichung

$$y_{xx} + y_{tt} = 0, \quad y(x, 0) = x, \quad y_t(x, 0) = \sin x.$$

* *Aufgabe 3.17:* Man ermittle eine Lösung von

$$ty''(t) + (t + 2)\,y'(t) + y(t) = 0.$$

* *Aufgabe 3.18:* Man löse die Integralgleichungen a), b) und c) aus Abschnitt 3.4.2. mit $k(t) = t$, $f(t) = \sin t$.

* *Aufgabe 3.19:* Für einen *RLC*-Stromkreis (Abb. 3.4) mit nicht differenzierbarer Eingangsspannung $e(t)$ gilt für den Strom $i(t)$ die Integro-Differentialgleichung

$$Li'(t) + Ri(t) + \frac{1}{C}\int_0^t i(\tau)\,d\tau = e(t), \quad i(0) = 0.$$

Man bestimme $i(t)$ für $R = 0$ und a) $e(t)$ beliebig, b) $e(t)$ nach (T 87).

* *Aufgabe 3.20:* Man löse mit (2.14) die Differenzengleichung

$$y(t - T) + y(t) = 1, \quad y(t) = 0 \quad \text{für} \quad 0 \leqq t \leqq T.$$

4. Moderne Operatorenrechnung

Die ursprüngliche Heavisidesche Idee des formalen Rechnens mit einem Differentiationsoperator $p = \frac{\mathrm{d}}{\mathrm{d}t}$ wie mit einem algebraischen Symbol wurde in Abschnitt 2. mittels der Laplace-Transformation mathematisch fundiert. Dabei wurden Teilgebiete der Analysis (insbesondere Integralrechnung und Funktionentheorie) herangezogen, aber auch wesentlich mehr erreicht: Deutung von p als komplexe Veränderliche, asymptotische Beziehungen u.a.

Stellt man den formalen Kalkül des Rechnens mehr in den Vordergrund, so läßt sich mit einfachen Hilfsmitteln aus der Algebra (Ring- und Körperbegriff) eine andere mathematische Begründung geben. Dieser Zugang ist besonders dann völlig ausreichend, wenn nur die Lösung von Funktionalgleichungen interessiert und nicht die vielfältigen Zusammenhänge zwischen Original- und Bildfunktionen.

Während die Grundlagen aus der Analysis für die Laplace-Transformation in anderen Bänden dieser Reihe dargestellt sind, müssen für den algebraischen Zugang zunächst einfache Begriffe der Algebra (Abschnitt 4.1.) bereitgestellt werden. Ein Funktionenring R[1]) und der Mikusińskische Operatorenkörper K[1]) werden in den zwei darauf folgenden Abschnitten definiert und diskutiert.

Die Anwendungsgebiete dieser Operatorenrechnung und der Laplace-Transformation sind weitgehend identisch, deshalb hat die Übersicht in Abschnitt 3.4.3. auch hier ihre Gültigkeit; Ergänzungen werden in Abschnitt 4.4. gegeben. Die Tabelle 1 kann übernommen werden.

4.1. Ringe und Körper

Ein wichtiger Begriff in der Algebra ist der eines Ringes, dieser Begriff wird jetzt eingeführt und an bekannten Beispielen erläutert; danach wird der Körperbegriff erklärt.

4.1.1. Ringe und Nullteiler

Zunächst werden einige Mengen M eingeführt (siehe auch [B 1], Abschnitt 7), an denen die Begriffe des Abschnitts 4.1. erläutert werden.

Beispiel 4.1: Mengen mit der Identität als Gleichheit sind z. B.

a) Menge $M_1 = \mathsf{N} = \{0, 1, 2, \dots\}$ der natürlichen Zahlen;

b) Menge $M_2 = \mathsf{G} = \{0, \pm 1, \pm 2, \dots\}$ der ganzen Zahlen;

c) Menge $M_3 = \mathsf{P}$ der rationalen Zahlen mit

$$M_3 = \left\{\pm \frac{p}{q} \,\middle|\, p,\ q \in \mathsf{N},\ q \neq 0\right\};$$

d) Menge M_4 der für $t \geqq 0$ stetigen Funktionen $f(t)$ mit reellen oder komplexen Funktionswerten.

---

[1]) Im Abschnitt 4 sind R bzw. K von der Menge der reellen Zahlen R bzw. der komplexen Zahlen K zu unterscheiden.

Für nichtleere Mengen M wird jetzt gefordert, daß für ihre Elemente außerdem zwei Rechenoperationen mit gewissen Rechenregeln erklärt sind. Diese zwei Rechenoperationen werden Addition und Multiplikation genannt und meist mit den üblichen Zeichen + und · geschrieben, sie müssen aber nicht mit der bei Zahlen üblichen Addition und Multiplikation übereinstimmen.

D.4.1 **Definition 4.1:** *Eine nichtleere Menge M mit den Elementen $a, b, c, \cdots$ und zwei immer eindeutig ausführbaren Rechenoperationen heißt* **Ring** *R, wenn folgende Rechenregeln gelten:*

1. *Kommutative Gesetze: $a + b = b + a$, $ab = ba$;*
2. *Assoziative Gesetze: $a + (b + c) = (a + b) + c$, $a(bc) = (ab)c$;*
3. *Subtraktionsgesetz:* Jede Gleichung $a + x = b$ hat genau eine Lösung $x \in R$;
4. *Distributivgesetz: $a(b + c) = ab + ac$.*

Beispiel 4.2: In den Mengen $M_1, \ldots, M_4$ werden zwei Rechenoperationen eingeführt, und es wird angegeben, ob dann ein Ring vorliegt oder nicht.

In den Mengen M_1, M_2 und M_3 wird die übliche Addition und Multiplikation für Zahlen eingeführt, dann gilt:

a) $M_1 = \mathsf{N}$ ist kein Ring, denn z. B. die Gleichung $3 + x = 1$ ist unlösbar in N wegen $-2 \notin \mathsf{N}$
b) $M_2 = \mathsf{G}$ ist ein Ring R_2, weil offenbar alle Gesetze erfüllt sind.
c) $M_3 = \mathsf{P}$ ist ein Ring R_3, weil offenbar alle Gesetze erfüllt sind.
d) Mit der üblichen Addition und Multiplikation (Wertemultiplikation) ist M_4 ein Ring R_4, denn Summe und Produkt stetiger Funktionen sind wieder stetige Funktionen ([B 2], S. 32), und alle Rechenregeln sind erfüllt.

In einem Ring R sind also eine Addition und ihre Umkehrung (Subtraktion) sowie eine Multiplikation ausführbar, und diese Operationen genügen den Regeln der Definition 4.1. Wie steht es aber mit der Umkehrung der Multiplikation? Dazu vorbereitend die

D.4.2 **Definition 4.2:** *Ist $a, b \in R$, $a \neq o$, $b \neq o$ und $ab = o$, so heißen a und b* **Nullteiler.** *Das Element o bezeichnet das Nullelement des Ringes R, es hat die Eigenschaft $a + o = a$ für beliebige $a \in R$.*

Beispiel 4.3: Es wird das Nullelement o der Ringe R_2, R_3 und R_4 angegeben und die Frage nach Nullteilern beantwortet:

a) Für die Zahlenringe R_2 und R_3 ist das Nullelement o die Zahl 0; es gibt keine Nullteiler, weil für Zahlen gilt: Aus $ab = 0$ folgt, daß mindestens ein Faktor a, b die Zahl 0 ist.

b) Der Funktionenring R_4 hat als Nullelement die Funktion $n(t) \equiv 0$, $t \geqq 0$. R_4 besitzt Nullteiler, denn z. B. für

$$f(t) = \begin{cases} 0, & 0 \leqq t \leqq 1, \\ t - 1, & 1 \leqq t \end{cases} \qquad g(t) = \begin{cases} t - 1, & 0 \leqq t \leqq 1, \\ 0, & 1 \leqq t, \end{cases}$$

ist $f(t) \neq n(t)$, $g(t) \neq n(t)$ und $f(t)\,g(t) = n(t) \equiv 0$.

4.1.2. Körper und Division

In einem Ring R ohne Nullteiler können beide Seiten einer Gleichung durch einen gemeinsamen Faktor $\neq o$ gekürzt werden, beliebige Divisionen müssen aber nicht ausführbar sein. Fordert man letzteres jedoch, so kommt man zur

Definition 4.3: *Ein Ring R mit mindestens zwei verschiedenen Elementen heißt* **Körper** K, *wenn gilt* D.4.3

5. *Divisionsgesetz: Jede Gleichung $ax = b$ mit $a \neq o$ hat genau eine Lösung $x \in K$.*

Beispiel 4.4: Die Ringe R_2 und R_3 werden daraufhin untersucht, ob sie Körper sind.

a) Der Ring R_2 ist kein Körper, denn z. B. die Gleichung $-3x = 2$ ist unlösbar in R_2 wegen $-\frac{2}{3} \notin R_2$.

b) Der Ring R_3 ist ein Körper K_3, denn jede Gleichung $ax = b$ mit rationalen Zahlen $a \neq 0$ und b hat die rationale Zahl $x = \dfrac{b}{a}$ als Lösung. K_3 ist der Körper der rationalen Zahlen.

In einem Körper K sind also eine Addition und ihre Umkehrung sowie eine Multiplikation und ihre Umkehrung ausführbar, und es gelten die Regeln der Definitionen 4.1 und 4.3. Aus dem Divisionsgesetz folgt noch sofort:

Ein Körper hat keine Nullteiler, denn $ax = o$ $(a \neq o)$ hat nur die Lösung $x = o$. Weiter ist die Gleichung $ax = a\,(a \neq 0)$ lösbar, ihre Lösung $x = e$ heißt *Einheitselement* e.

Ist ein nullteilerfreier Ring R kein Körper, so läßt sich jedoch stets ein Körper K konstruieren, der diesen Ring enthält; dieser Körper K heißt *Quotientenkörper* zu R.

Satz 4.1: *Zu jedem nullteilerfreien Ring R existiert ein Körper K, der den Ring enthält.* S.4.1

Der *Beweis* besteht in der Konstruktion des Körpers K: Zu R werden neue Elemente (Brüche) hinzugenommen, so daß dann jede Gleichung $ax = b$, $a \neq o$, lösbar wird. Die neuen Elemente sollen als Quotienten $\dfrac{a}{b}$ geschrieben werden, wobei der Bruchstrich nicht die gewöhnliche Division bedeuten muß. Es soll mit $b \neq o$ und $d \neq o$ gelten:

$$\frac{a}{b} = \frac{c}{d} \text{ genau dann, wenn } ad = bc; \quad \frac{a}{b} + \frac{c}{d} = \frac{ad + bc}{bd}, \quad \frac{a}{b}\,\frac{c}{d} = \frac{ac}{bd}.$$

Man kann nun nachweisen, daß diese Rechenregeln widerspruchsfrei und von der speziellen Schreibweise der Elemente unabhängig sind sowie die Regeln 1 bis 5 erfüllen. Setzt man schließlich noch $\dfrac{ab}{b} = a$, $b \neq o$, so ist die Einbettung des Ringes R in den Körper K, d.h. $R \subset K$, erreicht. Der ausführliche Beweis verläuft ebenso wie bei der wohlbekannten Konstruktion der rationalen Zahlen aus den ganzen Zahlen.

Beispiel 4.5: Zum nullteilerfreien Ring R_2 der ganzen Zahlen gehört als Quotientenkörper der Körper $K_2 = K_3$ der rationalen Zahlen. Die angegebenen Regeln entsprechen den bekannten Gesetzen der Bruchrechnung, der Bruchstrich bedeutet hier die gewöhnliche Division.

4.2. Mikusińskischer Operatorenkörper K

Der Operatorenkörper K kann als Quotientenkörper eines nullteilerfreien Ringes eingeführt werden, der in Abschnitt 4.2.1. betrachtet wird; danach wird der Körper K gebildet und die Hauptformel der Operatorenrechnung hergeleitet.

4.2.1. Funktionenring R

Zunächst wird eine Funktionenmenge M definiert, dann wird durch die Einführung von zwei Rechenoperationen in M ein nullteilerfreier Ring R konstruiert.

Die **Menge** M bestehe aus allen Funktionen $f(t)$, $t \geqq 0$, die stückweise stetig sind, d.h. höchstens endlich viele Sprünge oder isolierte (bzw. nicht definierte) Funktionswerte in jedem endlichen Intervall haben. $f(t)$ kann reelle oder komplexe Funktionswerte besitzen. Da die Funktionswerte an den Sprungstellen hier unwesentlich sind, wird die **Gleichheit** in M folgendermaßen festgelegt: $f(t)$ und $g(t)$ heißen gleich, wenn ihre Integrale gleich sind:

$$\int_0^t f(\tau)\,d\tau = \int_0^t g(\tau)\,d\tau. \tag{4.1}$$

Beispiel 4.6: In der Menge M sind offenbar alle für $t \geqq 0$ stetigen Funktionen enthalten. Beispiele dafür sind die Originalfunktionen $f(t)$ von (T 1) – (T 41), (T 45), (T 48), (T 51), (T 53) – (T 58), (T 61), (T 64) – (T 66), (T 68) – (T 70), (T 75) – (T 78), (T 80), (T 81), (T 88) – (T 90) und (T 95) – (T 105) der Tabelle 1.

Für stetige Funktionen ergibt sich aus (4.1) durch Differentiation nach t als Gleichheit einfach $f(t) = g(t)$ für jedes $t \geqq 0$.

Beispiel 4.7: Unstetige Funktionen, die zu M gehören, sind z. B. die Originalfunktionen $f(t)$ von (T 86), (T 87) und (T 91) – (T 94) der Tabelle 1. Diese Funktionen sind nach (4.1) alle untereinander ungleich.

Gleich im Sinne von (4.1) sind z.B. die drei Funktionen des Beispiels 2.12, obwohl sie bei $t = 0$ verschieden definiert sind.

S.4.2 **Satz 4.2:** *Die Funktionenmenge M bildet mit der gewöhnlichen Addition und der Faltung* (2.18) *als Multiplikation einen nullteilerfreien Ring R.*

Beweisschritte: Für $f(t) = f$, $g(t) = g \in M$ ist zunächst zu zeigen, daß auch Summe und Ringprodukt wieder Funktionen aus M sind, d.h.

$$f + g \in M, \quad f * g = \int_0^t f(t - \tau)\, g(\tau)\,d\tau \in M. \tag{4.2}$$

Weiter ist die Gültigkeit aller Regeln der Definition 4.1 nachzuweisen ([3], S. 68). Es gelten also in M die Rechenregeln:

$$f + g = g + f, \quad f + (g + h) = (f + g) + h, \quad f + x = g \text{ immer lösbar},$$

$$f * g = g * f, \quad f * (g * h) = (f * g) * h, \quad f * (g + h) = f * g + f * h. \tag{4.3}$$

Die behauptete Nullteilerfreiheit bedeutet:

Aus $f * g = \int_0^t f(t - \tau)\, g(\tau)\,d\tau \equiv 0$ folgt, daß mindestens eine der Funktionen $f(t)$, $g(t)$ identisch null ist. Diese Tatsache ist keineswegs trivial, sondern erfordert komplizierte Überlegungen beim Beweis ([13], Kap. II; [4], S. 137). Sie ist die grundlegende Aussage für den algebraischen Aufbau der Operatorenrechnung.

Damit sind alle notwendigen Beweisschritte aufgeführt, ihre ausführliche Darstellung würde mindestens 5 Druckseiten in Anspruch nehmen.

Beispiel 4.8a: Für $f = t^2$, $g = t$, $h = t^3$, $k = t$ ist (siehe auch Beispiel 2.9)

$$f * k = \int_0^t (t-\tau)^2 \tau \, d\tau = \frac{1}{12} t^4, \quad g * h = \int_0^t (t-\tau) \tau^3 \, d\tau = \frac{1}{20} t^5,$$

$$f * h = \int_0^t (t-\tau)^2 \tau^3 \, d\tau = \frac{1}{60} t^6, \quad g * k = \int_0^t (t-\tau) \tau \, d\tau = \frac{1}{6} t^3.$$

Der Ring R ist kein Körper, denn z.B. die Gleichung $l * x = l$, also

$$l(t) * x(t) = \int_0^t x(\tau) \, d\tau = l(t), \qquad l = l(t) \equiv 1, \tag{4.4}$$

ist unlösbar in R. Dies folgt aus (4.4), wenn dort der Grenzübergang $t \to +0$ durchgeführt wird: Die linke Seite von (4.4) ergibt 0, die rechte Seite ist aber immer 1.

Das Nullelement des Ringes R ist die Funktion $n(t) \equiv 0$; ein Einselement gibt es wegen (4.4) nicht.

Im Ring R sind die **Konstanten** α (reelle oder komplexe Zahlen) nicht enthalten. Die **konstanten Funktionen** $f(t) \equiv \alpha$, $t \geqq 0$, sollen im Unterschied zu den Konstanten α mit $l = l(t) \equiv 1$ in der Form

$$f(t) = \alpha l, \qquad t \geqq 0, \tag{4.5}$$

geschrieben werden. $\alpha = 5$ bedeutet damit die Zahl 5, $f(t) = 5l$ dagegen bedeutet die Funktion $f(t) \equiv 5$. Dann ist offenbar

$$\alpha l + f, \qquad \alpha l * f = \alpha \int_0^t f(\tau) \, d\tau \tag{4.6}$$

in R erklärt, aber $\alpha + f$ und $\alpha * f$ sinnlos in R; αf bedeutet wie üblich das α-fache der Funktion $f(t)$.

Beispiel 4.9: Setzt man in (4.6) $\alpha = 1$ und $f = l$, so gilt

$$l * l = l^2 = \int_0^t d\tau = t.$$

Daraus folgt $l * l^2 = l^3 = \frac{1}{2} t^2$ oder allgemein mittels vollständiger Induktion nach n

$$l^n = \frac{1}{(n-1)!} t^{n-1}, \qquad n = 1, 2, \ldots. \tag{4.7}$$

(l^n, $n \in \mathrm{N}$, bedeutet im folgenden stets das Faltungsprodukt $l * l * \cdots * l$ mit n Faktoren l).

4.2.2. Operatorenkörper K

Nach Satz 4.1 gibt es zu jedem nullteilerfreien Ring R einen zugehörigen Quotientenkörper K.

D.4.4 **Definition 4.4:** *Der Quotientenkörper K zum Ring R aus Satz* 4.2 *heißt* **Mikusińskischer Operatorenkörper,** *seine Elemente heißen* **Operatoren.**

Die Elemente des Körpers K sollen unter Weglassen des Argumentes t bei Funktionen in der Form $\frac{f}{g}$, $f, g \in R$, geschrieben werden; der (fette) Bruchstrich bedeutet die Körperdivision, d.h. die Umkehrung der Faltung. Die gewöhnliche Division von Funktionen wird im Gegensatz dazu bei Hinzunahme des Argumentes t mit einem (normalen) Bruchstrich in der Form $\frac{f(t)}{g(t)}$ geschrieben.

Der Übergang vom Funktionenring R zum Operatorenkörper K erfolgt analog dem Übergang vom Zahlenring R_2 zum Zahlenkörper K_2; mit Operatoren läßt sich also formal wie mit rationalen Zahlen rechnen. Jedoch sind die Operatoren nicht so einfach zu überblicken wie die rationalen Zahlen, spezielle und wichtige Operatoren werden in den Abschnitten 4.2.3., 4.2.4. und 4.3. untersucht. Die genannte Analogie bringt folgende Gegenüberstellung nochmals zum Ausdruck.

Zahlenring $R_2 = \mathsf{G}$	Funktionenring R
Elemente, Gleichheit, Null- und Einselement	
Ganze Zahlen $a, b, \ldots$	Für $t \geqq 0$ stückweise stetige Funktionen $f(t), g(t), \ldots$
Zahlengleichheit $a = b$	$\int_0^t f(\tau)\,d\tau = \int_0^t g(\tau)\,d\tau$
Zahl 0	Funktion $n(t) \equiv 0$
Zahl 1	Einselement existiert nicht
Rechenoperationen	
Zahlenaddition und Umkehrung	Gewöhnliche Addition und Umkehrung
Zahlenmultiplikation ab	Faltung $f * g$
Zahlenkörper $K_2 = \mathsf{P}$	Mikusińskischer Operatorenkörper K
Elemente, Gleichheit	
Rationale Zahlen $\frac{a}{b}$	Operatoren $\frac{f}{g}$
$\frac{a}{b} = \frac{c}{d} \leftrightarrow ad = bc$	$\frac{f}{g} = \frac{h}{k} \leftrightarrow f * k = g * h$
$a, b, c, d \in R_2$; $b \neq 0, d \neq 0$	$f, g, h, k \in R$; $g \not\equiv 0, k \not\equiv 0$
Weitere Rechenoperation	
Zahlendivision nach den Regeln der Bruchrechnung	Umkehrung der Faltung nach den Regeln (4.8)

Nach Satz 4.1 gelten im Körper K die Regeln

$$\frac{f}{g} = \frac{h}{k} \text{ genau dann, wenn } f * k = g * h;$$
$$\frac{f}{g} + \frac{h}{k} = \frac{f * k + g * h}{g * k}, \quad \frac{f}{g}\,\frac{h}{k} = \frac{f * h}{g * k}. \tag{4.8}$$

Dabei sind f, g, h, k Funktionen aus R mit $g \mathrel{\not\equiv} 0$, $k \mathrel{\not\equiv} 0$; der Bruchstrich bedeutet die Umkehrung der Faltung. $\frac{g}{f}$ heißt inverser Operator zu $\frac{f}{g}$.

Im Körper K sind alle Funktionen $f = f(t) \in R$ enthalten, wenn

$$f = \frac{f * g}{g}, \quad g \mathrel{\not\equiv} 0, \tag{4.9}$$

gesetzt wird. Speziell kann $g = l$ gewählt werden. Aus (4.8) folgen mit (4.9) noch die Gleichungen ($f, g, h \in R$; $g \mathrel{\not\equiv} 0$)

$$\frac{f}{g} + h = \frac{f + g * h}{g}, \quad \frac{f}{g} h = \frac{f * h}{g}. \tag{4.10}$$

Beispiel 4.8b: Für f, g, h und k aus Beispiel 4.8a ist

a) $\frac{f}{g} \mathrel{\not\equiv} \frac{h}{k}$, weil $f * g = \frac{1}{12} t^4 \mathrel{\not\equiv} g * h = \frac{1}{20} t^5$ ist;

b) $\frac{f}{g} + \frac{h}{k} = \frac{1}{10}\,\frac{5t^4 + 3t^5}{t^3} = \frac{1}{10}\,\frac{5 \cdot 4!\,l^5 + 3 \cdot 5!\,l^6}{3!\,l^4} = 2l + 6t$ nach (4.7);

c) $\frac{f}{g}\,\frac{h}{k} = \frac{1}{10}\,\frac{t^6}{t^3} = \frac{1}{10}\,\frac{6!\,l^7}{3!\,l^4} = 12l^3 = 6t^2$ nach (4.7).

Das Ergebnis einer Division in K muß natürlich nicht wie bei a), b) und c) eine Funktion aus R sein; z. B. sind weder $\frac{g}{f}$ noch $\frac{k}{h}$ Funktionen. Das Kürzen in K ist bei b) und c) möglich, denn zwischen den Faktoren l steht der Stern $*$.

Der Begriff des Operators ist wegen (4.9) eine Verallgemeinerung des Begriffs der Funktion. Im Abschnitt 4.3. wird sich zeigen, daß außer den Funktionen aus R noch viele andere Funktionen in K enthalten sind. Es gibt aber auch Operatoren, die keine Funktionen sind.

4.2.3. Einfache Operatoren

K hat wie jeder Körper ein Einselement, $\frac{l}{l}$, für das man die Zahl 1 benutzen kann. Wie sich zeigen läßt ([13], S. 22), lassen sich damit auch die übrigen Konstanten α mit den Körperelementen $\frac{\alpha l}{l}$ identifizieren, d. h., es wird

$$\alpha = \frac{\alpha l}{l} \tag{4.11}$$

gesetzt. Im Unterschied dazu gilt wegen (4.9) für die konstanten Funktionen αl die Beziehung $\alpha l = \dfrac{\alpha l * l}{l}$.

In K ist (im Gegensatz zu R) jetzt Addition und Multiplikation einer Konstanten α mit einer Funktion $f \in R$ erklärt. Für die Addition ist wegen (4.11) und (4.10)

$$\alpha + f = \frac{\alpha l}{l} + f = \frac{\alpha l + f * l}{l}.$$

Bei der Multiplikation mit einer Konstanten ist es gleich, ob man diese als gewöhnliche oder als Operatormultiplikation ausführt, da im letzten Fall wegen (4.11) und (4.10)

$$\frac{\alpha l}{l} f = \frac{(\alpha l) * f}{l} = \frac{l * (\alpha f)}{l}$$

ist und dieses Körperelement wegen (4.9) gleich dem gewöhnlichen Produkt αf ist. Die benutzte Beziehung $(\alpha l) * f = l * (\alpha f)$ folgt unmittelbar aus (4.6).

Für die Funktionen $l = l(t) \equiv 1$, $f = f(t) \in R$ gilt nach (4.6) $l * f = \int\limits_0^t f(\tau)\,\mathrm{d}\tau$, deshalb heißt die Funktion l *Integrationsoperator*. Der dazu inverse Operator $p = \dfrac{1}{l}$ [1]) mit $pl = 1$ ist keine Funktion, er ist ein erstes und wichtiges Beispiel für ein neues Körperelement; p heißt *Differentiationsoperator*.

4.2.4. Hauptformel der Operatorenrechnung

Mit dem Differentiationsoperator p ergibt sich der

S.4.3 **Satz 4.3 (Hauptformel):** *Hat $f = f(t)$ für $t \geqq 0$ eine Ableitung $f' = f'(t)$, die zu R gehört, so ist*

$$pf = f' + f(0). \tag{4.12}$$

Der *Beweis* von (4.12) folgt aus der in R gültigen Gleichung ([13], S. 25)

$$l * f' = \int\limits_0^t f'(\tau)\,\mathrm{d}\tau = f(t) - f(0)\,l$$

[l steht bei $f(0)$ wegen der Vereinbarung (4.5)] durch die im Körper mögliche Multiplikation mit p wegen $pl = 1$. Für $f(0) = 0$ ist $pf \in R$, für $f(0) \neq 0$ ist $pf \notin R$.

Wegen (4.12) ist der Name des Operators p gerechtfertigt. (4.12) ist dem Differentiationssatz (2.23) der Laplace-Transformation analog, allerdings wird jetzt außer $f' \in R$ nichts weiter vorausgesetzt.

Wird (4.12) *wiederholt angewendet, so folgt: Hat $f = f(t)$ für $t \geqq 0$ eine Ableitung $f^{(n)} = f^{(n)}(t) \in R$, $n \in \mathbb{N}$, so ist*

$$p^n f = f^{(n)} + p^{n-1} f(0) + p^{n-2} f'(0) + \cdots + f^{(n-1)}(0). \tag{4.13}$$

Ist speziell $f(0) = \cdots = f^{(n-1)}(0) = 0$, so gilt einfach $p^n f = f^{(n)} \in R$, sonst ist $p^n f \notin R$.

Mit (4.13) ist die Differentiation auf eine einfachere Operation abgebildet worden, (4.13) wird natürlich bei der Lösung von Differentialgleichungen Verwendung finden (Abschnitt 4.3.).

---

[1]) Wenn keine Funktion aus R im Zähler oder/und Nenner steht, kann auf den fetten Bruchstrich verzichtet werden. p ist hier keine komplexe Veränderliche wie im Abschnitt 2.

Beispiel 4.10: Setzt man in (4.12) $f = f(t) = e^{\alpha t}$, α komplex, so folgt

$$p\, e^{\alpha t} = \alpha\, e^{\alpha t} + 1, \qquad e^{\alpha t} = \frac{1}{p - \alpha}.$$

4.2.5. Aufgaben: Rechnen im Ring R und Körper K

Aufgabe 4.1: Man bestimme für $f = 4l$, $g = \sin t$, $h = l \equiv 1$ *

a) $f * g$; b) $f * g * h$; c) $f * (g + h)$.

Aufgabe 4.2: Mit vollständiger Induktion beweise man für $n + 1$ Faktoren $e^{\alpha t}$ die Gleichung *

$$e^{\alpha t} * \cdots * e^{\alpha t} = \frac{1}{n!}\, t^n e^{\alpha t}, \qquad n \in \mathrm{N}.$$

Aufgabe 4.3: Man vereinfache mit (4.7) in K: *

a) $\dfrac{t^3 - 6t}{t - l}$; b) $(1 + l)(1 - l)$.

Aufgabe 4.4: Man forme $p^n t^m$ mit (4.13) um; $m, n \in \mathrm{N}$. *

Aufgabe 4.5: Man setze in (4.12) $f(t) = t + l$. Ist $pf \in R$? *

4.3. Spezielle Operatoren

Bis jetzt sind nur die Konstanten α, die stückweise stetigen Funktionen aus R und der Differentiationsoperator p als Elemente von K bekannt. Im folgenden werden weitere Elemente von K eingeführt und ihre Verwendung diskutiert.

4.3.1. In p rationale Operatoren

Aus Beispiel 4.9 und Aufgabe 4.2 ergibt sich durch n-malige Multiplikation ($n + 1$ Faktoren $e^{\alpha t}$)

$$\frac{1}{(p - \alpha)^{n+1}} = e^{\alpha t} * \cdots * e^{\alpha t} = \frac{1}{n!}\, t^n e^{\alpha t}, \qquad n \in \mathrm{N}. \tag{4.14}$$

Da die Formel (2.31) eine Identität ist, die in jedem Körper unabhängig von der speziellen Bedeutung von p gilt, läßt sich jeder in p echt gebrochen rationale Ausdruck durch Partialbruchzerlegung als eine Linearkombination von Operatoren (4.14) darstellen. Daraus folgt der

Satz 4.4: *Jeder in p echt gebrochen rationale Operator $F(p) = \dfrac{Z(p)}{N(p)}$ mit den Polynomen $Z(p)$ und $N(p)$ kann mit einer bestimmten Linearkombination von Funktionen der Form $t^n e^{\alpha t}$ identifiziert werden.* **S.4.4**

Diese Linearkombination läßt sich allgemein durch (2.32) auch angeben. Beschränkt man sich auf reellwertige Funktionen, so hat man noch $e^{\alpha t}$ bei nichtreellem α durch

(2.35) zu ersetzen und erhält dadurch Sinus- und Kosinusfunktionen im Ergebnis; Beispiele dazu wurden im Abschnitt 2.4.1. gegeben. Die Korrespondenzen (T 1)–(T40) und (T 111)–(T 145) aus Tabelle 1 sind weitere Beispiele.

Die Lösung von Anfangswertaufgaben (3.1), (3.2) bei gewöhnlichen Differentialgleichungen und bei Systemen (3.29) mit stückweise stetigen Störfunktionen ist nun bereits möglich; dabei werden Lösungen gesucht, deren n-te Ableitung zu R gehört. Alle Beispiele aus den Abschnitten 3.1.1., 3.1.2. und 3.2. können zur Illustration dienen. Zwei weitere Beispiele sollen die jetzt übliche Bezeichnungsweise üben.

Beispiel 4.11: Für das Anfangswertproblem

$$y'' + y' - 6y = 4l, \quad y(0) = 1, \quad y'(0) = 0,$$

gilt mit $pl = 1$ und (4.13)

$$p^2y - p - py - 1 - 6y = \frac{4}{p}, \quad y = \frac{p^2 + p + 4}{p(p + 3)(p - 2)}.$$

Formel (T 104) ergibt mit $p_1 = 0$, $p_2 = -3$, $p_3 = 2$ sofort

$$y = -\frac{2}{3}l - \frac{2}{5}e^{-3t} + e^{2t}.$$

Beispiel 4.12: Ist im Beispiel 4.11 jetzt $f(t) = e^{t^2}$, so ist

$$p^2y - p + py - 1 - 6y = e^{t^2}, \quad y = \frac{p + 1}{(p + 3)(p - 2)} + \frac{1}{(p + 3)(p - 2)}e^{t^2}.$$

Mit (2.30) ergibt sich zunächst

$$y = \frac{2}{5}\frac{1}{p + 3} + \frac{3}{5}\frac{1}{p - 2} + \frac{1}{5}\left(\frac{1}{p - 2} - \frac{1}{p + 3}\right)e^{t^2}$$

und daraus nach Beispiel 4.10 die Funktion

$$y = \frac{2}{5}e^{-3t} + \frac{3}{5}e^{2t} + \frac{1}{5}e^{2t}\int_0^t e^{-2\tau+\tau^2}\,d\tau - \frac{1}{5}e^{-3t}\int_0^t e^{3\tau+\tau^2}\,d\tau.$$

4.3.2. Verschiebungsoperator

Im Ring R sind die Sprungfunktionen

$$u_\lambda(t) = \begin{cases} 0, & t \leqq \lambda, \\ 1, & \lambda < t \end{cases} \qquad u_0(t) = u(t) = \begin{cases} 0, & t \leqq 0, \\ 1, & 0 < t, \end{cases} \tag{4.15}$$

enthalten; $\lambda \geqq 0$. Für sie gilt mit $f \in R$

$$u_\lambda * f = \int_0^t f(t - \tau)\,u_\lambda(\tau)\,d\tau = \begin{cases} 0, & t \leqq \lambda, \\ \int_\lambda^t f(t - \tau)\,d\tau = \int_0^{t-\lambda} f(\sigma)\,d\sigma, & \lambda < t. \end{cases}$$

Setzt man die Funktion $u_\lambda * f \in R$ in (4.12) ein und führt den Operator $v_\lambda = pu_\lambda$ ein, so gilt für $f \in R$

$$v_\lambda f = p(u_\lambda * f) = \begin{cases} 0, & t \leqq \lambda, \\ f(t - \lambda), & \lambda < t. \end{cases} \tag{4.16}$$

v_λ heißt *Verschiebungsoperator*, weil er nach (4.16) die Funktion $f(t)$ um λ nach rechts verschiebt. Man beweist leicht die Formel

$$v_\lambda v_\mu = v_{\lambda+\mu}; \quad \lambda \geqq 0, \quad \mu \geqq 0.$$

Ergänzt man die Funktionen aus R für $t < 0$ durch $f(t) \equiv 0$ [siehe auch (2.3)], so lautet (4.16) einfach $v_\lambda f = f(t - \lambda)$.

Mit dem Verschiebungsoperator v_λ und dem Integrationsoperator $l = \dfrac{1}{p}$ lassen sich in einfacher Weise alle stückweise linearen Funktionen (mit und ohne Sprungstellen) darstellen.

Beispiel 4.13: Die Funktionen a) (T 86), b) (T 87) und c) (T 88) aus Tabelle 1 werden mit v_λ und $l = \dfrac{1}{p}$ dargestellt. Aus den Definitionen der Funktionen und mit (4.16) folgt sofort:

$$\text{a) } f(t) = \frac{1}{p}(v_0 - v_T),$$

$$\text{b) } f(t) = \frac{1}{p}(v_0 - 2v_T + v_{2T}),$$

$$\text{c) } f(t) = \frac{1}{p^2}(v_0 - 2v_T + v_{2T}).$$

Speziell lassen sich alle stückweise konstanten Funktionen (Treppenfunktionen) mit dem Verschiebungsoperator v_λ schreiben. Hat die Treppenfunktion $g(t)$ an den Stellen $t = t_\nu$ den Sprung $\gamma_\nu = g(t_\nu + 0) - g(t_\nu - 0)$, so ist

$$g(t) = \sum_\nu \gamma_\nu u_{t_\nu} = \frac{1}{p} \sum_\nu \gamma_\nu v_{t_\nu}. \tag{4.17}$$

Zu summieren ist über die (endliche oder unendliche) Anzahl der Sprungstellen. Die Funktionen (T 86) und (T 87) des Beispiels 4.13 illustrieren (4.17).

Jede Funktion $f(t) \in R$ läßt sich als Summe einer stetigen Funktion $g_1(t)$ und einer Treppenfunktion $g_2(t)$ (Bild 4.1) in der Form

$$f(t) = g_1(t) + g_2(t) = g_1(t) + \frac{1}{p} \sum_\nu \gamma_\nu v_{t_\nu} \tag{4.18}$$

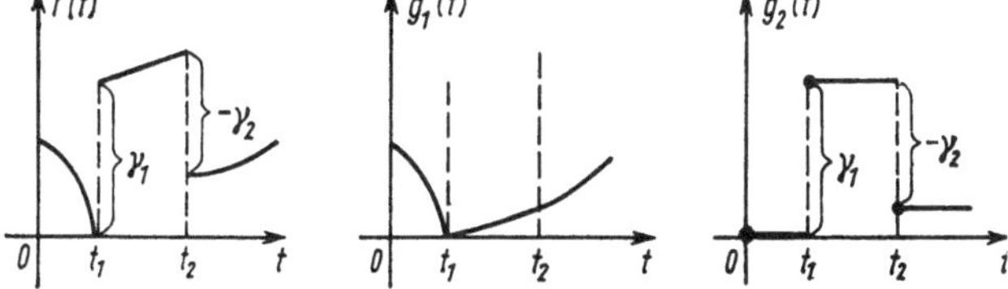

Bild 4.1. Zerlegung einer stückweise stetigen Funktion $f(t)$ in eine stetige Funktion $g_1(t)$ und eine Treppenfunktion $g_2(t)$

darstellen, wobei es für $t_\nu \to \infty$ keine Konvergenzprobleme gibt. Ist $g_1' \in R$, so gilt nach (4.12) $pg_1 = g_1' + g_1(0)$; wegen $g_1' = f'$ für $t \neq t_\nu$ und $g_1(0) = f(0)$ erhält man damit aus (4.18) durch Multiplikation mit p folgende

Verallgemeinerung der Hauptformel (4.12):

Hat $f(t)$ an den Stellen $t = t_\nu$ die Sprünge $\gamma_\nu = f(t_\nu + 0) - f(t_\nu - 0)$ und existiert für $t \neq t_\nu$ $f'(t)$ mit $f' = f'(t) \in R$, dann gilt

$$pf = f' + f(0) + \sum_\nu \gamma_\nu v_{t_\nu}. \tag{4.19}$$

Beispiel 4.14: Für folgende Funktion gilt:

$$f = f(t) = \begin{cases} \cos t, & 0 < t < 2\pi, \\ 0, & 2\pi < t \end{cases} = \cos t + v_{2\pi}(l - \cos t) - \frac{1}{p} v_{2\pi};$$

$$g_1(t) = \cos t + v_{2\pi}(l - \cos t), \quad g_2(t) = -\frac{1}{p} v_{2\pi},$$

$$pf = -\sin t + v_{2\pi}(1 + \sin t) - v_{2\pi} \notin R.$$

Mit dem Verschiebungsoperator lassen sich periodische Funktionen darstellen. Ist $f(t + T) = f(t)$ und

$$g(t) = \begin{cases} f(t), & 0 < t < T, \\ 0, & T < t, \end{cases}$$

so gilt offenbar $g(t) + v_T f(t + T) = f(t)$. Daraus folgt

$$f(t) = \frac{g(t)}{1 - v_T}. \tag{4.20}$$

Beispiel 4.15: Für die periodische Funktion $f(t) = t/T$, $0 < t < T$, $f(t + T) = f(t)$, ist $g(t) = \begin{cases} t/T, 0 < t < T, \\ 0, \quad T < t, \end{cases}$ und damit also $f(t) = \dfrac{g(t)}{1 - v_T}$.

4.3.3. Distributionen und verallgemeinerte Laplace-Transformation

Distributionen ([4], § 35) sind weitere spezielle Operatoren, auf diese läßt sich die Laplace-Transformation (2.1) ausdehnen.

D.4.5 **Definition 4.5:** *Ein Operator $\varphi = \dfrac{f}{g}$ aus K heißt* **Distribution,** *falls $f = f(t)$ und $g = g(t)$ absolut konvergente Laplace-Integrale* (siehe 2.1.2.) *besitzen*; $f, g \in R$.

Für die Funktionen $f(t)$ und $g(t)$ soll die Festlegung (2.3) gelten. Für Operatoren (und damit auch für Distributionen) $\varphi = \dfrac{f}{g}$ lassen sich Integration und Verschiebung definieren durch

$$\int_{-\infty}^{t} \varphi(\tau)\, d\tau \overset{\text{def}}{=} \frac{\int_{-\infty}^{t} f(\tau)\, d\tau}{g(t)}, \quad \varphi(t - \lambda) \overset{\text{def}}{=} \frac{f(t - \lambda)}{g(t)}, \lambda \geqq 0;$$

eine verallgemeinerte Ableitung läßt sich durch

$$\varphi^{(n)} \overset{\text{def}}{=} \frac{f^{(n)}(t)}{g(t)}, n \in \mathsf{N},$$

definieren, falls $f^{(n)}(t)$ für alle reellen t stetig ist.

Für Distributionen läßt sich eine **verallgemeinerte Laplace-Transformation** definieren in der Form

$$L\{\varphi\} = \Phi(p) = \frac{F(p)}{G(p)} \quad \text{mit} \quad L\{f(t)\} = F(p), \quad L\{g(t)\} = G(p). \tag{4.21}$$

Diese verallgemeinerte Transformation geht in die gewöhnliche Transformation über, falls $\varphi(t)$ ein konvergentes Laplace-Integral besitzt. Nach [4], S. 44, gilt der

Satz 4.5: *Die wichtigen Rechenregeln* (2.10), (2.13), (2.14), (2.17), (2.20), (2.21) *und* (2.25) *der Laplace-Transformation bleiben gültig, wenn die Originalfunktionen durch Distributionen und die Bildfunktionen durch* (4.21) *ersetzt werden.* (2.24) *läßt sich verallgemeinern durch* $L\{\varphi^{(n)}\} = p^n\Phi(p)$. **S.4.5**

Beispiel 4.16: Die wichtigste Distribution ist die durch

$$\delta(t-\lambda) = \frac{u_\lambda(t)}{l(t)} = pu_\lambda(t) = v_\lambda(t), \quad \lambda \geqq 0,$$

definierte Diracsche Delta-Distribution. Für sie ist wegen (4.21), (T 1) und (2.14) die verallgemeinerte Laplace-Transformierte

$$L\{\delta(t-\lambda)\} = \frac{\frac{1}{p}\,\mathrm{e}^{-\lambda p}}{\frac{1}{p}} = \mathrm{e}^{-\lambda p}.$$

Für ihre Ableitung gilt nach Satz 4.5

$$L\{\delta^{(n)}(t-\lambda)\} = p^n\,\mathrm{e}^{-\lambda p}, \quad n \in \mathsf{N}.$$

Damit sind also die Korrespondenzen (T 82) bis (T 85) im Rahmen der verallgemeinerten Laplace-Transformation gültig. Weiter folgen aus der Definition von $\delta(t-\lambda)$ die Gleichungen (3.25) und (3.26), d.h., die im Abschnitt 3.1.3c. eingeführte Delta-Funktion ist mit der hier erklärten Delta-Distribution identisch. Die im Beispiel 3.14 angegebenen Deutungen von $\delta(t)$ und die Verwendung von $\delta(t)$ als rechte Seite bei Differentialgleichungen (Abschnitt 3.1.3d.) können beibehalten werden.

4.3.4. Weitere Operatoren

Außer den Funktionen aus R sind in K beliebige integrierbare und sogar nicht integrierbare Funktionen enthalten ([1], S. 118); für nicht integrierbare Funktionen gelten dann natürlich **nicht** mehr die Rechenregeln (4.3), sondern sie müssen als Operatoren mit den Regeln (4.8) behandelt werden.

In K sind Operatoren der Form $\frac{1}{(p-a)^\alpha}$ enthalten ([13], S. 101). Man kann zeigen, daß dieser Operator für $\alpha \geqq 1$ mit einer Funktion aus R identifiziert werden kann, für $0 < \alpha < 1$ ebenfalls einer Funktion (nicht aus R) entspricht und für $\alpha \leqq 0$ keine Funktion ist. Für $\alpha > 0$ gilt:

$$\frac{1}{(p-a)^\alpha} = \frac{1}{\Gamma(\alpha)} t^{\alpha-1} e^{at}.$$

Für $a = 0$, $\alpha = n \in \mathrm{N}$, entsteht wieder (4.7), für $a = 0$, $\alpha = \frac{1}{2}$, ist $\frac{1}{\sqrt{p}} = \frac{\sqrt{\pi}}{\sqrt{t}}$.

Damit sind weitere Korrespondenzen der Tabelle 1 benutzbar.

4.4. Anwendungen und Aufgaben zur Operatorenrechnung

Der Zusammenhang zwischen der Operatorenrechnung und der Laplace-Transformation ist eng ([4], § 35). Insbesondere kann man zeigen ([3], S. 227), daß alle Tabellen der Laplace-Transformation (Tabelle 1, [T 2], [T 4]) auch in der Operatorenrechnung verwendet werden können.

Als Anwendung der Operatorenrechnung soll die Lösung folgender Funktionalgleichungen hervorgehoben werden:

1. Gewöhnliche lineare Differentialgleichungen mit konstanten Koeffizienten (Beispiele 4.11 und 4.12, Aufgabe 4.7);
2. Systeme obiger Differentialgleichungen (Aufgabe 4.8);
3. Integralgleichungen vom Faltungstyp (Aufgabe 4.9);
4. Partielle Differentialgleichungen mit konstanten Koeffizienten ([13], Teil IV);
5. Differenzengleichungen ([13], S. 146);
6. Gewisse Funktionalgleichungen allgemeiner Art (Aufgabe 4.10).

Weiter können alle entsprechenden Beispiele des Abschnitts 3 zur Illustration dienen.

* *Aufgabe 4.6:* a) Welche Funktion ist $f = \frac{1}{p^2}(1 - v_\alpha - v_\beta + v_{\alpha+\beta})$? b) Man bilde f' mit (4.12)! Es ist $0 \leqq \alpha < \beta$.

* *Aufgabe 4.7:* Man löse die Anfangswertprobleme a) $y'' + y' - 6y = f(t)$, $y(0) = y'(0) = 0$, $f(t)$ aus (T 87); b) $y'' + 4y' - 5y = \delta(t - T)$, $y(0) = y'(0) = 0$.

* *Aufgabe 4.8:* Man löse das normale (siehe Abschnitt 3.2.1.) System

$$y_1'' + 3y_2' - 4y_1 + 6y_2 = 10\cos t, \quad y_2'' + y_1' - 2y_1 + 4y_2 = 0,$$
$$y_1(0) = y_2(0) = 0, \quad y_1'(0) = 4, \quad y_2'(0) = 2.$$

* *Aufgabe 4.9:* Man löse die Integralgleichung vom Faltungstyp

$$y(t) = \alpha t + \int_0^t \sin(t - \tau)\, y(\tau)\, d\tau.$$

* *Aufgabe 4.10:* Man löse die Funktionalgleichungen a) $y(t) = \sin t + 2\int_0^t \sin(t-\tau)\, y'(\tau)\, d\tau$; b) $y(t) - (1 - t)\,e^t = \int_0^t y(t - \tau)\, y(\tau)\, d\tau$.

5. Fourier-Transformation

Die neben der Laplace-Transformation wichtigste Integraltransformation ist die Fourier-Transformation. Nach ihrer Definition und der Darstellung von Zusammenhängen mit anderen Transformationen (Abschnitt 5.1.) werden Umkehrung und Rechenregeln angegeben. Diese Transformation dient wieder der Lösung von gewöhnlichen und partiellen Differentialgleichungen. In Tabelle 2 (siehe Anhang) sind Korrespondenzen zusammengestellt.

Die Fourier-Transformation kann als Grenzfall einer Fourier-Reihe aufgefaßt werden. Dieser Zusammenhang soll kurz heuristisch erläutert werden (siehe auch [B 3], Abschnitt 6):

Läßt sich $f(t)$ im Intervall $-\frac{L}{2} < t < \frac{L}{2}$ in eine (in komplexer Form geschriebene) Fourier-Reihe entwickeln, so ist mit $y_n = \frac{2n\pi}{L}$

$$f(t) = \sum_{n=-\infty}^{\infty} c_n \, e^{jy_n t}, \quad c_n = \frac{1}{L} \int_{-L/2}^{L/2} f(t) \, e^{-jy_n t} \, dt.$$

Setzt man $\Delta y = \frac{2\pi}{L}$, so erhält man durch Einsetzen von c_n

$$f(t) = \frac{1}{2\pi} \sum_{n=-\infty}^{\infty} e^{jy_n t} \left(\int_{-L/2}^{L/2} f(t) \, e^{-jy_n t} \, dt \right) \Delta y.$$

Läßt man nun $L \to \infty$ gehen und setzt $F(y) = \int_{-\infty}^{\infty} f(t) \, e^{-jyt} \, dt$, so folgt die als Fouriersches Integraltheorem bekannte Formel

$$f(t) = \frac{1}{2\pi} \int_{-\infty}^{\infty} e^{jyt} F(y) \, dy.$$

Diese Formel entspricht der unter exakten Voraussetzungen angegebenen Formel (5.11) des Satzes 5.2, sie verbindet die Funktion $F(y)$ (Fourier-Transformierte) mit der Funktion $f(t)$ (Originalfunktion) in sehr einfacher Weise.

5.1. Definition der Fourier-Transformation

Neben der durch Beispiele erläuterten Definition der Fourier-Transformation wird eine Klasse transformierbarer Funktionen angegeben sowie der Zusammenhang mit anderen Integraltransformationen hergestellt.

5.1.1. Definition und Beispiele

Die Fourier-Transformation ist eine weitere wichtige Integraltransformation. Ihre physikalische Motivation ist aus Abschnitt 2.1.2. zu ersehen.

D.5.1 **Definition 5.1:** *Der reellen (oder komplexwertigen) Funktion $f(t)$, $-\infty < t < \infty$, wird das Integral*

$$F(y) = \int_{-\infty}^{\infty} e^{-jyt} f(t)\, dt^{1)} \tag{5.1}$$

zugeordnet, falls dieses Integral existiert; dabei ist y reell. Diese Zuordnung heißt **Fourier-Transformation** *und wird bezeichnet durch*

$$F(y) = F\{f(t)\}. \tag{5.2}$$

Wie üblich heißen dann $f(t)$ Fourier-transformierbar, $f(t)$ Original- und $F(y)$ Bildfunktion. (5.1) ist ein uneigentliches Integral mit dem Parameter y, $F(y)$ besitzt i. allg. komplexe Funktionswerte. Das Integral (5.1) ist, sofern es nicht als gewöhnliches uneigentliches Integral existiert, als sogenannter Cauchyscher Hauptwert zu verstehen: $\int_{-\infty}^{\infty} = \lim_{A\to\infty} \int_{-A}^{A}$, d.h., die Grenzübergänge gegen $\pm\infty$ sind zugleich und in der gleichen Art vorzunehmen.

Beispiel 5.1: Zur Originalfunktion $f(t) = e^{-a|t|}$, $\operatorname{Re} a > 0$, wird mit (5.1) die Fourier-Transformierte $F(y)$ bestimmt. Es ist wegen $|t| = -t$ für $t < 0$ und $|t| = t$ für $t > 0$:

$$\int_{-A}^{A} e^{-jyt-a|t|}\, dt = \int_{-A}^{0} e^{-(jy-a)t}\, dt + \int_{0}^{A} e^{-(jy+a)t}\, dt$$

$$= -\frac{e^{-(jy-a)t}}{jy-a}\bigg|_{-A}^{0} - \frac{e^{-(jy+a)t}}{jy+a}\bigg|_{0}^{A} = \frac{-1+e^{(jy-a)A}}{jy-a} + \frac{-e^{-(jy+a)A}+1}{jy+a}.$$

Wegen $|e^{-aA}| \leqq e^{-A\operatorname{Re} a}$ und $\operatorname{Re} a > 0$ existiert der Grenzwert für $A \to \infty$ und ergibt durch Zusammenfassen schließlich

$$F(y) = F\{e^{-a|t|}\} = \frac{2a}{a^2+y^2}. \tag{5.3}$$

Beispiel 5.2: Für die Originalfunktion

$$f(t) = \begin{cases} 0, & -\infty < t < -1, \\ 1, & -1 < t < 1, \\ 0, & 1 < t < \infty, \end{cases}$$

wird die Fourier-Transformierte $F(y)$ bestimmt. Es ist

$$F(y) = \int_{-1}^{1} e^{-jyt}\, dt = \frac{e^{-jyt}}{-jy}\bigg|_{-1}^{1} = \frac{1}{jy}(e^{jy} - e^{-jy}) = \frac{2\sin y}{y}.$$

[1]) In der Literatur sind verschiedene Definitionen üblich, die sich jedoch nur durch konstante Faktoren unterscheiden.

Beispiel 5.3: Ist $f(t)$ gerade und Fourier-transformierbar, dann ist wegen $f(t) = f(-t)$ mit der Substitution $t = -\tau$ im ersten Integral

$$F(y) = \int_{-\infty}^{\infty} e^{-jyt} f(t)\,dt = \int_{-\infty}^{0} + \int_{0}^{\infty} = \int_{0}^{\infty} (e^{-jyt} + e^{jyt}) f(t)\,dt = 2 \int_{0}^{\infty} f(t) \cos(yt)\,dt.$$

Entsprechend gilt für ungerade Funktionen $f(t) = -f(-t)$:

$$F(y) = -2j \int_{0}^{\infty} f(t) \sin(yt)\,dt.$$

Beispiel 5.4: Die Funktion $f(t) = e^{-at}$, $\operatorname{Re} a > 0$, ist nicht Fourier-transformierbar, weil für

$$\int_{-A}^{A} e^{-jyt-at}\,dt = \left.\frac{e^{-(jy+a)t}}{jy+a}\right|_{-A}^{A} = \frac{e^{(jy+a)A} - e^{-(jy+a)A}}{jy+a}$$

der Grenzwert $A \to \infty$ nicht existiert.

Wegen der einfachen Ungleichung

$$|F(y)| \leqq \int_{-\infty}^{\infty} |e^{-jyt} f(t)|\,dt \leqq \int_{-\infty}^{\infty} |f(t)|\,dt \tag{5.4}$$

lassen sich sofort eine Klasse von Fourier-transformierbaren Funktionen $f(t)$ und einige Eigenschaften angeben.

Satz 5.1: *Existiert* $\int_{-\infty}^{\infty} |f(t)|\,dt$, *so existiert die Fourier-Transformierte* $F(y)$ *für alle* **S.5.1**
reellen y. $F(y)$ *ist dann beschränkt, stetig und strebt gegen null für* $|y| \to \infty$.

Beweis: Die Existenz und Beschränktheit von $F(y)$ folgt unmittelbar aus (5.4). Für die beiden anderen Eigenschaften siehe [6], S. 198. Satz 5.1 ist nur hinreichend, wie Aufgabe 5.1 zeigt.

5.1.2. Fourier-, Fourier-Kosinus- und Fourier-Sinus-Transformation

Neben der Fourier-Transformation $F(y) = F\{f(t)\}$ nach Definition 5.1 benutzt man auch oft die Fourier-Kosinus-Transformation $F_C(y) = F_C\{f(t)\}$ und Fourier-Sinus-Transformation $F_S(y) = F_S\{f(t)\}$ (Tabellen in [T 1], S. 621–632):

$$F_C\{f(t)\} = \int_{0}^{\infty} f(t) \cos(yt)\,dt, \qquad F_S\{f(t)\} = \int_{0}^{\infty} f(t) \sin(yt)\,dt. \tag{5.5}$$

Diese drei Transformationen lassen sich durch einfache **Umrechnungsformeln** ineinander überführen. Es ist:

$$F(y) = F\{f(t)\} = F_C\{f(t) + f(-t)\} - jF_S\{f(t) - f(-t)\}, \tag{5.6}$$

$$F_C(y) = \frac{1}{2} F\{f(|t|)\}, \qquad F_S(y) = \frac{j}{2} F\{f(|t|) \operatorname{sign} t\}. \tag{5.7}$$

(5.6) und (5.7) folgen aus Umrechnungen der Definitionen, so ist z. B. wieder mit der Substitution $t = -\tau$ im ersten Integral

$$\frac{1}{2}F\{f(|t|)\} = \frac{1}{2}\int_{-\infty}^{\infty} e^{-jyt}f(|t|)\,dt = \frac{1}{2}\int_{-\infty}^{0} + \frac{1}{2}\int_{0}^{\infty}$$

$$= \frac{1}{2}\int_{0}^{\infty} (e^{jyt} + e^{-jyt})\,f(t)\,dt = \int_{0}^{\infty} f(t)\cos(yt)\,dt.$$

Für a) gerade Funktionen $f(t) = f(-t)$ und b) ungerade Funktionen $f(t) = -f(-t)$ vereinfacht sich (5.6) zu (siehe Beispiel 5.3)

a) $F(y) = F_C\{f(t) + f(t)\} = 2F_C(y),$ (5.6a)

b) $F(y) = -jF_S\{f(t) + f(t)\} = -2jF_S(y).$ (5.6b)

Beispiel 5.5: Für $f(t) = \dfrac{\sin at}{t}$ wird die Fourier-Transformierte $F(y)$ bestimmt. $f(t)$ ist gerade, deshalb gilt nach (5.6a):

$$F(y) = 2F_C(y) = 2\int_{0}^{\infty} \frac{\sin at}{t}\cos(yt)\,dt = 2\int_{0}^{\infty} \frac{\sin(a+y)\,t + \sin(a-y)t}{t}\,dt.$$

Aus [T 1], S. 67, entnimmt man $I = \displaystyle\int_{0}^{\infty} \frac{\sin \alpha t}{t}\,dt$ und bestimmt damit $F(y)$; es ist

$$I = \begin{cases} \pi/2, & \alpha > 0, \\ 0, & \alpha = 0, \\ -\pi/2, & \alpha < 0, \end{cases} \quad F(y) = F\left\{\frac{\sin at}{t}\right\} = \begin{cases} \pi, & -a < y < a, \\ \dfrac{\pi}{2}, & y = \pm a, \\ 0, & y < -a,\ a < y. \end{cases}$$

5.1.3. Fourier- und Laplace-Transformation

Die Fourier-Transformation (5.1) hängt eng mit der Laplace-Transformation (2.1) zusammen. In der folgenden Übersicht werden die beiden Transformationen stichwortartig verglichen.

Fourier-Transformation	Laplace-Transformation
$F(y) = F\{f(t)\} = \int_{-\infty}^{\infty} e^{-jyt}f(t)\,dt$	$F(p) = L\{f(t), p\} = \int_{0}^{\infty} e^{-pt}f(t)\,dt$ [1])
Einfacher: y reell	Komplizierter: p komplex
Einfacher: Nur ein Verschiebungssatz (5.14)	Komplizierter: Zwei verschiedene Verschiebungssätze (2.14), (2.15)
Intervall: $-\infty < t < \infty$	Intervall: $0 \leqq t < \infty$
Differentiationssatz (5.18) enthält keine Anfangswerte	Differentiationssatz (2.24) enthält Anfangswerte
Schlechter: Konvergenz von (5.1) hängt allein von $f(t)$ ab	Besser: Konvergenz von (2.1) wird durch Faktor e^{-pt} verbessert

[1]) Die neue Bezeichnung ist nötig, weil in der Schreibweise $L\{f(t)\}$ die Abhängigkeit von p nicht zum Ausdruck kommt.

Aus der letzten Zeile der Übersicht folgt, daß jede Fourier-transformierbare Funktion auch Laplace-transformierbar ist und nicht umgekehrt, d.h., bei Benutzen der Laplace-Transformation zur Lösung eines bestimmten Problems werden für $t \geqq 0$ mehr, aber für $t \leqq 0$ weniger Funktionen $f(t)$ berücksichtigt. Folgende zwei Fälle lassen sich unterscheiden:

1. *$f(t) \equiv 0$ für $t < 0$:* Dann ist

$$F(y) = F\{f(t)\} = \int_0^\infty e^{-jyt} f(t)\,dt = L\{f(t),\quad p = jy\}, \tag{5.8}$$

d.h., die Fourier-Transformierte entsteht aus der Laplace-Transformierten einfach durch die Spezialisierung $p = jy$ (p wird auf die imaginäre Achse $\operatorname{Re} p = 0$ eingeschränkt).

2. *$f(t)$ ist für $t < 0$ beliebig definiert:* Dann ist

$$F(y) = F\{f(t)\} = \int_{-\infty}^{\infty} e^{-jyt} f(t)\,dt = \int_{-\infty}^{0} + \int_0^\infty = \int_0^\infty e^{jyt} f(-t)\,dt + \int_0^\infty e^{-jyt} f(t)\,dt$$

$$= L\{f(-t),\quad p = -jy\} + L\{f(t),\quad p = jy\}. \tag{5.9}$$

Dabei wurde wieder im ersten Integral $t = -\tau$ gesetzt. Damit ist die Fourier-Transformierte als Summe zweier Laplace-Transformierten (falls diese existieren) dargestellt. (5.8) ist in (5.9) enthalten.

Für a) gerade Funktionen $f(t) = f(-t)$ und b) ungerade Funktionen $f(t) = -f(-t)$ vereinfacht sich (5.9) zu

$$\text{a)}\quad F(y) = L\{f(t),\quad p = jy\} + L\{f(t),\quad p = -jy\}, \tag{5.9a}$$

$$\text{b)}\quad F(y) = L\{f(t),\quad p = jy\} - L\{f(t),\quad p = -jy\}. \tag{5.9b}$$

Beispiel 5.6: Für $f(t) = e^{-t^2/4}$ wird die Fourier-Transformierte $F(y)$ bestimmt. $f(t)$ ist eine gerade Funktion, deshalb gilt nach (5.9a), (T 53, Tabelle 1) und der Definition der Fehlerfunktion (S. 8):

$$F(y) = \sqrt{\pi}\, e^{(jy)^2} \operatorname{erf} c(jy) + \sqrt{\pi}\, e^{(-jy)} \operatorname{erf} c(-jy)$$

$$= \sqrt{\pi}\, e^{-y^2} (2 - \operatorname{erf}(jy) - \operatorname{erf}(-jy)) = 2\sqrt{\pi}\, e^{-y^2}.$$

Dies läßt sich auch leicht durch direkte Rechnung bestätigen.

5.1.4. Aufgaben: Bestimmung von Fourier-Transformierten

Aufgabe 5.1: Mit (5.1) bestimme man $F\{e^{-a|t|} \operatorname{sign} t\}$, $\operatorname{Re} a > 0$. *

Aufgabe 5.2: Für $f(t)$ aus (T 87, Tabelle 1) mit $f(-t) = f(t)$ bestimme man $F(y)$ a) mit der Definition (5.1) und b) mit (5.9a) und (T 87). *

Aufgabe 5.3: Man beweise die Umrechnungsformeln *

$$\text{a)}\quad F_C(y) = F_C\{f(t)\} = \tfrac{1}{2} L\{f(t),\quad p = jy\} + \tfrac{1}{2} L\{f(t),\quad p = -jy\};$$

$$\text{b)}\quad F_S(y) = F_S\{f(t)\} = \frac{j}{2} L\{f(t),\quad p = jy\} - \frac{j}{2} L\{f(t),\quad p = -jy\}.$$

* *Aufgabe 5.4:* Mit (5.6a) und [T 1], S. 68, bestimme man $F(y)$ für

$$\text{a) } f(t) = \frac{1}{1+t^2}; \quad \text{b) } f(t) = \frac{1}{\sqrt{|t|}}, \quad t \neq 0.$$

* *Aufgabe 5.5:* Man bestimme die Fourier-Transformierte $G(y)$ von $f(at)\,\mathrm{e}^{\mathrm{j}bt}$, falls $F(y) = F\{f(t)\}$ bekannt ist; $a > 0$.

5.2. Umkehrung der Fourier-Transformation

Bei der Umkehrung der Fourier-Transformation ist die Bildfunktion $F(y)$ gegeben und eine zugehörige Originalfunktion $f(t)$ gesucht; diese wird bei der Lösung von Funktionalgleichungen benötigt. Für die **Rücktransformation** verwendet man die Bezeichnung

$$F^{-1}\{F(y)\} = f(t). \tag{5.10}$$

Die einfachste Möglichkeit ist das Benutzen der Tabelle 2 oder [T 3]. Es gibt keine einfachen Korrespondenzen ganzer Klassen von Funktionen wie bei der Laplace-Transformation (z.B. für rationale Bildfunktionen).

Es gibt verschiedene hinreichende Sätze über die Umkehrung der Fourier-Transformation, der einfachste davon ist der

S.5.2 **Satz 5.2:** *Existiert* $\int\limits_{-\infty}^{\infty} |f(t)|\,\mathrm{d}t$ *und ist* $f(t)$ *von beschränkter Variation*[1]) *in einer Umgebung von* t, *so gilt dort*

$$\frac{1}{2}(f(t+0) + f(t-0)) = \frac{1}{2\pi}\int\limits_{-\infty}^{\infty} \mathrm{e}^{\mathrm{j}yt} F(y)\,\mathrm{d}y. \tag{5.11}$$

$f(t+0)$ und $f(t-0)$ bezeichnen wie üblich rechts- und linksseitigen Grenzwert von $f(t)$ an der Stelle t; bei Stetigkeit ist bekanntlich $f(t+0) = f(t-0)$ und links in (5.11) steht einfach $f(t)$. Das Integral in (5.11) ist wie bei (5.1) als Cauchyscher Hauptwert zu verstehen. Bis auf den Faktor $\frac{1}{2\pi}$ und die Ersetzung von $-\mathrm{j}$ durch j stimmt (5.11) mit (5.1) überein. Ein Beweis ist in [6], S. 200, zu finden. Es sei bemerkt, daß Satz 2.11 eine unmittelbare Folgerung aus Satz 5.2 ist.

Aus Satz 5.2 folgt über die **Eindeutigkeit** der Umkehrung noch: Genügen $f_1(t)$ und $f_2(t)$ für alle t den Voraussetzungen von Satz 5.2 und ist $F_1(y) \equiv F_2(y)$, so ist auch $f_1(t) \equiv f_2(t)$, wenn an den Unstetigkeitsstellen stets der Mittelwert aus den einseitigen Grenzwerten als Funktionswert von $f_1(t)$ und $f_2(t)$ definiert ist.

Ist $f(t)$ nicht von beschränkter Variation, so gilt der

[1]) Beschränkte Variation: Siehe Fußnote in 2.4.4.

Satz 5.3: *Existiert* $\int\limits_{-\infty}^{\infty} |f(t)|\,\mathrm{d}t$, *so ist immer* S.5.3

$$\int\limits_0^t f(\tau)\,\mathrm{d}\tau = \frac{1}{2\pi}\int\limits_{-\infty}^{\infty}\frac{1}{\mathrm{j}y}(\mathrm{e}^{\mathrm{j}yt}-1)\,F(y)\,\mathrm{d}y. \tag{5.12}$$

(5.12) entsteht aus (5.11) durch formale Integration nach t, ein Beweis des Satzes ist in [6], S. 204, zu finden. Bei der Voraussetzung des Satzes 5.3 folgt aus $F_1(y) \equiv F_2(y)$ nur [vgl. (4.1)]

$$\int\limits_0^t f_1(\tau)\,\mathrm{d}\tau = \int\limits_0^t f_2(\tau)\,\mathrm{d}\tau.$$

5.3. Rechenregeln der Fourier-Transformation

5.3.1. Zusammenstellung der Rechenregeln

Zur Anwendung einer Transformation werden Rechenregeln, d.h. die Abbildung gewisser Operationen im Originalbereich auf andere Operationen im Bildbereich, benötigt. Sind

$$F(y) = F\{f(t)\}, \qquad G(y) = F\{g(t)\},$$

zwei Fourier-Transformierte, so gelten die folgenden Regeln:

Additionssatz: *Für* $\alpha, \beta \in \mathsf{K}$ *gilt*

$$F\{\alpha f(t) + \beta g(t)\} = \alpha F(y) + \beta G(y). \tag{5.13}$$

Verschiebungssatz: *Für* $a \neq 0$ *und reell,* $b \in \mathsf{K}$, *gilt*

$$F\{f(at+b)\} = \frac{1}{a}\,\mathrm{e}^{\mathrm{j}by/a}F\left(\frac{y}{a}\right). \tag{5.14}$$

Dämpfungssatz: *Für* $a > 0$ *und* $b \in \mathsf{K}$ *ist*

$$F\{\mathrm{e}^{\mathrm{j}bt}f(at)\} = \frac{1}{a}F\left(\frac{y-b}{a}\right). \tag{5.15}$$

Faltungssatz: *Existieren die Integrale*

$$\int\limits_{-\infty}^{\infty}|f(t)|\,\mathrm{d}t, \qquad \int\limits_{-\infty}^{\infty}|f(t)|^2\,\mathrm{d}t, \qquad \int\limits_{-\infty}^{\infty}|g(t)|\,\mathrm{d}t, \qquad \int\limits_{-\infty}^{\infty}|g(t)|^2\,\mathrm{d}t,$$

so existieren auch die Faltung[1] $a(t) = \int\limits_{-\infty}^{\infty} f(t-\tau)\,g(\tau)\,\mathrm{d}\tau$ *und ihre Fourier-Transformierte* $A(y) = F\{a(t)\}$, *und es gilt*

$$F\{a(t)\} = F\left\{\int\limits_{-\infty}^{\infty} f(t-\tau)\,g(\tau)\,\mathrm{d}\tau\right\} = F(y)\,G(y) = A(y). \tag{5.16}$$

[1]) Hier ist die Faltung anders als in (2.18) definiert, aber es ist die gleiche Schreibweise $a(t) = f(t) * g(t)$ üblich.

Integrationssatz: *Wenn* $\int\limits_{-\infty}^{\infty} f(t)\,\mathrm{d}t = 0$ *ist, dann gilt*

$$F\left\{\int\limits_{-\infty}^{t} f(\tau)\,\mathrm{d}\tau\right\} = \frac{1}{\mathrm{j}y}\,F(y). \tag{5.17}$$

Differentiationssatz: *Ist* $f^{(n)}(t)$ *Fourier-transformierbar und streben* $f(t), f'(t), \dots, f^{(n-1)}(t)$ *gegen null für* $t \to \pm\infty$, *so ist*

$$F\{f^{(n)}(t)\} = (\mathrm{j}y)^n F(y), \qquad n \in \mathbb{N}. \tag{5.18}$$

Multiplikationssatz: *Ist* $t^n f(t)$ *Fourier-transformierbar, so ist*

$$F\{t^n f(t)\} = \mathrm{j}^n F^{(n)}(y), \qquad n \in \mathbb{N}. \tag{5.19}$$

Parsevalsche Gleichung: Existieren die Integrale

$$\int\limits_{-\infty}^{\infty} |f(t)|\,\mathrm{d}t, \qquad \int\limits_{-\infty}^{\infty} |f(t)|^2\,\mathrm{d}t,$$

so gilt mit $F(y) = F\{f(t)\}$ die Gleichung

$$\int\limits_{-\infty}^{\infty} |f(t)|^2\,\mathrm{d}t = \frac{1}{2\pi}\int\limits_{-\infty}^{\infty} |F(y)|^2\,\mathrm{d}y. \tag{5.19a}$$

Die Regeln (5.13), (5.14) und (5.15) folgen unmittelbar durch Variablentransformation im Integral (5.1) [(5.15) siehe auch Aufgabe 5.5]. (5.17) und (5.18) folgen durch partielle Integration aus (5.1), die angegebenen Bedingungen bewirken gerade das Verschwinden der ausintegrierten Bestandteile. Beweise von (5.16) bzw. (5.19) findet man in [6], S. 251, bzw. in [11], S. 527. Gleichung (5.19a) ist in [6], S. 247–248, bewiesen.

5.3.2. Beispiele zur Anwendung der Rechenregeln

Beispiel 5.7: Unter Verwendung von (5.13), (5.15), (5.19) und $F\left\{\frac{1}{1+t^2}\right\} = \pi\,\mathrm{e}^{-|y|}$ (Aufgabe 5.4a) wird $F\left\{\frac{1}{a-\mathrm{j}t}\right\}$, $a > 0$, bestimmt. Es ist

$$\frac{1}{a-\mathrm{j}t} = \frac{a+\mathrm{j}t}{a^2+t^2} = \frac{1}{a}\,\frac{1}{1+(t/a)^2} + \frac{\mathrm{j}}{a^2}\,\frac{t}{1+(t/a)^2}.$$

(5.15) mit $b = 0$, $\frac{1}{a}$ anstelle a und (5.19) für $n = 1$ ergeben

$$F\left\{\frac{1}{a-\mathrm{j}t}\right\} = \frac{1}{a}\,a\pi\,\mathrm{e}^{-a|y|} + \frac{\mathrm{j}}{a^2}\,\mathrm{j}(a\pi\,\mathrm{e}^{-a|y|})' = \pi\left(\mathrm{e}^{-a|y|} - \frac{1}{a}\,(\mathrm{e}^{-a|y|})'\right).$$

Für $y > 0$ ist $|y| = y$, für $y < 0$ ist $|y| = -y$; führt man nun die Differentiation aus, so erhält man

$$F\left\{\frac{1}{a\mathrm{j}-t}\right\} = 2\pi\,\mathrm{e}^{-ay} \quad \text{für} \quad y > 0, \quad F\left\{\frac{1}{a\mathrm{j}-t}\right\} \equiv 0 \quad \text{für} \quad y < 0.$$

Für die Fourier-Transformierten von $f_1(t) = f(at) \cos bt$ und $f_2(t) = f(at) \sin bt$, $a > 0$, lassen sich aus (5.15) zwei einfache Formeln ermitteln. Es ist nach (5.15)

$$F\{f(at)\,\mathrm{e}^{\mathrm{j}bt}\} = \frac{1}{a} F\left(\frac{y-b}{a}\right), \quad F\{f(at)\,\mathrm{e}^{-\mathrm{j}bt}\} = \frac{1}{a} F\left(\frac{y+b}{a}\right).$$

Addiert man beide Beziehungen bzw. subtrahiert sie voneinander, so ergeben sich wegen

$$\frac{1}{2}(\mathrm{e}^{\mathrm{j}bt} + \mathrm{e}^{-\mathrm{j}bt}) = \cos bt, \quad \frac{1}{2\mathrm{j}}(\mathrm{e}^{\mathrm{j}bt} - \mathrm{e}^{-\mathrm{j}bt}) = \sin bt$$

die gesuchten Transformierten $F_1(y)$ und $F_2(y)$ als

$$F_1(y) = \frac{1}{2a}\left(F\left(\frac{y-b}{a}\right) + F\left(\frac{y+b}{a}\right)\right),$$

$$F_2(y) = \frac{1}{2\mathrm{j}a}\left(F\left(\frac{y-b}{a}\right) - F\left(\frac{y+b}{a}\right)\right). \tag{5.20}$$

Beispiel 5.8: Die Transformierten $F_1(y)$ und $F_2(y)$ für $f_1(t) = \mathrm{e}^{-a|t|} \cos bt$, $f_2(t) = \mathrm{e}^{-a|t|} \sin bt$, $a > 0$, werden mit (5.20) bestimmt. Aus (5.3) folgt

$$F_1 = \frac{4a(a^2 + b^2 + y^2)}{N}, \quad F_2 = -\frac{8aby}{N}, \quad N = (a^2 + b^2)^2 + 2(a^2 - b^2)\,y^2 + y^4.$$

5.3.3. Aufgaben: Anwendung der Rechenregeln

Aufgabe 5.6: Man bestimme mit $A \neq 0$ und reell sowie $B \in K$ *

$$G(y) = F\left\{\frac{\sin(At + B)}{At + B}\right\}.$$

Aufgabe 5.7: Man berechne die Faltung $a(t)$ und ihre Fourier-Transformierte $A(y)$ für $f(t) = g(t) = \mathrm{e}^{-|t|}$. *

Aufgabe 5.8: Analog Beispiel 5.7 bestimme man $F\left\{\dfrac{1}{a + \mathrm{j}t}\right\}$, $a > 0$. *

Aufgabe 5.9: a) Man beweise den Integrationssatz (5.17)! b) Folgt aus der Gültigkeit von (5.17), daß $\int\limits_{-\infty}^{\infty} f(t)\,\mathrm{d}t = 0$ ist? *

Aufgabe 5.10: Mit Beispiel 5.5 und (5.20) bestimme man die Fourier-Transformierte von $\dfrac{1}{t} \sin at \cos bt$, $0 < a < b$. *

5.4. Anwendung der Fourier-Transformation

5.4.1. Lösung einer partiellen Differentialgleichung

Das Prinzip bei der Lösung von Funktionalgleichungen mittels Fourier-Transformation entspricht dem in Bild 3.1 dargestellten Prinzip. Die Fourier-Transformation ist besonders geeignet zur Lösung von Anfangs- und Randwertaufgaben bei partiellen Differentialgleichungen (siehe auch Abschnitt 3.3.), wobei die Gebiete in der x, t-Ebene der erste Quadrant oder die obere Halbebene sind.

Beispiel 5.9: Für die Wellengleichung ist mit $a = a(x, t)$ das folgende Anfangswertproblem (siehe auch Beispiel 3.25) zu lösen:

$$a_{xx} - a_{tt} = 0, \quad a(0, x) = f(x), \quad a_t(0, x) = g(x), \quad 0 < t < \infty, \quad -\infty < x < \infty.$$

Fourier-Transformation bezüglich der Ortskoordinate x (nicht der Zeitkoordinate t!) ergibt mit $A(y, t) = F\{a(x, t)\}$, (5.18) und bei transformierbaren $f(x)$ und $g(x)$ im Bildbereich ein Anfangswertproblem für eine gewöhnliche Differentialgleichung bezüglich t mit dem Parameter y:

$$y^2 A + A_{tt} = 0, \quad A(y, 0) = F(y), \quad A_t(y, 0) = G(y).$$

Mit dem Lösungsansatz $A = e^{\alpha t}$ ergibt sich $y^2 + \alpha^2 = 0$ mit den Nullstellen $\alpha_1 = jy$, $\alpha_2 = -jy$. In der allgemeinen Lösung

$$A(y, t) = C_1(y)\, e^{jyt} + C_2(y)\, e^{-jyt}$$

bestimmt man $C_1(y)$ und $C_2(y)$ aus den Anfangswerten $A(y, 0)$ und $A_t(y, 0)$, wodurch man im Bildbereich

$$A(y, t) = \frac{1}{2}\left(F(y) + \frac{1}{jy}\, G(y)\right) e^{jyt} + \frac{1}{2}\left(F(y) - \frac{1}{jy}\, G(y)\right) e^{-jyt}$$

erhält. Verschiebungs- und Integrationssatz (5.14), (5.17) ergeben

$$a(x, t) = \tfrac{1}{2}(f(x + t) + f(x - t)) + \int\limits_{x-t}^{x+t} g(\tau)\, d\tau.$$

Die Einsetzprobe ist erfüllt, so daß $a(x, t)$ tatsächlich die Lösung ist.

Beispiel 5.10: Für die Wärmeleitungsgleichung ist mit $a = a(x, t)$ das folgende Anfangswertproblem (siehe auch Beispiel 3.26) zu lösen:

$$a_{xx} - a_t = 0, \quad a(x, 0) = f(x), \quad -\infty < x < \infty, \quad 0 < t < \infty.$$

Fourier-Transformation bezüglich x mit (5.18) und $A(y, t) = F\{a(x, t)\}$ ergibt im Bildbereich

$$y^2 A + A_t = 0, \quad A(y, 0) = F(y).$$

Der Ansatz $A = e^{\alpha t}$ ergibt $\alpha = -y^2$. Aus der allgemeinen Lösung $A(y, t) = C(y)\, e^{-y^2 t}$ folgt $A(y, 0) = C(y) = F(y)$, also ist $A(y, t) = F(y)\, e^{-y^2 t}$. Der Faltungssatz (5.16) und Formel (T 7) ergeben als Originalfunktion

$$a(x, t) = \frac{1}{2\sqrt{\pi t}} \int\limits_{-\infty}^{\infty} f(\tau)\, e^{-(x-\tau)^2/4t}\, d\tau = \frac{1}{\sqrt{\pi}} \int\limits_{-\infty}^{\infty} f(2\sqrt{t}\,\sigma + x)\, e^{-\sigma^2}\, d\sigma.$$

Das Integral wurde durch die Substitution $\dfrac{x - \tau}{2\sqrt{t}} = \sigma$ umgeformt. Die Einsetzprobe bestätigt das Ergebnis.

Die Fourier-Transformation läßt sich auch zur Berechnung vieler uneigentlicher Integrale, zur Lösung von gewissen Integralgleichungen und bei der Untersuchung von höheren transzendenten Funktionen benutzen.

5.4.2. Abtasttheorem

Bei der Fourier-Transformation läßt sich analog wie bei der Laplace-Transformation (s. 3.1.2. c) und d); (4.3.3.) die Diracsche Delta-Funktion $\delta(t)$ einbeziehen. Die Zusammenhänge (3.23) bis (3.26) bleiben bestehen, und es ist

$$F\{\delta(t - t_0)\} = e^{-jyt_0}. \qquad (5.21)$$

In der Informationstheorie, wo $f(t)$ ein Signal und $F(y)$ das zugehörige Frequenzspektrum bei der Frequenz y bedeuten (siehe 2.1.2.), wird mittels $\delta(t)$ ein wichtiger Zusammenhang zwischen der für reelle t definierten Funktion $f(t)$ und ihren diskreten

Funktionswerten $f(nT)$ $(n = 0, \pm 1, \ldots$; Abtastwerte, siehe auch 6.1.1.) hergestellt. Dazu wird die Operation „Abtastung A" eingeführt gemäß

$$A(f(t)) = f(t)\, T \sum_{n=-\infty}^{\infty} \delta(t - nT), \tag{5.22}$$

$$F\{A(f(t))\} = T \sum_{n=-\infty}^{\infty} f(nT)\, \mathrm{e}^{-\mathrm{j}ynT}. \tag{5.23}$$

Bei vorgegebener Funktion $f(t)$ ist die Abgetastete $A(f(t))$ eindeutig bestimmt; die Umkehrung gilt i. allg. natürlich nicht. Der folgende Satz 5.4 (Abtasttheorem) beinhaltet unter einer technisch gut deutbaren Voraussetzung an $F(y) = F\{f(t)\}$ gerade diese Umkehrung.

Satz 5.4: *Gilt für die Bildfunktion* $F(y)$ **S.5.4**

$$F(y) \equiv 0 \quad \textit{für } |y| > b, \tag{5.24}$$

so läßt sich die Originalfunktion $f(t)$ *darstellen in der Form*

$$f(t) = \frac{T}{\pi} \sum_{n=-\infty}^{\infty} f(nT) \frac{\sin b(t - nT)}{t - nT}. \tag{5.25}$$

Beweis: Aus (5.11) und den Bemerkungen nach Satz 5.2 folgt

$$f(t) = \frac{1}{2\pi} \int_{-\infty}^{\infty} \mathrm{e}^{\mathrm{j}yt} F(y)\, \mathrm{d}y = \frac{1}{2\pi} \int_{-b}^{b} \mathrm{e}^{\mathrm{j}yt} F(y)\, \mathrm{d}y. \tag{5.26}$$

Wird $t = nT$ gesetzt und gilt $b \leqq \pi/T$ (T fest, $n = 0, \pm 1, \ldots$), so ergibt sich daraus

$$f(nT) = \frac{1}{2\pi} \int_{-\pi/T}^{\pi/T} \mathrm{e}^{\mathrm{j}ynT} F(y)\, \mathrm{d}y.$$

Die Konstanten $f(nT)$ sind die (in komplexer Form geschriebenen) Fourierkoeffizienten c_{-n} der mit dem Intervall $-\pi/T \leqq y \leqq \pi/T$ periodischen Funktion $\frac{1}{T}F(y)$ ([B 3], 5.6.). Die Darstellung (5.23) ist somit die Fourierreihe von $\frac{1}{T}F(y)$. Setzt man diese Darstellung in (5.26) ein, so folgt nach einfachen Umformungen die Formel (5.25).

Diese Formel (5.25) kann unter Beachtung von (5.22), (5.23) und der Faltung (5.16) in der einfachen Gestalt $f(t) = A(f(t)) * \frac{\sin bt}{\pi t}$ geschrieben werden.

Satz 5.4 heißt Abtasttheorem, weil durch (5.25) die Funktion $f(t)$ durch ihre Abtastwerte $f(nT)$ dargestellt ist. Dabei muß unbedingt (5.24) und $b \leqq \pi/T$ beachtet werden. Ein analoges Theorem existiert für $F(y)$, falls $f(t) \equiv 0$ für $|t| > a$ angenommen wird.

Das Abtasttheorem spielt in der Informationstheorie und Nachrichtentechnik eine große Rolle, da die Bedingung (5.24) praktisch immer erfüllt ist und damit Signale $f(t)$ in Form ihrer Abtastwerte $f(nT)$ dargestellt, übertragen und verarbeitet werden können. In diesem Zusammenhang läßt sich das Abtasttheorem folgendermaßen interpretieren: Das Signal $f(t)$ läßt sich bei frequenzbandbegrenzten Signalspektrum $F(y)$ aus den abgetasteten Werten $f(nT)$ zusammensetzen. Die Abtastperiode ist $T = \pi/b$.

6. Z-Transformation

Die Behandlung von zeitlich diskret ablaufenden Vorgängen in der Technik wird in neuerer Zeit konsequent mit einer diskreten Transformation durchgeführt, wobei sich auch in der technischen Literatur immer mehr die Z-Transformation durchsetzt. Solche Vorgänge werden insbesondere in der Systemtheorie, der Elektrotechnik und der Regelungstechnik betrachtet.

Nach einigen Bemerkungen über diskrete Funktionen und der Definition der Z-Transformation werden in 6.3. bis 6.5. die wichtigsten Eigenschaften und Rechenregeln zusammengestellt. In 6.6. und 6.8. werden die Lösung von Differenzengleichungen als eindrucksvollstes Anwendungsgebiet der Z-Transformation und Anwendungen dazu behandelt. Die Abschnitte 6.7. und 6.9. ergänzen und stellen Zusammenhänge her. Tabelle 3 im Anhang enthält Korrespondenzen der Z-Transformation.

6.1. Diskrete Funktionen

6.1.1. Deutung diskreter Funktionen

Ist die Funktion $f(t)$, $0 \leqq t < \infty$, nur für diskrete (äquidistante) Argumente $t = nT$, $n = 0, 1, 2, \ldots$, interessant oder bekannt, so kann $f(nT) = f_n$ gesetzt und die Folge $\{f_n\}$ gebildet werden (Bild 6.1 a). Folgen $\{f_n\}$ und nur für diskrete Argumente definierte Funktionen (diskrete Funktionen) $f(nT)$ entsprechen einander.

Eine solche Folge $\{f_n\}$ kann z. B. entstanden sein durch „Abtastung" einer Funktion $f(t)$ in den diskreten Zeitpunkten $t = nT$ (Bild 6.1 b). Die ursprüngliche Funktion kann dann in der Form $f(t) = f(nT + \Delta t)$, $0 \leqq \Delta t < T$, dargestellt und $f(nT + \Delta t) = f_n(\Delta t)$ gesetzt werden. Δt läßt sich als Parameter der Folge $\{f_n(\Delta t)\}$ auffassen. Bei $f_n(\Delta t) = f_n(0) = f_n$, $0 \leqq \Delta t < T$, erhält man als besonders einfache Funktionen $f(t)$ Treppenfunktionen (Bild 6.1 c).

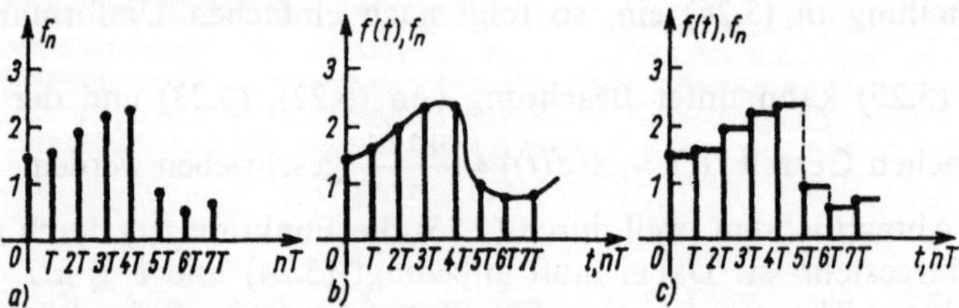

Bild 6.1 a. Darstellung einer Folge $\{f_n\}$
Bild 6.1 b. $\{f_n\}$ als „Abtastung" von $f(t)$
Bild 6.1 c. $\{f_n\}$ und zugehörige Treppenfunktion

Für das folgende wird meist $T = 1$ gesetzt (d. h. $f(n) = f_n$), was mit der Substitution $\bar{t} = t/T$ immer erreicht werden kann. Folgen $\{f_n\}$ oder die damit äquivalenten diskreten Funktionen $f(n)$ sind die der Z-Transformation zugrunde liegenden mathematischen Objekte. Hier wird die Folgenschreibweise bevorzugt. Ferner ist zu beachten, daß keine Konvergenz der Folgen $\{f_n\}$ für $n \to \infty$ verlangt wird.

6.1.2. Rechnen mit diskreten Funktionen

Folgen $\{f_n\}$ (oder diskrete Funktionen) werden gliedweise verglichen, addiert, subtrahiert und mit Faktoren multipliziert. Die gliedweise Multiplikation zweier Folgen ist ebenfalls möglich, aber von untergeordneter Bedeutung.

Wichtiger ist die als **Faltung**[1])[2]) bezeichnete Operation der Folgen $\{f_n\}$ und $\{g_n\}$, sie wird mit einem $*$ geschrieben und ist definiert durch

$$f_n * g_n = \sum_{\nu=0}^{n} f_\nu g_{n-\nu}. \tag{6.1}$$

Die Summe der ersten $n + 1$ Folgenglieder (Teilsummenfolge) kann man mit $g_n \equiv 1$ für alle n in (6.1) darstellen als

$$\sum_{\nu=0}^{n} f_\nu = f_n * 1. \tag{6.2}$$

Beispiel 6.1: Für $f_n = g_n = n$ ist

$$f_n * g_n = \sum_{\nu=0}^{n} \nu(n-\nu) = n\sum_{\nu=0}^{n} \nu - \sum_{\nu=0}^{n} \nu^2 = n\frac{n(n+1)}{2} - \frac{n(n+1)(2n+1)}{6}$$

$$= \frac{1}{6}(n-1)\,n(n+1).$$

Als Differenz 1. Ordnung bezeichnet man den Ausdruck

$$\Delta f_n = f_{n+1} - f_n, \quad n \in \mathrm{N};$$

analog definiert man **Differenzen k-ter Ordnung** durch

$$\Delta^k f_n = \Delta^{k-1} f_{n+1} - \Delta^{k-1} f_n, \qquad \Delta^1 f_n = \Delta f_n, \; n \in \mathrm{N}. \tag{6.3}$$

Beispiel 6.2: Für die Binomialkoeffizienten $\binom{n}{k}$, $k \in \mathrm{N}$, k fest mit $k \leqq n$, gilt bekanntlich die Gleichung

$$\binom{n+1}{k} = \binom{n}{k-1} + \binom{n}{k}.$$

Daraus folgt für die Differenzen $\Delta^\nu f_n$ im Beispiel

$$\Delta f_n = f_{n+1} - f_n = \binom{n+1}{k} - \binom{n}{k} = \binom{n}{k-1},$$

$$\Delta^2 f_n = \Delta f_{n+1} - \Delta f_n = \binom{n+1}{k-1} - \binom{n}{k-1} = \binom{n}{k-2}, \ldots$$

$$\Delta^\nu f_n = \Delta^{\nu-1} f_{n+1} - \Delta^{\nu-1} f_n = \binom{n+1}{k-\nu+1} - \binom{n}{k-\nu+1} = \binom{n}{k-\nu}$$

für $\nu \leqq k$. Also ist z.B. $\Delta^\nu f_0 = 0$ für $\nu < k$, $\Delta^k f_n = 1$ und $\Delta^\nu f_n = 0$ für $\nu > k$.

[1]) Schreibt man die Folgenglieder f_ν und g_ν für $0 \leqq \nu \leqq n$ hintereinander auf einen Papierstreifen und faltet diesen in der Mitte, so kommen gerade f_ν und $g_{n-\nu}$ übereinander.

[2]) Man beachte, daß die Faltung (6.1) für Folgen nicht mit der Faltung (2.18) der zugehörigen Treppenfunktionen identisch ist (Zusammenhang siehe Abschnitt 6.9.).

Differenz und Summe von diskreten Funktionen $f(n) = f_n$ haben ähnliche Bedeutung und Anwendung wie Ableitung und bestimmtes Integral einer Funktion $f(t)$ (siehe Bild 6.2). Sie sind die wichtigsten Operationen in einer Differenzengleichung.

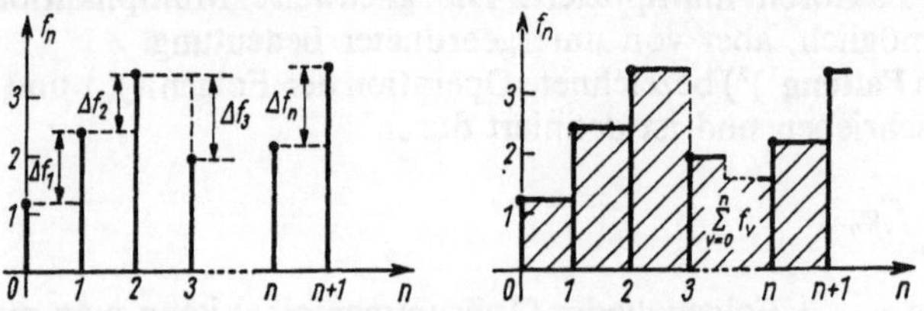

Bild 6.2. Differenz und Summe einer diskreten Funktion

In der Technik kommen oft **periodische diskrete Funktionen** vor. Ist die Periode $k \in \mathrm{N}$, $k > 0$, so gilt:

$$f_{n+k} = f_n \quad \text{oder} \quad f(n+k) = f(n). \tag{6.4}$$

In Bild 6.3 ist die periodische Funktion $f_{n+6} = f_n$ mit $f_0 = f_1 = f_2 = 1$, $f_3 = f_4 = f_5 = -1$ dargestellt.

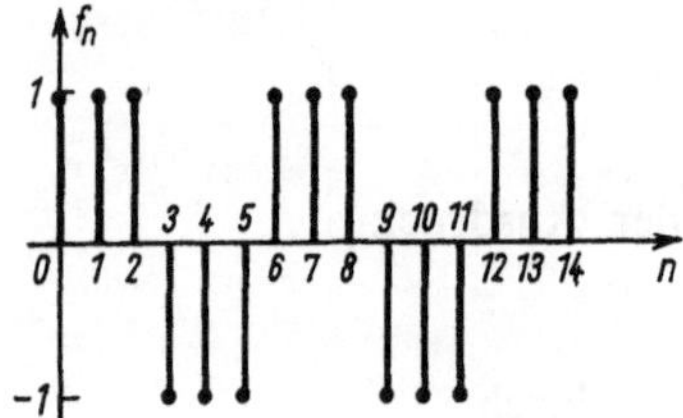

Bild 6.3. Periodische diskrete Funktion $f_0 = f_1 = f_2 = 1$, $f_3 = f_4 = f_5 = -1$, $f_{n+6} = f_n$

6.1.3. Eine Differenzengleichung

Differenzengleichungen werden in 6.6. und 6.8. ausführlich behandelt und gelöst. Hier wird die Aufstellung einer solchen Gleichung an einem technischen Beispiel erläutert.

Gegeben ist eine elektrische Schaltung, dargestellt in Bild 6.4. In den Zeitintervallen $n \leqq t < n + \varepsilon$ liegt der Schalter S in Stellung 1, d.h., die Gleichspannungsquelle u_0 lädt den Kondensator C über den Widerstand R_1 auf; in den Zeitintervallen $n + \varepsilon \leqq t < n + 1$ liegt der Schalter S in Stellung 2, d.h., der Kondensator C entlädt sich über den Widerstand R_2; es ist $0 < \varepsilon < 1$, $n = 1, 2, 3, \ldots$ ([16], § 1.4).

Gesucht ist die Spannung $u(t)$ am Kondensator in den diskreten Zeitpunkten $t = n$.

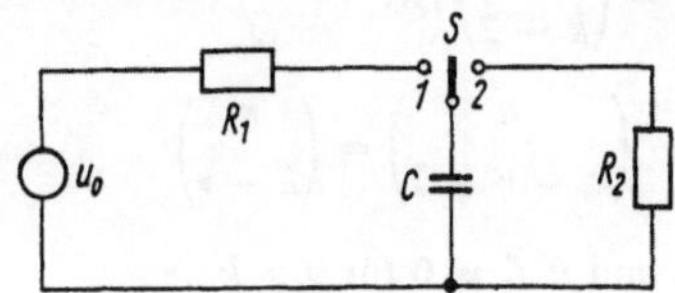

Bild 6.4. Elektrische Schaltung

Wie bekannt, genügt die Schaltung den Differentialgleichungen

$$R_1 C u'(t) + u(t) = u_0 \quad \text{für } n \leqq t < n + \varepsilon,$$
$$R_2 C u'(t) + u(t) = 0 \quad \text{für } n + \varepsilon \leqq t < n + 1.$$

Setzt man $\alpha = \frac{1}{R_1C}$, $\beta = \frac{1}{R_2C}$, so lauten ihre Lösungen ([B 7/1], 3.3.4. u. 3.3.6.)

$$u(t) = u_0 + A_n\,e^{-\alpha t}, \quad n \leqq t < n + \varepsilon; \quad u(t) = B_n\,e^{-\beta t}, \; n + \varepsilon \leqq t < n + 1.$$

Für $t = n$ ist $u(t) = u(n) = u_n$, damit kann A_n geschrieben werden als $A_n = (u_n - u_0)e^{\alpha n}$. Für $t = n + \varepsilon$ muß $u(t)$ aus physikalischen Gründen stetig sein, daher ergibt sich B_n aus

$$u_0 + A_n\,e^{-\alpha(n+\varepsilon)} = B_n\,e^{-\beta(n+\varepsilon)}.$$

Für $t \to n + 1 - 0$ folgt schließlich $u_{n+1} = B_n e^{-\beta(n+1)}$ oder nach Einsetzen von B_n

$$u_{n+1} - e^{-\alpha\varepsilon-\beta(1-\varepsilon)}u_n = u_0(1 - e^{-\alpha\varepsilon})\,e^{-\beta(1-\varepsilon)}. \qquad (6.5)$$

Diese Differenzengleichung für die gesuchte Spannung u_n wird in 6.8., Beispiel 6.18, weiter untersucht.

6.2. Definition der Z-Transformation

Die Z-Transformation wird hier als eine Transformation von Folgen $\{f_n\}$, $n = 0, 1, \ldots$, eingeführt. Ihr enger Zusammenhang mit der Laplace-Transformation ist in Abschnitt 6.9. dargestellt (s. auch [T 1], S. 649ff).

Definition 6.1: *Der Folge $\{f_n\}$ wird die unendliche Reihe* D.6.1

$$F(z) = \sum_{n=0}^{\infty} f_n z^{-n} \qquad (6.6)$$

zugeordnet, falls diese Reihe konvergiert. Diese Zuordnung heißt **Z-Transformation** *und wird bezeichnet durch*

$$F(z) = Z\{f_n\}\ ^{1)}. \qquad (6.7)$$

Eine Folge $\{f_n\}$, für die die Reihe (6.6) konvergiert, heißt Z-transformierbar; $\{f_n\}$ heißt Originalfolge, $F(z)$ heißt Bildfunktion. z ist eine komplexe Veränderliche und damit als Punkt in der Gaußschen Zahlenebene (z-Ebene) deutbar; $F(z)$ ist eine komplexwertige Funktion.

Eine mögliche Deutung der Z-Transformierten $F(z)$ ergibt sich aus 6.1.1.: $F(z)$ ist die Reihensumme der durch z^n dividierten Abtastwerte f_n von $f(t)$.

Beispiel 6.3: Für $f_n = 1$ für alle n ist

$$F(z) = Z\{1\} = \sum_{n=0}^{\infty} z^{-n} = \frac{z}{z-1}. \qquad (6.8)$$

[1]) Die sonst übliche Bezeichnung $F^*(z)$ wird hier nicht verwendet.

Die entstandene Reihe ist eine geometrische Reihe in z^{-1}. Ihr Konvergenzverhalten und ihre Reihensumme sind wohlbekannt, es gilt:

Die Reihe (6.8) konvergiert für $|z^{-1}| < 1$ gegen die Reihensumme $\frac{z}{z-1}$, sie divergiert für $|z^{-1}| > 1$. Die Bildfunktion ist analytisch ([B 9], Abschnitt 5.2.) in der gesamten z-Ebene mit Ausnahme des Punktes $z = 1$. Oder: Das Konvergenzgebiet $|z| > 1$ ist das Äußere und das Divergenzgebiet $|z| < 1$ das Innere des Einheitskreises $|z| = 1$ in der z-Ebene.

Beispiel 6.4: Die Folge $\{f_n\}$, $f_n = n^n$, ist nicht Z-transformierbar, denn für die Potenzreihe (6.6) in z^{-1} erhält man bei der Bestimmung des Konvergenzradius mit dem Wurzelkriterium ([B 3], 2.4.3.)

$$\sqrt[n]{n^n |z^{-1}|^n} = n\,|z^{-1}| \to \infty \quad \text{für} \quad n \to \infty, \quad z \neq 0,$$

woraus die Divergenz der Reihe (6.6) folgt ([B 3], Kap. 3).

Beispiel 6.5: Für $f_n = e^{an}$, $a \in K$, gilt analog Beispiel 6.1

$$F(z) = Z\{e^{an}\} = \sum_{n=0}^{\infty} e^{an} z^{-n} = \sum_{n=0}^{\infty} (z/e^a)^{-n} = \frac{z}{z - e^a} \tag{6.9}$$

für $|z| > |e^a|$. Die Bildfunktion $F(z)$ ist analytisch in der ganzen z-Ebene mit Ausnahme des Punktes $z = e^a$.

Weitere Beispiele zur Bestimmung von $F(z)$ bei gegebener Folge $\{f_n\}$ sind in Abschnitt 6.4. zu finden. In Tabelle 3 (siehe Anhang) sind 50 Folgen und ihre Bildfunktionen zusammengestellt.

6.3. Wichtige Eigenschaften der Z-Transformation

6.3.1. Konvergenzgebiet der Bildfunktion F(z)

Die Bildfunktionen $F(z)$ sind Potenzreihen in der komplexen Veränderlichen z^{-1}. Das Konvergenzverhalten und das Rechnen mit Potenzreihen im Komplexen ist gut bekannt ([B 9], Kap. 5.); Eigenschaften und Rechenregeln der Z-Transformation werden hier konsequent mit diesen bekannten Ergebnissen begründet. Aus dem Satz von Abel folgt sofort der

S.6.1 **Satz 6.1:** *Für Z-transformierbare Folgen $\{f_n\}$ gibt es eine reelle Zahl R^{-1}, so daß die Reihe (6.6) absolut konvergiert für $|z| > R^{-1}$ und divergiert für $|z| < R^{-1}$. Für $|z| \geqq R_0^{-1} > R^{-1}$ ist die Reihe (6.6) sogar gleichmäßig konvergent.*

R ist der Konvergenzradius der Potenzreihe (6.6) in der Veränderlichen z^{-1}. R kann mit bekannten Kriterien (z.B. Wurzel- und Quotientenkriterium) oder nach der Cauchy-Hadamard-Formel[1]) bestimmt werden ([B 9], Kap. 5.). In Bild 6.5 ist die Aussage des Satzes 6.1 noch graphisch dargestellt.

[1]) Jacques Hadamard (1866–1963), französischer Mathematiker.

Konvergiert die Reihe (6.6) für alle $|z| > 0$, so setzt man $R^{-1} = 0$. Für nicht Z-transformierbare Folgen $\{f_n\}$ divergiert (6.6) für alle $|z| > 0$, und man setzt $R^{-1} = \infty$.

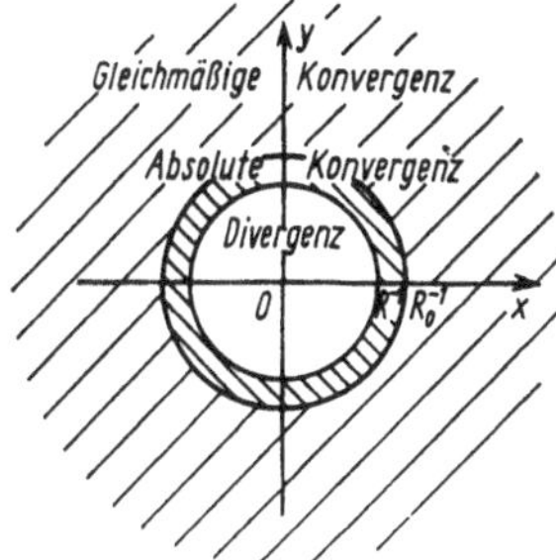

Bild 6.5. Konvergenz- und Divergenzgebiete einer Z-Transformierten in der ($z = x + jy$)-Ebene

In den Beispielen 6.3, 6.4 bzw. 6.5 wurde R^{-1} bereits bestimmt mit $R^{-1} = 1$, ∞ bzw. $|e^a|$.

6.3.2. Eineindeutigkeit der Z-Transformation

Der Eindeutigkeitssatz für Potenzreihen in einer komplexen Veränderlichen ergibt eine Aussage über die Art der Zuordnung der Folgen $\{f_n\}$ zu den Funktionen $F(z)$ und charakterisiert die Funktionen $F(z)$ genauer wie folgt:

Satz 6.2: *Ist $\{f_n\}$ Z-transformierbar für $|z| > R^{-1}$, so ist die zugehörige Bildfunktion* **S.6.2**
$F(z)$ eine analytische Funktion für $|z| > R^{-1}$ und die einzige Bildfunktion zu $\{f_n\}$.

Ist $F(z)$ eine analytische Funktion für $|z| > R^{-1}$, die auch für $z = \infty$ regulär[1]) *ist, so gibt es stets genau eine zugehörige Originalfolge $\{f_n\}$.*

Die Z-Transformation ordnet also den Folgen $\{f_n\}$ die für $|z| > R^{-1}$ einschließlich $z = \infty$ analytischen Funktionen $F(z)$ eineindeutig zu.

Führt man für die Umkehrung der Z-Transformation wie üblich die Schreibweise $Z^{-1}\{F(z)\} = \{f_n\}$ ein, so lassen sich die Ergebnisse der Beispiele 6.3 und 6.5 auch in der Form

$$Z^{-1}\left\{\frac{z}{z-1}\right\} = \{1\}, \qquad Z^{-1}\left\{\frac{z}{z-e^a}\right\} = \{e^{an}\}$$

schreiben. Diese Umkehrung wird in 6.5. weiter untersucht.

6.4. Rechenregeln der Z-Transformation

Vor der beabsichtigten Anwendung der Z-Transformation zur Lösung von Differenzengleichungen muß zunächst ein Fundus von Rechenregeln zusammengestellt werden.

---

[1]) $F(z)$ heißt regulär bei $z = \infty$, wenn $F(z)$ eine Potenzreihendarstellung der Form (6.6) besitzt und $F(\infty) = f_0$ gilt.

6.4.1. Zusammenstellung der Rechenregeln

Ist $F(z) = Z\{f_n\}$ für $|z| > R_1^{-1}$ und $G(z) = Z\{g_n\}$ für $|z| > R_2^{-1}$, so gelten bei den angegebenen (hinreichenden) Voraussetzungen folgende Regeln:

Additionssatz: $\alpha, \beta \in \mathsf{K}$; $|z| > \max(R_1^{-1}, R_2^{-1})$:

$$Z\{\alpha f_n + \beta g_n\} = \alpha F(z) + \beta G(z). \tag{6.10}$$

1. Verschiebungssatz: $k \in \mathsf{N}$, $f_{n-k} = 0$ *für* $n < k$; $|z| > R_1^{-1}$:

$$Z\{f_{n-k}\} = z^{-k} F(z). \tag{6.11}$$

2. Verschiebungssatz: $k \in \mathsf{N}$; $|z| > R_1^{-1}$:

$$Z\{f_{n+k}\} = z^k \left(F(z) - \sum_{\nu=0}^{k-1} f_\nu z^{-\nu}\right). \tag{6.12}$$

Dämpfungssatz: $\lambda \in \mathsf{K}$, $\lambda \neq 0$; $|z| > |\lambda|\, R_1^{-1}$:

$$Z = \{\lambda^n f_n\} = F\left(\frac{z}{\lambda}\right). \tag{6.13}$$

Summationssatz: $|z| > \max(1, R_1^{-1})$:

$$Z\left\{\sum_{\nu=0}^{n-1} f_\nu\right\} = \frac{F(z)}{z-1}. \tag{6.14}$$

Differenzensatz: $|z| > R_1^{-1}$:

$$Z\{\Delta f_n\} = (z-1)\, F(z) - z f_0. \tag{6.15}$$

Differenzensatz (allgemein): $k \in \mathsf{N}$; $|z| > R_1^{-1}$:

$$Z\{\Delta^k f_n\} = (z-1)^k F(z) - z \sum_{\nu=0}^{k-1} (z-1)^{k-\nu-1}\, \Delta^\nu f_0. \tag{6.16}$$

Faltungssatz: $|z| > \max(R_1^{-1}, R_2^{-1})$:

$$Z\{f_n * g_n\} = F(z) \cdot G(z). \tag{6.17}$$

Differentiationssatz: $|z| > R_1^{-1}$:

$$-zF'(z) = Z\{n f_n\}. \tag{6.18}$$

Integrationssatz: $f_0 = 0$; $|z| > R_1^{-1}$:

$$\int_z^\infty \frac{F(\zeta)\, \mathrm{d}\zeta}{\zeta} = Z\left\{\frac{f_n}{n}\right\}. \tag{6.19}$$

Regel (6.10) bringt die Linearität der Z-Transformation zum Ausdruck; sie läßt sich natürlich auf eine Linearkombination von endlich vielen Folgen verallgemeinern. Das Konvergenzgebiet beim Additions- und Faltungssatz kann größer sein als $|z| > \max(R_1^{-1}, R_2^{-1})$, z.B. gilt (6.10) bei $\alpha = \beta$ und $f_n = -g_n$ für $|z| > 0$.

Die Verschiebungssätze (6.11) und (6.12) beinhalten die Auswirkung einer Rückwärts- bzw. Vorwärtsverschiebung der Glieder einer gegebenen Folge $\{f_n\}$ (siehe auch Bild 6.6). Die Bezeichnung von (6.13) als Dämpfungssatz sieht man ein, wenn z.B. $\lambda = e^{-a}$, $a > 0$, ist.

Der Faltungssatz (6.17) spielt in der Anwendung der Z-Transformation eine große Rolle z.B. bei der Rücktransformation. Mit (6.18) lassen sich durch wiederholte Anwendung auch Ableitungen höherer Ordnung von $F(z)$ bestimmen.

Die Regeln (6.10) bis (6.16) folgen unmittelbar aus der Definition 6.1 der Z-Transformation. So ergibt sich z.B. (6.12) sofort aus der Umformung

$$Z\{f_{n+k}\} = \sum_{n=0}^{\infty} f_{n+k} z^{-n} = z^k \sum_{\nu=k}^{\infty} f_\nu z^{-\nu} = z^k\Big(F(z) - \sum_{\nu=0}^{k-1} f_\nu z^{-\nu}\Big),$$

wobei $n = \nu + k$ gesetzt und die Definition (6.6) benutzt wurde. (6.15) folgt aus (6.10) und (6.12) mit $k = 1$

$$Z\{\Delta f_n\} = Z\{f_{n+1}\} - Z\{f_n\} = z(F(z) - f_0) - F(z) = (z-1)\,F(z) - zf_0.$$

(6.17) bis (6.19) folgen aus der Tatsache, daß Potenzreihen im Inneren ihres Konvergenzgebietes wie Polynome multipliziert sowie gliedweise differenziert und integriert werden dürfen. Die entstehenden Reihen, deren Reihensummen bekannt sind, konvergieren mindestens in den angegebenen Gebieten ([B 9], Kap. 5.).

6.4.2. Beispiele zur Anwendung der Rechenregeln

Die folgenden Beispiele illustrieren die Regeln (6.10) bis (6.19) und ergeben gleichzeitig neue Korrespondenzen zwischen Folgen und Bildfunktionen.

Beispiel 6.6: $h_n = 0$ für gerade n und $h_n = 2$ für ungerade n (also $h_{2n} = 0$, $h_{2n+1} = 2$) kann man darstellen als

$$h_n = 1 - (-1)^n, \qquad n = 0, 1, 2, \ldots.$$

Setzt man $f_n \equiv 1$ und $g_n = (-1)^n$, so folgt aus (6.8) und (6.10) für $R_1 = R_2 = 1, \alpha = 1, \beta = -1$ und $|z| > 1$

$$Z\{h_n\} = \frac{z}{z-1} - \frac{z}{z+1} = \frac{2z}{z^2-1}. \tag{6.20}$$

Beispiel 6.7: Für $f_n = e^{an}$, $a \in K$, wird $Z\{f_{n-k}\}$ und $Z\{f_{n+k}\}$ bestimmt. Die Folgen sind für $a = \frac{-1}{10}$ in Bild 6.6 dargestellt. (6.9) und (6.11) ergeben für $|z| > |e^a|$

$$F_1(z) = Z\{f_{n-k}\} = \frac{z^{1-k}}{z - e^a},$$

(6.9) und (6.12) ergeben zusammen mit der Summenformel der endlichen geometrischen Reihe für $|z| > |e^a|$

$$F_2(z) = Z\{f_{n+k}\} = z^k\Big(\frac{z}{z-e^a} - \sum_{\nu=0}^{k-1} e^{a\nu} z^{-\nu}\Big) = \frac{z e^{ka}}{z - e^a}.$$

Beispiel 6.8: Es soll $Z\{e^{an}\sin bn\}$ bestimmt werden. Für

$$f_n = \sin bn = \frac{1}{2j}(e^{jbn} - e^{-jbn})$$

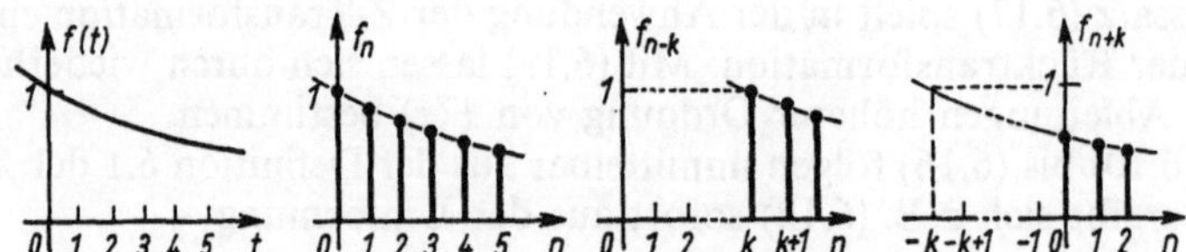

Bild 6.6. Funktion $f(t) = e^{-t/10}$, Folgen $\{f_n\}$, $\{f_{n-k}\}$ und $\{f_{n+k}\}$ mit $f_n = e^{-n/10}$

erhält man aus (6.9), (6.10) und den Eulerschen Formeln

$$Z\{f_n\} = \frac{1}{2j}\left(\frac{z}{z - e^{jb}} - \frac{z}{z - e^{-jb}}\right) = \frac{z \sin b}{z^2 - 2z\cos b + 1} \tag{6.21}$$

für $|z| > 1$ wegen $|e^{jb}| = |e^{-jb}| = 1$. Daraus folgt mit $\lambda = e^a$ nach (6.13) durch Erweitern mit e^{2a} für $|z| > |e^a|$

$$Z\{e^{an}\sin bn\} = \frac{z\,e^a \sin b}{z^2 - 2z\,e^a\cos b + e^{2a}}. \tag{6.22}$$

Beispiel 6.9: Für $f_n = \sin bn$ ist $Z\{f_n\}$ nach (6.21) bekannt, daraus folgt nach (6.14) für $|z| > 1$

$$Z\left\{\sum_{\nu=0}^{n-1} \sin b\nu\right\} = \frac{z}{z-1}\,\frac{\sin b}{z^2 - 2z\cos b + 1}.$$

Beispiel 6.10: Für $f_n = \left\{\binom{n}{k}\right\}$, $k \in \mathbb{N}$, k fest mit $k \leqq n$, soll $F(z) = Z\{f_n\}$ bestimmt werden. Aus Beispiel 6.2 ist $\Delta^\nu f_0 = 0$ für $\nu < k$ und $\Delta^k f_n = 1$ bekannt. Dies in (6.16) eingesetzt, ergibt zusammen mit (6.8) für $|z| > 1$

$$Z\{\Delta^k f_n\} = Z\{1\} = \frac{z}{z-1} = (z-1)^k F(z) \quad \text{oder}$$

$$F(z) = Z\left\{\binom{n}{k}\right\} = \frac{z}{(z-1)^{k+1}}. \tag{6.23}$$

Beispiel 6.11: Für die Folge $\{h_n\}$ aus Beispiel 6.6 ist $R = 1$ und $h_0 = 0$. Durch Anwendung von (6.18) und (6.19) ergeben sich neue Folgen und ihre Bildfunktionen. Es ist für $|z| > 1$

$$-zF'(z) = 2z\,\frac{z^2 + 1}{(z^2 - 1)^2} = Z\{nh_n\} = Z\{k_n\},$$

$$\int_z^\infty \frac{F(\zeta)\,d\zeta}{\zeta} = \int_z^\infty \frac{2\,d\zeta}{\zeta^2 - 1} = \ln\frac{z-1}{z+1} = Z\{h_n/n\} = Z\{l_n\}$$

mit $k_{2n} = 0$, $k_{2n+1} = 2(2n+1)$ und $l_{2n} = 0$, $l_{2n+1} = \dfrac{2}{2n+1}$.

6.4.3. Aufgaben: Bestimmung von Bildfunktionen

Aufgabe 6.1: Man bestimme $F(z) = Z\{n^k\}$ für $k = 1, 2, 3$; wie kann $F(z)$ für beliebiges $k \in \mathbb{N}$ bestimmt werden? *

Aufgabe 6.2: Man bestimme $F(z) = Z\{n^k a^n\}$ für $k = 0, 1, 2$; $a \in \mathbb{K}$; wie kann $F(z)$ für beliebiges $k \in \mathbb{N}$ bestimmt werden? *

Aufgabe 6.3: Man bestimme $F(z) = Z\{a^n \sinh bn\}$! *

Aufgabe 6.4: Gegeben sei eine periodische Funktion (siehe (6.4)) mit der Periode k. *
a) Man bestimme ihre Bildfunktion durch die ersten k Folgenglieder.
b) Man benutze das Ergebnis zur Bestimmung von $F(z)$ für die in Bild 6.3 gegebene Funktion.

Aufgabe 6.5: Für $f_n = n^3$ bestimme man $F(z) = Z\left\{\sum_{\nu=0}^{n-1} \nu^3\right\}$ und deute die Summenbildung geometrisch. *

6.5. Umkehrung der Z-Transformation

Bereits im Anschluß in Satz 6.2 wurde für die Umkehrung der Z-Transformation die Schreibweise

$$Z^{-1}\{F(z)\} = \{f_n\} \tag{6.24}$$

eingeführt. Jetzt kommt es darauf an, für gegebenes $F(z)$ die zugehörige eindeutig bestimmte Folge $\{f_n\}$ tatsächlich zu finden; diese Aufgabenstellung nennt man auch Rücktransformation. Es gibt dafür mehrere Möglichkeiten.

6.5.1. Möglichkeiten der Rücktransformation

Die einfachste Möglichkeit der Rücktransformation besteht in der **Benutzung der Tabelle 3.** Beispielsweise ist aus ihrer ersten Zeile die Beziehung

$$Z^{-1}\left\{\frac{z}{z-1}\right\} = \{1\} \quad \text{für} \quad |z| > 1$$

zu entnehmen (siehe auch Beispiel 6.3). Selbstverständlich können in einer Tabelle nicht alle möglichen Korrespondenzen aufgeführt werden.

Tabellen benutzt man auch dann, wenn die Funktion $F(z)$ nicht unmittelbar vorkommt. Man kann nämlich versuchen, die Funktion $F(z)$ durch **Umformung** und Anwendung der Regeln (6.10) bis (6.19) in Funktionen zu zerlegen, die wieder in einer Tabelle zu finden sind. Dazu ist natürlich eine gewisse Vertrautheit mit der Z-Transformation nötig. Gute Dienste leisten in diesem Sinn die Partialbruchzerlegung rationaler Funktionen, der Verschiebungssatz (6.11) und der Faltungssatz (6.17).

Beispiel 6.12: Gesucht ist die Originalfolge der Bildfunktion

$$F(z) = \frac{z^2}{(z - e^a)(z - e^b)}; \quad a, b \in \mathbb{K}.$$

Wegen (6.9) und dem Faltungssatz (6.17) ist für $|z| > \max(|e^a|, |e^b|)$

$$f_n = \sum_{\nu=0}^{n} e^{a\nu} e^{b(n-\nu)} = e^{bn} \sum_{\nu=0}^{n} e^{(a-b)\nu}.$$

Mit Hilfe der Summenformel der endlichen geometrischen Reihe folgt hieraus

$$f_n = \frac{e^{b(n+1)} - e^{a(n+1)}}{e^b - e^a} \quad \text{für} \quad a \neq b, \quad f_n = (n+1)\, e^{an} \quad \text{für} \quad a = b. \tag{6.25}$$

Wegen der Definition 6.1 gelingt eine Rücktransformation auch sofort, wenn für $F(z)$ eine Reihenentwicklung in z^{-1} bekannt ist bzw. sich leicht gewinnen läßt.

Beispiel 6.13: $F(z) = e^{1/z}$ läßt sich bekanntlich für $|z| > 0$ als Reihe in z^{-1} darstellen, die Reihenkoeffizienten bilden die Folge $\{f_n\}$:

$$F(z) = \sum_{n=0}^{\infty} \frac{1}{n!} z^{-n}, \quad Z^{-1}\{F(z)\} = \left\{\frac{1}{n!}\right\}. \tag{6.26}$$

Ist die Reihenentwicklung von $F(z)$ nach Potenzen von z^{-1} nicht bekannt, so können ihre Koeffizienten bestimmt werden als die Koeffizienten der Taylor-Entwicklung[1]) von $F\left(\frac{1}{z}\right)$ ([B 9], Kap. 3). Das ergibt den

S.6.3 **Satz 6.3:** *Ist $F(z)$ für $|z| > R^{-1}$ einschließlich $z = \infty$ analytisch, so hat die zugehörige Originalfolge $Z^{-1}\{F(z)\} = \{f_n\}$ die Glieder*

$$f_n = \frac{1}{n!} \frac{d^n}{dz^n} F\left(\frac{1}{z}\right)\bigg|_{z=0}; \quad n = 0, 1, \ldots \tag{6.27}$$

Zur Illustration von (6.27) wird für $F(z) = \dfrac{z}{z-1}$, $|z| > 1$, das aus Beispiel 6.3 bekannte Ergebnis verifiziert. Es ist

$$F\left(\frac{1}{z}\right) = \frac{1}{1-z}, \quad f_n = \frac{1}{n!} \frac{d^n}{dz^n}\left(\frac{1}{1-z}\right)\bigg|_{z=0}$$

$$= \frac{1}{n!} \frac{n!}{(1-z)^{n+1}}\bigg|_{z=0} = 1.$$

6.5.2. Aufgaben: Bestimmung von Originalfolgen

* *Aufgabe 6.6:* Durch Partialbruchzerlegung von $\dfrac{F(z)}{z}$ bestimme man

$$Z^{-1}\{F(z)\} = Z^{-1}\left\{\frac{z}{z^2+1}\right\}, |z| > 1.$$

* *Aufgabe 6.7:* Wie 6.6, aber jetzt mit

$$F(z) = \frac{z^2}{z^2-1}, \quad |z| > 1.$$

---

[1]) Brook Taylor (1665–1731), englischer Mathematiker.

Aufgabe 6.8: Mit dem Faltungssatz (6.17) bestimme man *

$$Z^{-1}\left\{\frac{z^2}{(z-1)^4}\right\}, \quad |z| > 1.$$

Aufgabe 6.9: Unter Benutzen der Reihenentwicklung für die Sinus-Funktion ermittle man *

$$Z^{-1}\left\{\sqrt{z}\sin\frac{1}{\sqrt{z}}\right\}, \quad |z| > 0.$$

Aufgabe 6.10: Mit dem Satz 6.3 bestimme man *

$$Z^{-1}\left\{\ln\frac{z}{z-1}\right\}, \quad |z| > 1.$$

6.6. Lineare Differenzengleichungen

Viele diskrete ökonomische und technische Vorgänge lassen sich durch eine Differenzengleichung beschreiben (siehe auch Abschnitt 6.1.3.), so wie sich viele kontinuierliche Vorgänge durch Differentialgleichungen beschreiben lassen. Dabei ist in der Regel die Zeit t in diskreten Zeitpunkten die unabhängige Veränderliche, und es liegt ein linearer Zusammenhang vor.

6.6.1. Lösungsprinzip für Differenzengleichungen

Eine lineare Differenzengleichung k-ter Ordnung mit konstanten (d.h. von n unabhängigen) Koeffizienten hat die Form

$$a_0 y_n + a_1 y_{n+1} + \cdots + a_k y_{n+k} = f_n. \tag{6.28}$$

Dabei ist $k \in \mathbb{N}$, $a_i \in \mathbb{K}$, $a_0 \neq 0$, $a_k \neq 0$. Die Folge $\{f_n\}$ ist gegeben und die Folge $\{y_n\}$ ist gesucht.

(6.28) ist eine Rekursionsformel, weil für $n = 0, 1, 2, \ldots$ sich nacheinander (rekursiv) $y_k, y_{k+1}, \ldots$ ergeben. Man sieht, daß die Folge $\{y_n\}$ erst dann eindeutig bestimmt ist, wenn noch die sogenannten Anfangswerte $y_0, \ldots, y_{k-1}$ vorgegeben sind. Bei $f_n = 0$ für alle n heißt (6.28) homogen, sonst inhomogen. y_n und f_n können noch von einem Parameter abhängen wie in Abschnitt 6.1.1.

Die Z-Transformation ist ein geeignetes Hilfsmittel, um die Lösungen von (6.28) zu erhalten. Ihre Anwendung beruht auf folgendem Prinzip (Bild 6.7):

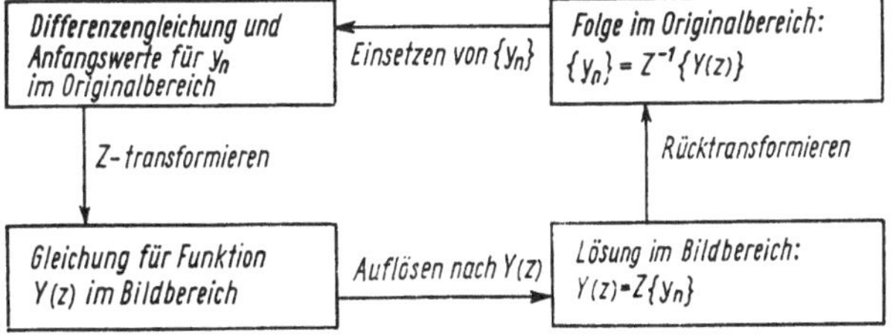

Bild 6.7. Lösungsprinzip für Differenzengleichungen

Lösungsprinzip: (6.28) *wird Z-transformiert insbesondere unter Verwendung des Verschiebungssatzes* (6.12); *die im Bildbereich entstehende algebraische Gleichung wird nach* $Y(z) = Z\{y_n\}$ *aufgelöst und danach* $\{y_n\} = Z^{-1}\{Y(z)\}$ *nach Tabelle 3 oder Abschnitt 6.5. bestimmt.*

Bei diesem Vorgehen findet man natürlich nur transformierbare Lösungen $\{y_n\}$.

Besonders vorteilhaft ist dieses Prinzip anzuwenden, wenn die zu gegebenen Anfangswerten gehörige Lösung gesucht ist, weil die Anfangswerte $y_0, \ldots, y_{k-1}$ wegen (6.12) direkt in die Bildgleichung eingehen.

6.6.2. Beispiele zur Lösung von Differenzengleichungen

Beispiel 6.14: y_n wird bestimmt aus dem Anfangswertproblem

$$y_{n+1} - y_n = 10n, \quad y_0 = 1.$$

(6.12) und (6.23), jeweils für $k = 1$, ergeben für $Y(z) = Z\{y_n\}$ im Bildbereich die algebraische Gleichung

$$z(Y(z) - 1) - Y(z) = \frac{10z}{(z-1)^2} \quad \text{oder umgeformt} \quad Y(z) = \frac{10z}{(z-1)^3} + \frac{z}{z-1}.$$

Die Rücktransformation geschieht durch (6.23) für $k = 2$ und (6.8), sie ergibt die Lösung

$$\{y_n\} = Z^{-1}\{Y(z)\} = \left\{10\binom{n}{2} + 1\right\} = \{5n(n-1) + 1\}. \tag{6.29}$$

Auch Differenzengleichungen für Funktionen $f(t)$, $0 \leqq t < \infty$, sind lösbar mit der Z-Transformation; dazu sind die Betrachtungen in 6.1.1. zu beachten. Ein Beispiel möge dies illustrieren.

Beispiel 6.15: Man bestimme $y(t)$, $0 \leqq t < \infty$, aus dem Anfangswertproblem

$$y(t+1) - y(t) = 10t, \quad y(t) = 1 + t \quad \text{für} \quad 0 \leqq t < 1.$$

Wie in 6.1.1. setzt man $t = n + \Delta t$, $y(n + \Delta t) = y_n(\Delta t)$, $f(n + \Delta t) = f_n(\Delta t) = 10\,(n + \Delta t)$ mit $0 \leqq \Delta t < 1$ und erhält

$$y_{n+1}(\Delta t) - y_n(\Delta t) = 10\,(n + \Delta t), \quad y_0(\Delta t) = 1 + \Delta t.$$

(6.12), (6.23) und (6.8) ergeben für $Y(z, \Delta t) = Z\{y_n(\Delta t)\}$

$$z(Y(z,\Delta t) - 1 - \Delta t) - Y(z,\Delta t) = \frac{10z}{(z-1)^2} + \frac{10z\,\Delta t}{z-1},$$

$$Y(z,\Delta t) = \frac{10z}{(z-1)^3} + \frac{z}{z-1} + \frac{10z\,\Delta t}{(z-1)^2} + \frac{z\,\Delta t}{z-1}.$$

(6.29), (6.23) und (6.8) ergeben

$$y_n(\Delta t) = 5n(n-1) + 1 + 10n\,\Delta t + \Delta t, \quad \text{d.h.}$$

$$y(t) \;= 5n(n-1) + 1 + (10n + 1)(t - n) \quad \text{für} \quad n \leqq t < n + 1.$$

In der Technik spielt insbesondere die Lösung der Gleichung (6.28) für verschiedene rechte Seiten f_n und verschwindende Anfangswerte, d.h. $y_0 = \cdots = y_{k-1} = 0$, eine Rolle. Die Gleichung im Bildbereich nimmt hier die Gestalt

$$a_0 Y(z) + a_1 z Y(z) + \cdots + a_k z^k Y(z) = F(z)$$

an. Setzt man $P(z) = a_0 + a_1 z + \cdots + a_k z^k$, so ist $Y(z) = F(z)/P(z)$. Der Term $Q(z) = \dfrac{1}{P(z)}$ heißt *z-Übertragungsfaktor* (auch Puls-Übertragungsfunktion); er ist eine rationale Funktion in z und kann durch Partialbruchzerlegung rücktransformiert werden. Wegen (6.17) ist dann

$$y_n = f_n * q_n, \quad \{q_n\} = Z^{-1}\{Q(z)\}. \tag{6.30}$$

Beispiel 6.16: Das Anfangswertproblem

$$y_{n+3} - y_{n+2} - y_{n+1} + y_n = f_n, \quad y_0 = y_1 = y_2 = 0,$$

soll für beliebige (transformierbare) Folgen $\{f_n\}$ gelöst werden. Z-Transformation ergibt

$$z^3 Y - z^2 Y - zY + Y = F(z), \quad \text{also} \quad P(z) = z^3 - z^2 - z + 1 = (z+1)(z-1)^2.$$

Die Partialbruchzerlegung von $Q(z) = \dfrac{1}{P(z)}$ lautet

$$Q(z) = \frac{1}{4}\frac{1}{z+1} - \frac{1}{4}\frac{1}{z-1} + \frac{1}{2}\frac{1}{(z-1)^2}.$$

Die Übersetzung der einzelnen Summanden erfolgt nach Erweitern mit z durch (6.9), (6.8), (6.23) und (6.11) und ergibt

$$q_0 = 0, \quad q_n = \tfrac{1}{4}(-1)^{n-1} - \tfrac{1}{4} + \tfrac{1}{2}(n-1) = \tfrac{1}{4}(2n + (-1)^{n-1} - 3) \quad \text{für} \quad n \geqq 1.$$

Somit ergibt sich als Lösung des Anfangswertproblems für eine beliebige Folge $\{f_n\}$ nach (6.30)

$$y_n = f_n * q_n = \sum_{\nu=0}^{n} q_\nu f_{n-\nu}.$$

Ist nun z.B. $f_n = 0$ für $n \neq k$, $f_k = 1$ (Einzelimpuls zur Zeit $t = k$), so ist

$$y_n = \begin{cases} 0 & \text{für} \quad n < k, \\ q_{n-k} & \text{für} \quad n \geqq k. \end{cases}$$

Oder ist z.B. $f_n \equiv 1$ für alle n (Impulse zu den Zeitpunkten $t = n$), so gilt unter Beachtung üblicher Summenformeln

$$y_n = \sum_{\nu=0}^{n} q_\nu = \frac{1}{4}\left(n(n+1) + \frac{1-(-1)^n}{2} - 3n\right).$$

6.7. Weitere Eigenschaften der Z-Transformation

In Ergänzung zu Abschnitt 6.3. werden einige weitere Eigenschaften der Z-Transformation zusammengestellt, die im folgenden Abschnitt angewendet werden.

S.6.4 **Satz 6.4:** *Eine Folge $\{f_n\}$ ist genau dann Z-transformierbar, wenn es (von n unabhängige) Konstanten A, B und n_0 gibt mit $|f_n| < Ae^{Bn}, n \geqq n_0$.*

Dieser Satz charakterisiert die Menge der Z-transformierbaren Folgen vollständig durch eine einfache Schrankenbeziehung. Für die Folge $f_n = n^n$ (Beispiel 6.4) gibt es solche Konstanten nicht.

Zwischen gewissen Grenzwerten der Folge $\{f_n\}$ und der analytischen Funktion $F(z) = Z\{f_n\}$ bestehen Zusammenhänge ähnlich wie bei der Laplace-Transformation. Das ergibt drei Sätze, deren Nutzen darin besteht, aus Eigenschaften der Bildfunktion $F(z)$ auf Eigenschaften der Folge $\{f_n\}$ schließen zu können, ohne diese explizit berechnen zu müssen. Satz 6.5 bzw. 6.6 heißen Anfangs- bzw. Endwertsatz (Beweise in [16], S. 77–78).

S.6.5 **Satz 6.5:** *Es ist* $f_0 = \lim\limits_{z \to \infty} F(z)$.

S.6.6 **Satz 6.6:** *Wenn* $\lim\limits_{n \to \infty} f_n$ *existiert* (für $R > 1$ stets der Fall), *so ist*

$$\lim_{n \to \infty} f_n = \lim_{z \to 1+0} (z-1)\, F(z).$$

S.6.7 **Satz 6.7:** *Ist die Reihe* $\sum\limits_{n=0}^{\infty} f_n$ *konvergent* (für $R > 1$ stets der Fall), *so ist*

$$\sum_{n=0}^{\infty} f_n = \lim_{z \to 1+0} F(z).$$

Der Grenzübergang $z \to 1 + 0$ bedeutet, daß z von rechts auf der reellen Achse der z-Ebene gegen 1 strebt, folglich muß für $F(z)$ der Konvergenzradius $R^{-1} \leqq 1$ sein.

Beispiel 6.17: Obige Grenzwerte sollen für die Bildfunktion

$$F(z) = \frac{z^2}{(z - e^a)(z - e^b)}, \quad a, b \in K, \quad R^{-1} = \max(|e^a|, |e^b|),$$

aus Beispiel 6.12 bestimmt werden.

$\lim\limits_{z \to \infty} F(z) = 1 = f_0$ gilt ohne weitere Einschränkung. $z \to 1 + 0$ ist aber nur im Fall $R^{-1} \leqq 1$ möglich, d.h. bei $|e^a| = e^{\operatorname{Re} a} \leqq 1$ und $|e^b| = e^{\operatorname{Re} b} \leqq 1$ oder $\operatorname{Re} a \leqq 0$ und $\operatorname{Re} b \leqq 0$. Dann gilt:

$$\lim_{z \to 1+0} (z-1)\, F(z) = \begin{cases} 0 & \text{für } \operatorname{Re} a < 0,\ \operatorname{Re} b < 0, \\ 1/(1 - e^b) & \text{für } a = 0,\quad \operatorname{Re} b < 0, \\ 1/(1 - e^a) & \text{für } \operatorname{Re} a < 0,\ b = 0. \end{cases}$$

Für $a = b = 0$ existiert dieser Grenzwert nicht.

$$\lim_{z \to 1+0} F(z) = \frac{1}{(1 - e^a)(1 - e^b)} \quad \text{für } \operatorname{Re} a < 0, \quad \operatorname{Re} b < 0.$$

Für $a = 0$ und/oder $b = 0$ existiert dieser Grenzwert nicht.

Folglich sind im Beispiel f_0, $\lim\limits_{n \to \infty} f_n$ (Existenz vorausgesetzt) und $\sum\limits_{n=0}^{\infty} f_n$ (Konvergenz vorausgesetzt) bestimmt worden, ohne die explizite Darstellung der Folge $\{f_n\}$ zu benutzen.

6.8. Verschiedene Anwendungen

Hier kann nur an einigen Beispielen die Anwendung der Z-Transformation angedeutet werden, in der angeführten Literatur findet man viele weitere Beispiele. Anwendungen in der Elektrotechnik, der Ökonomie, der Ersatztheorie und der Reihenlehre werden betrachtet; Beispiel 6.21 ist ein Randwertproblem. In der numerischen Mathematik spielen Differenzengleichungen eine große Rolle bei der näherungsweisen Lösung von Differentialgleichungen.

6.8.1. Beispiele

Beispiel 6.18: Die Differenzengleichung (6.5)

$$u_{n+1} + a_0 u_n = f, \quad a_0 = -e^{-\alpha\varepsilon-\beta(1-\varepsilon)}, \quad f = u_0(1 - e^{-\alpha\varepsilon})\, e^{-\beta(1-\varepsilon)},$$

zur Bestimmung der Kondensatorspannung u_n der Schaltung in Bild 6.4 in den diskreten Zeitpunkten $t = n$ ist eine lineare Differenzengleichung erster Ordnung mit konstanten Koeffizienten $a_1 = 1$ und a_0, mit konstanter rechter Seite f und gegebenem Anfangswert u_0. Z-Transformation mit $U(z) = Z\{u_n\}$ ergibt

$$z(U(z) - u_0) + a_0 U(z) = \frac{fz}{z-1}, \quad U(z) = \frac{fz}{(z-1)(z+a_0)} + \frac{u_0 z}{z+a_0}.$$

Rücktransformation nach (6.25) mit $a = 0$, $b = \ln(-a_0)$, (6.11) sowie (T 6)[1]) ergibt für $n \geqq 0$

$$u_n = f\,\frac{1-(-a_0)^n}{1+a_0} + u_0(-a_0)^n.$$

Interessiert man sich nur für $\lim\limits_{n\to\infty} u_n$, so erhält man diesen Wert, dessen Existenz sich leicht nachweisen läßt, direkt aus $U(z)$ nach Satz 6.6:

$$\lim_{n\to\infty} u_n = \lim_{z\to 1+0} (z-1)\, U(z) = \lim_{z\to 1+0}\left(\frac{fz}{z+a_0} + \frac{u_0 z(z-1)}{z+a_0}\right) = \frac{f}{1+a_0}.$$

Beispiel 6.19: Die Zinsberechnung eines Guthabens k_n soll zu den Zeitpunkten $t = n$ (z.B. am 15. eines jeden Monats) mit dem Zinssatz ε erfolgen; Einzahlungen e_n werden immer zum nächsten Zinsberechnungstermin gutgeschrieben. Dann gilt offenbar zur Bestimmung von k_n die Differenzengleichung

$$k_{n+1} = (1+\varepsilon)\, k_n + e_{n+1}, \quad k_0 = 0.$$

Wird eine stets gleichbleibende Einzahlung $e_n = e$ für alle Zeitpunkte $t = n$ vorgenommen, so erhält man mittels Z-Transformation mit $K(z) = Z\{k_n\}$

$$zK(z) = (1+\varepsilon)\, K(z) + \frac{ez}{z-1}, \quad K(z) = \frac{ez}{(z-1)(z-1-\varepsilon)}.$$

Rücktransformation nach (6.25) und (6.11) ergibt

$$k_n = \frac{e}{\varepsilon}\left((1+\varepsilon)^n - 1\right).$$

[1]) (T 6) bedeutet die Formel Nr. 6 in der Tabelle 3.

Beispiel 6.20: Mit Satz 6.7 läßt sich die Reihensumme einer konvergenten unendlichen Reihe bestimmen. Aus Aufgabe 6.9 folgt:

$$Z\left\{\frac{(-1)^n}{(2n+1)!}\right\} = \sqrt{z}\,\sin 1/\sqrt{z} \quad \text{für} \quad |z| > 0.$$

Wegen $R = 0$ ist

$$\sum_{n=0}^{\infty} \frac{(-1)^n}{(2n+1)!} = \lim_{z \to 1+0} \sqrt{z}\,\sin 1/\sqrt{z} = \sin 1 \approx 0{,}8415.$$

Beispiel 6.21: Randwertprobleme für Differenzengleichungen lassen sich ebenfalls mit der *Z*-Transformation lösen. Zu

$$y_{n+2} - y_{n+1} + y_n = 0, \quad y_0 = 0, \quad y_N = 1,$$

$N \geqq 1$ und fest, ergibt sich als Bildgleichung mit dem Parameter y_1:

$$z^2(Y - y_1 z^{-1}) - zY + Y = 0, \qquad Y = y_1 \frac{z}{z^2 - z + 1}.$$

Setzt man in (T 10) $b = \dfrac{\pi}{3}$, so ergibt sich zunächst

$$y_n = \frac{2y_1}{3} \sin \frac{\pi n}{3}.$$

Daraus folgt wegen der Randbedingung $y_N = 1$ sofort als Lösung

$$y_n = \sin \frac{\pi n}{3} \Big/ \sin \frac{\pi N}{3}.$$

Beispiel 6.22: Es wird ein spezielles Ersatzproblem durch eine Differenzengleichung beschrieben und gelöst.

Die Zeitachse wird in Intervalle $n \leqq t < n + 1$, $n \in \mathbb{N}$, eingeteilt (z.B. in Tage) und eine technische Anlage mit M Relais betrachtet. Jedes Relais funktioniert mit einer bekannten Wahrscheinlichkeit p_ν gerade ν Tage ($0 \leqq \nu \leqq k$, k fest); bei Ausfall eines Relais wird dieses am Ende des entsprechenden Zeitintervalls sofort ersetzt.

Bezeichnet y_{n+1} die gesuchte Anzahl der zu ersetzenden Relais im Zeitpunkt $t = n + 1$, so muß diese Anzahl gleich der Anzahl der ausfallenden Relais im Intervall $n \leqq t < n + 1$ sein. In diesem Intervall fällt aber $y_{n-\nu}$ mit der Wahrscheinlichkeit p_ν aus, d.h., es besteht zur Bestimmung von y_n bei gegebenen Wahrscheinlichkeiten p_ν die Differenzengleichung $(k + 1)$-ter Ordnung

$$y_{n+1} = \sum_{\nu=0}^{k} p_\nu y_{n-\nu} = p_0 y_n + p_1 y_{n-1} + \cdots + p_k y_{n-k};$$

$$n = 0, 1, \ldots; \quad y_{n-k} = 0 \quad \text{für} \quad n < k.$$

Die Bildgleichung und ihre Lösung lauten

$$z(Y - y_0) = p_0 Y + p_1 z^{-1} Y + \cdots + p_k z^{-k} Y, \qquad Y = y_0 \frac{z^{k+1}}{P(z)};$$

$$P(z) = z^{k+1} - p_0 z^k - p_1 z^{k-1} - \cdots - p_k.$$

Hat $P(z)$ nur die einfachen Nullstellen $z_0 = 1$ (dies ist sicher eine Nullstelle wegen $p_0 + \cdots + p_k = 1$) $z_1, \ldots, z_k$, so ist nach einer Partialbruchzerlegung (ergibt die Konstanten $c_0, \ldots, c_k$) und mit Formel (T 6)

$$y_n = c_0 + c_1 z_1^n + \cdots + c_k z_k^n.$$

c_0 ergibt sich nach (2.33) als $\frac{y_0}{P'(1)} = \frac{y_0}{k+1-kp_0-(k-1)p_1-\cdots-p_{k-1}}$, $\lim_{n\to\infty} y_n$ existiert, weil man für die Nullstellen z_i, $i = 1, 2, \ldots, k$, $|z_i| < 1$ nachweisen kann. Folglich gilt $\lim_{n\to\infty} y_n = c_0$, d.h., nach anfänglichen Schwankungen sind für große t stets $y_n \approx c_0$ Relais im Zeitpunkt $t = n$ zu ersetzen.

6.8.2. Aufgaben: Anwendung der Z-Transformation

Aufgabe 6.11: Man löse das Anfangswertproblem *

$$y_{n+3} - 2y_{n+2} + y_{n+1} - 2y_n = 2^n, \quad y_0 = y_2 = 0, \quad y_1 = 1.$$

Aufgabe 6.12: Analog Beispiel 6.15 löse man *

$$y(t+3) - 2y(t+2) + y(t+1) - 2y(t) = 2^t,$$

$$y(t) \equiv 0 \quad \text{für} \quad 0 \leqq t < 1 \quad \text{und} \quad 2 \leqq t < 3, \quad y(t) = t \quad \text{für} \quad 1 \leqq t < 2.$$

Aufgabe 6.13: Man löse das Anfangswertproblem *

$$y_{n+2} - y_n = f_n, \quad y_0 = y_1 = 0,$$

für folgende Fälle: a) $f_{2n} = 1$, $f_{2n+1} = 0$, b) $f_n \equiv 1$, c) $f_0 = 1$, $f_n = 0$, $n \geqq 1$.

Aufgabe 6.14: Man löse *

$$(n+2)\,y_{n+2} - (n+2)\,y_{n+1} + y_n = 0, \quad y_0 = y_1 = 1,$$

unter Verwendung des Differentiationssatzes (6.18).

Aufgabe 6.15: In dem in Bild 6.8 dargestellten Kettenleiter aus N Sprossen gilt für die Stromstärken $i_1, \ldots, i_N$ ([8], S. 103): *

$$R_2 i_m - (R_1 + 2R_2)\,i_{m+1} + R_2 i_{m+2} = 0.$$

Man bestimme bei gegebenen i_0, i_1 die Stromstärken i_m, $m \geqq 2$. Hinweis: $R = R_1/R_2$ als Abkürzung einführen!

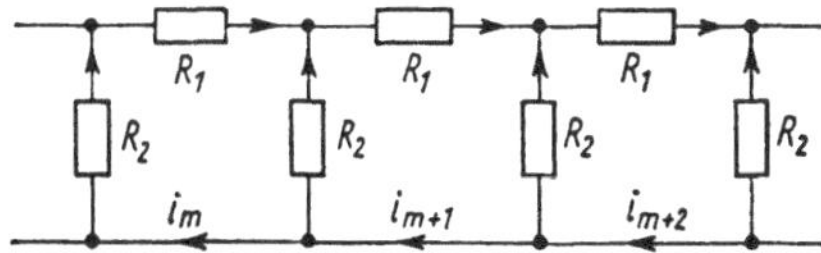

Bild 6.8. Kettenleiter der Aufgabe 6.15

6.9. Zusammenhang mit der Laplace-Transformation

Durch die Definition 6.1 ist die Z-Transformierte einer Folge $\{f_n\}$ gegeben. Diese Funktion $F(z)$ kann mit der Laplace-Transformierten $F(p)$ von Treppenfunktionen der Form

$$f(t) = f_n \quad \text{für} \quad n \leqq t < n+1 \tag{6.31}$$

(siehe auch Abschnitt 6.1.1. und Bild 6.1c) in einen einfachen Zusammenhang gebracht werden. Davon wird in [10] und [16] ausführlich Gebrauch gemacht. Die Laplace-Transformierte von (6.31) ist

$$F(p) = L\{f(t)\} = \int_0^\infty e^{-pt} f(t)\,dt = \sum_{n=0}^{\infty} \int_n^{n+1} e^{-pt} f_n\,dt = \frac{1-e^{-p}}{p} \sum_{n=0}^{\infty} f_n\,e^{-pn}.$$

Die letzte unendliche Reihe bezeichnet man auch als diskrete Laplace-Transformierte. Setzt man noch $z = e^p$, so erhält man den gewünschten Zusammenhang in der Form

$$pF(p) = \left(1 - \frac{1}{z}\right) \sum_{n=0}^{\infty} f_n z^{-n} = \left(1 - \frac{1}{z}\right) F(z). \tag{6.32}$$

Mit (6.32) lassen sich Korrespondenzen der Z-Transformation (Tabelle 3) in Korrespondenzen der Laplace-Transformation (Tabelle 1) für Treppenfunktionen (6.31) umrechnen und umgekehrt. Zum Beispiel folgt aus (T 2, Tabelle 3) dadurch

$$L\{[t]\} = \frac{1}{p}\left(1 - \frac{1}{z}\right) F(z) = \frac{1}{p}\,\frac{1}{z-1} = \frac{1}{p(e^p - 1)}\,.$$

Selbstverständlich lassen sich durch (6.32) auch die Rechenregeln (6.10) bis (6.19) der Z-Transformation aus denen der Laplace-Transformation herleiten.

Der Zusammenhang der Faltung (2.18) für Treppenfunktionen mit der Faltung (6.1) für Folgen ergibt sich aus folgender Rechnung:
Ist $f(t) = f_n$ und $g(t) = g_n$ für $n \leqq t < n + 1$, so gilt nach (2.18) für $t = n$

$$f(t) * g(t) = \int_0^n f(\tau)\,g(n-\tau)\,d\tau = \sum_{\nu=0}^{n-1} \int_\nu^{\nu+1} f(\tau)\,g(n-\tau)\,d\tau = \sum_{\nu=0}^{n-1} f_\nu g_{n-1-\nu}.$$

Durch Vergleich mit (6.1) erhält man den gesuchten Zusammenhang in der Form

$$f(t) * g(t) = f_{n-1} * g_{n-1}. \tag{6.33a}$$

Im Bildbereich der Z-Transformation gilt deshalb wegen (6.11)

$$Z\{f(t) * g(t)\} = \frac{1}{z} F(z)\,G(z). \tag{6.33b}$$

In (6.33a, b) ist der links stehende Stern im Sinne von (2.18) und der rechts stehende Stern im Sinne von (6.1) zu verstehen.

Die Gleichungen (6.32) und (6.33a, b) haben in technischen Disziplinen, in denen sowohl diskrete als auch kontinuierliche Vorgänge gleichzeitig in einem linearen System ablaufen, große Bedeutung (Impulstechnik; [10], § 27; [16]).

Lösungen der Aufgaben

2.1: $L\{f(t)\} = \int\limits_a^b e^{-pt}\,dt = \frac{1}{p}(e^{-ap} - e^{-bp})$ für $\operatorname{Re} p > 0$.

2.2: (2.5) und die Definition von $\sinh t$ ergeben (T 14).

2.3: Zunächst ergibt sich für reelle p mit $pt = \tau$, $x = \alpha + 1$

$$\int\limits_0^\infty e^{-pt}t^\alpha\,dt = \frac{1}{p^{\alpha+1}}\int\limits_0^\infty e^{-\tau}\tau^\alpha\,d\tau = \frac{\Gamma(\alpha+1)}{p^{\alpha+1}} \quad \text{für} \quad p > 0.$$

Wie im Beispiel 2.4 dehnt man das Ergebnis auf $\operatorname{Re} p > 0$ aus.

2.4: a) Ja, Satz 2.1 erfüllt mit $a = 3$, M beliebig. b) Nein, $f(t)$ hat bei $t = 1$ nicht integrierbare Polstelle.

2.5: Differenz $f_{\text{I}}(t) - f_{\text{II}}(t)$ ist eine Nullfunktion $n(t)$.

2.6: a) (2.11) mit $a = 2$, $b = \frac{\pi}{2}$, $f(t) = \sin t$, b) (2.17) mit $d = 1$, $f(t) = \sin t$, c) Formel für $f([t])$ aus 2.2.7. anwenden:

a) $\frac{2}{p^2+4}e^{-\pi p/4}$, b) $\frac{1}{(p+1)^2+1}$, c) $\frac{1}{p}\frac{1}{e^p - 1}$.

2.7: (2.13), (2.17) und Aufgabe 2.2 ergeben

$$\frac{a}{(p-b)^2 - a^2}, \operatorname{Re} p > \max(a, -a) + b.$$

2.8: Satz 2.1 gilt, weil $\frac{1}{t}\sin t$ für $t \geqq 0$ stetig und beschränkt ist. (2.26) anwendbar: Ergebnis (T 54).

2.9: a) Vollständige Induktion nach n: Formel ist für $n = 1$ richtig. Weiter gilt nach (2.19):

$$1 * \underbrace{(1 * 1 * \cdots * 1)}_{n \text{ Faktoren}} = 1 * \frac{1}{(n-1)!}t^{n-1} = \frac{1}{(n-1)!}\int\limits_0^t \tau^{n-1}\,d\tau = \frac{1}{n!}t^n.$$

b) $1 * 1 * \cdots * 1 * f(t) = \int\limits_0^t \int\limits_0^{t_1} \cdots \int\limits_0^{t_{n-1}} f(t_n)\,dt_n\,dt_{n-1}\cdots dt_1 = g(t)$

nach (2.19); $g(t)$ ist das n-fache Integral über $f(t)$. (2.21) verallgemeinert sich zu $L\{g(t)\} = \frac{1}{p^n}F(p)$, $\operatorname{Re} p > \max(0, x)$.

2.10: (2.25) und Beispiel 2.6 ergeben für $\operatorname{Re} p > 0$:

$$L\{t\sin t\} = \frac{2p}{(p^2+1)^2}, \quad L\{t^2\sin t\} = \frac{6p^2 - 2}{(p^2+1)^3}.$$

2.11: Mit (2.24) und (2.4) ergibt sich mit $Y(p) = L\{y(t)\}$:

$$p^2 Y(p) - Y(p) = 1/p, \qquad Y(p) = 1/p(p^2 - 1).$$

(2.21) und Aufgabe 2.2 ergeben $y(t) = \int_0^t \sinh\tau\,d\tau = \cosh t - 1$; Probe durch Einsetzen.

2.12: (2.27) ist anwendbar, Ergebnis: $-\ln 2$.

2.13: Periode $T = b$, (2.28) für $\operatorname{Re} p > 0$; $\dfrac{1}{p}\,\dfrac{e^{-ap} - e^{-bp}}{1 - e^{-bp}}$.

2.14: (2.20), (2.5) und Beispiel 2.6 ergeben für $\operatorname{Re} p > 1$: $L\{e^t * \sin t\} = 1/(p^3 - p^2 + p - 1)$.

2.15: Periodische Funktion mit $T = \pi$, (2.28) für $\operatorname{Re} p > 0$:

$$\frac{1}{p^2 + 1}\;\frac{1}{1 + e^{-\pi p/2}}.$$

2.16: Indirekter Beweis: Wäre (2.1) für ein komplexes p_0 konvergent, dann nach Satz 2.4 auch für $\operatorname{Re} p > \operatorname{Re} p_0$; in dieser Halbebene liegen auch reelle p im Gegensatz zur Voraussetzung.

2.17: $\sqrt{p}$ ist keine Bildfunktion nach Satz 2.5, $\dfrac{1}{\sqrt{p}}$ ist Bildfunktion von $\dfrac{1}{\sqrt{\pi t}}$ nach Beispiel 2.4.

2.18: $\sin p$ bzw. $\sinh p$ sind periodisch mit der Periode 2π bzw. $2\pi j$; d.h., b) in Satz 2.7 ist nicht erfüllt.

2.19: Nein, denn z.B. für $x = y$ ist Satz 2.7a) nicht erfüllt:

$$|e^{-p^2}| = |e^{-(x+jy)^2}| = |e^{-2jx^2}| = 1.$$

2.20: a) Ja, (T 8), b) Ja, (T 9), c) Nein, Beispiel 2.23.

2.21: a) $N(p) = p^4 - 1$ hat die einfachen Nullstellen $1, -1, j, -j$; (2.34) ergibt (T 33) mit $a = 1$, b) $N(p) = p^4 + 1$ hat die einfachen Nullstellen $\pm\frac{1}{2}(1 + j)$, $\pm\frac{1}{2}(1 - j)$; (2.34) ergibt (T 122).

2.22: a) $N(p) = (p^2 - 1)^2$ hat die Nullstellen $p_1 = 1$, $p_2 = -1$, Vielfachheiten $\alpha_1 = \alpha_2 = 2$, Ansatz nach (2.31), (2.32) ergibt $\dfrac{t}{2}\sinh t$, b) mit $f(t) = \sinh t * \sinh t$ und (2.23) folgt:

$$f'(t) = \int_0^t \sinh\tau\cosh(t - \tau)\,d\tau = \frac{1}{2}\int_0^t [\sinh t - \sinh(t - 2\tau)]\,d\tau = \frac{t}{2}\sinh t.$$

2.23: a) $f(t) = 0$, $0 \leqq t < 2$; $f(t) = \dfrac{1}{\sqrt{4\pi(t - 2)}}$, $2 < t$, (2.7) benutzt; b) $f(t) = \dfrac{1}{2}\dfrac{1}{\sqrt{\pi t}}e^{-t/4}$.

2.24: Exponentialfunktion in Reihe entwickeln, Satz 2.10a anwenden, Ergebnis: $J_0(\sqrt{t})$.

2.25: $\int_{C_I} \to 0$ und $\int_{C_{II}} \to 0$, weil Satz 2.12 erfüllt ist wegen $\left|\dfrac{\ln(1 + p)}{p}\right| \leqq \dfrac{\ln|p| + C}{|p|} \to 0$ für $|p| \to \infty$ unabhängig vom Argument;

$$\lim_{p\to\infty}\int_D = -\int_{-\infty}^{-1} - \int_{-1}^{-\infty} = \int_1^{\infty} e^{-xt}\,\frac{\ln(1 - x) + j\pi}{x}\,dx - \int_1^{\infty} e^{-xt}\,\frac{\ln(1 - x) - j\pi}{x}\,dx$$

$$= 2\pi j\int_1^{\infty} e^{-xt}\,\frac{dx}{x}; \quad f(t) = \int_t^{\infty} e^{-u}\,\frac{du}{u} = -\operatorname{Ei}(-t), \quad t > 0.$$

Substitution $xt = u$ durchgeführt.

2.26: a) $h(t) \sim \frac{1}{2\sqrt{t}}$, $t \to +0$, b) $h(t) \sim \sqrt{t}\,e^t$, $t \to \infty$.

2.27: $f(t)$ nach Satz 2.1 transformierbar, Satz 2.13 anwenden:

a) $f(t) \sim \sqrt{t}$, $t \to +0$, (T 41) ergibt $F(p) \sim \frac{\sqrt{\pi}}{2p\sqrt{p}}$, $p \to \infty$,

b) $f(t) \sim t \ln t$, $t \to +0$, $a = -1$ und $g(t) = -t \ln t$ in Satz 2.13, (T 72) für $n = 1$ ergibt $F(p) \sim \frac{\ln p}{p^2}$, $p \to \infty$.

2.28: $h(t) - \frac{1}{2\sqrt{t}}$ erfüllt Satz 2.1 wegen Aufgabe 2.26a und 2.26b, wegen Beispiel 2.4 ist deshalb $h(t)$ selbst transformierbar und dafür Satz 2.15 anwendbar. Reihenentwicklungen elementarer Funktionen benutzen:

$$h(t) = \frac{1}{2\sqrt{t}}\left(1 + 2t + \frac{11}{6}t^2 + t^3 - \frac{113}{360}t^4\right) + o(t^{7/2}) \quad \text{für} \quad t \to +0,$$

$$H(p) = \frac{\sqrt{\pi}}{2\sqrt{p}}\left(1 + \frac{1}{p} + \frac{11}{8}\frac{1}{p^2} + \frac{15}{8}\frac{1}{p^3} - \frac{791}{384}\frac{1}{p^4}\right) + o(p^{-9/2}) \quad \text{für} \quad p \to \infty.$$

2.29: a) Eine einfache Nullstelle mit maximalem Realteil vorhanden: $p_0 = 1$ mit $c_{01} = \frac{1}{4}$; (2.47) ergibt:

$$f(t) \sim \tfrac{1}{4}e^t \quad \text{für} \quad t \to \infty.$$

b) Zwei einfache Nullstellen mit maximalem Realteil vorhanden:

$$p_{1/2} = \frac{1}{\sqrt{2}}(1 \pm j) \quad \text{mit} \quad c_{11} = 1/4p_1^3, \quad c_{21} = 1/4p_2^3; \ (2.47):$$

$$f(t) = \frac{\sqrt{2}}{4}e^{t/\sqrt{2}}\left(\sin\frac{t}{\sqrt{2}} - \cos\frac{t}{\sqrt{2}}\right) + o(e^{t/\sqrt{2}}) \quad \text{für} \quad t \to \infty.$$

c) Die zweifache Nullstelle $p_1 = 1$ hat maximalen Realteil, (2.47) ergibt: $f(t) \sim \frac{t}{4}e^t$ für $t \to \infty$.

2.30: a) Instabil, weil $\max_i \operatorname{Re} p_i = \frac{1}{2} > 0$; b) stabil, weil $\max_i \operatorname{Re} p_i = -1 < 0$; c) einzige Nullstelle mit maximalem Realteil ist $p_0 = 0$, einfache Nullstelle; uneigentlich stabil (Grenzwert ist $\frac{1}{2}$).

3.1: Satz 3.1 anwendbar, als Bildgleichungen ergeben sich

a) $(p^4 - 1)\,Y = 1$; b) $(p^4 + 1)\,Y = 1$; c) $p^2(p-1)(p^2+1)\,Y = p + 1$.

Die Lösungen $y(t) = L^{-1}\{Y\}$ wurden in Aufgabe 2.21 bzw. Beispiel 2.24a, b bestimmt.

3.2: Satz 3.1 anwendbar, mit $P(p) = p^2 - 1 = (p-1)(p+1)$ ist

$$\text{a)}\ P(p)\,Y = \frac{2}{p^3} + p + 1, \quad y(t) = 2e^t + e^{-t} - 2 - t^2;$$

$$\text{b)}\ P(p)\,Y = \frac{1}{(p+1)^2 + 1} - 1, \quad y(t) = \frac{1}{5}(2\cos t - \sin t)\,e^{-t} - \frac{2}{5}e^t.$$

3.3: Analog Beispiel 3.5b vorgehen, Bildgleichung und Lösung:

$$P(p)\,Y(p) = 1 + \frac{e^{-p}}{p+2}, \quad Y(p) = Q(p) + e^{-p}\frac{Q(p)}{p+2}.$$

$L^{-1}\{Q(p)\}$ nach Aufgabe 2.21a, $L^{-1}\left\{\frac{Q(p)}{p+2}\right\}$ nach (2.34) bestimmen und danach (2.14) anwenden:

$$y(t) = \frac{1}{2}(\sinh t - \sin t) + \begin{cases} 0, \quad 0 \leqq t \leqq 1, \\ \frac{1}{12}(e^{t-1} - 3e^{-(t-1)}) + \frac{1}{15}e^{-2(t-1)} + \\ + \frac{1}{10}(\cos(t-1) - 2\sin(t-1)), \quad 1 \leqq t. \end{cases}$$

3.4: In Beispiel 3.6 ist $a_1 = 16$, $a_0 = 8$, $D = 0$, $q(t) = t\,e^{-8t}$ und damit wegen der Definition von $f(t)$

$$y(t) = q(t) * f(t) = \begin{cases} 0, & 0 \leqq t \leqq 1, \\ \int_1^t (t-\tau)\,e^{-8(t-\tau)}d\tau, & 1 \leqq t \leqq 2, \\ \int_1^2 (t-\tau)\,e^{-8(t-\tau)}\,d\tau, & 2 \leqq t, \end{cases}$$

$$= \begin{cases} 0, & 0 \leqq t \leqq 1, \\ \frac{1}{64} + \frac{1}{64}e^{-8(t-1)}(7-8t), & 1 \leqq t \leqq 2, \\ \frac{1}{64}e^{-8(t-1)}(8(e^8-1)t + 7 - 15e^8), & 2 \leqq t. \end{cases}$$

3.5: Bildgleichung und ihre Lösung Y mit dem Parameter y_0'':

$$P(p)\,Y = y_0'' + \frac{1}{p^2}, \quad Y = \frac{1 + y_0''\,p^2}{p^2 P(p)}, \quad P(p) = p(p+1)^2.$$

Partialbruchzerlegung für Y und (2.33) ergeben

$$y(t) = 3 + y_0'' - 2t + \tfrac{1}{2}t^2 - (3 + y_0'')\,e^{-t} - (1 + y_0'')\,t\,e^{-t}$$

mit $y_0'' = \dfrac{8-3e}{2e-4}$ wegen $y(1) = 0$.

3.6: Formel (3.8) mit $a_1 = 0$, $D = -\lambda^2$, $y_0' = 0$, y_0 als Parameter anwenden: $y(t) = y_0 \cos \lambda t$. Wegen $y'(\pi) = -\lambda y_0 \sin \lambda\pi = 0$ ist für $\sin \lambda\pi \neq 0$ $y_0 = 0$ und $y(t) \equiv 0$, für $\sin \lambda\pi = 0$, d.h. $\lambda = n \in \mathrm{N}$, $y_0 = C \in R$ beliebig und $y(t) = C \cos nt$.

3.7: $P(p) = p^3 + 7p^2 + 25p + 39 = (p^2 + 4p + 13)(p + 3)$,

$$q(t) = \frac{1}{10}e^{-3t} - \frac{1}{30}(3\cos 3t - \sin 3t);$$

daraus folgen sofort $Q(p)$ und $g_\delta(t)$ sowie nach (3.18) bzw. (3.22)

$$g_u(t) = -\frac{1}{90}(3\,e^{-3t} + 3\sin 3t + \cos 3t - 4), \quad |Q(j\omega)| = (\omega^6 - \omega^4 + 79\omega^2 + 1521)^{-\frac{1}{2}},$$

$$\varphi(\omega) = \arctan\frac{\omega(\omega^2 - 25)}{39 - 7\omega^2} \text{ bei } 7\omega^2 \neq 39, \quad -\frac{\pi}{2} \text{ bei } 7\omega^2 = 39.$$

3.8: $P(p)$ hat nur Nullstellen mit negativen Realteil, es ist:

$$P(p) = p^4 + 8p^3 + 25p^2 + 36p + 20, \quad \omega = 1, \quad Q(j\omega) = \frac{1}{-4 + 28j};$$

$$|Q(j\omega)| = \frac{\sqrt{2}}{40}, \quad \varphi(\omega) = \arctan 7 \approx 81{,}8^\circ \approx 1{,}4; \quad \text{(3.22a) ergibt}$$

$$\operatorname{Im} g_\omega(t) = \frac{\sqrt{2}}{40} \sin(t + 1{,}4) + o(1), \quad t \to \infty.$$

3.9: $Q(p) = p^2 + ap$, $Q(j\omega) = -\omega^2 + ja\omega$,

$$|Q(j\omega)| = (\omega^4 + a^2\omega^2)^{-\frac{1}{2}} = \frac{1}{\omega\sqrt{\omega^2 + a^2}}, \quad \varphi(\omega) = \begin{cases} \arctan \dfrac{a}{\omega}, & \omega > 0, \\ -\dfrac{\pi}{2}, & \omega = 0. \end{cases}$$

$|Q(j\omega)|$ ist monoton fallend von ∞ bis 0, $\varphi(\omega)$ ist monoton fallend von $-\frac{\pi}{2}$ bis $-\pi$.

(3.22a) beschreibt nicht das stationäre Verhalten, weil die Nullstelle $p_1 = 0$ von $P(p)$ keinen negativen Realteil hat; vielmehr ist

$$g_\omega(t) = Q(j\omega)\, e^{j\omega t} - \frac{1}{j\omega a} + o(1), \quad t \to \infty.$$

3.10: $P(p) = p^2 + ap$, $q(t) = \frac{1}{a}(1 - e^{-at})$, $g_\delta(t)$ nach (3.28).

3.11: Normales System wegen $|\mathbf{A}| = 3$, Lösung nach Satz 3.3:

$$y_1 = e^t \sin 2t, \quad y_2 = e^t \cos 2t, \quad y_3 = t.$$

3.12: Normales System wegen $|\mathbf{A}| = -3$, Lösung nach Satz 3.3:

$$y_1 = \frac{3}{20} e^{-t/3} - \frac{1}{4} e^t + \frac{1}{10} \cos t + \frac{3}{10} \sin t,$$

$$y_2 = \frac{3}{20} e^{-t/3} + \frac{1}{4} e^t - \frac{2}{5} \cos t - \frac{1}{5} \sin t.$$

3.13: Normales System wegen $|\mathbf{A}| = \frac{1}{4}L^3$, Satz 3.3 und Cramersche Regel verwenden:

$$D(p) = \frac{1}{2} L^2 \left(\frac{L}{2} p^2 + \frac{1}{C}\right)(p^2 + \omega_0^2), \quad I_3 = \frac{2}{Lp} \frac{1}{p^2 + \omega^2} \left(1 - \frac{\omega_0^2}{2} \frac{1}{p^2 + \omega_0^2}\right),$$

$$i_3(t) = \frac{1}{L\omega^2(\omega^2 - \omega_0^2)} (\omega^2 - \omega_0^2 - (2\omega^2 - \omega_0^2)\cos \omega t + \omega^2 \cos \omega_0 t).$$

3.14: $(p + 1)\, Y_1 + p Y_2 = 0, \quad p Y_1 - (p + 1)\, Y_2 = \frac{1}{p}(1 - e^{-Tp}),$

$$D(p) = -(2p^2 + 2p + 1), \quad Y_1 = -(1 - e^{-Tp}) \frac{1}{D(p)}, \quad Y_2 = -\left(Y_1 + \frac{1}{p} Y_1\right);$$

$$y_1(t) = e^{-t/2} \sin \frac{t}{2} - \begin{cases} 0, & 0 \leqq t \leqq T, \\ e^{-(t-T)/2} \sin \dfrac{t - T}{2}, & T \leqq t, \end{cases}$$

$$y_2(t) = -\left(y_1(t) + \int_0^t y_1(\tau)\, d\tau\right).$$

3.15: $|\mathbf{A}| = 0$, entartetes System, Koeffizientendeterminante: $p(p-1)$,
$\tilde{y}_1(t) = e^t + 1, \quad \tilde{y}_2(t) = -e^t + 1, \quad \tilde{y}_3(t) = t - 2;$
$\tilde{y}_1(0) = 2, \quad \tilde{y}_2(0) = 0, \quad \tilde{y}_3(0) = -2.$

3.16: Analog Beispiel 3.21 vorgehen, $y(x, t) = x + \sin x \sinh t$.

3.17: $Y(p) = y_0 \ln \dfrac{p+1}{p}, \quad y(t) = y_0 \dfrac{1 - e^{-t}}{t}$ nach (T 51).

3.18: a) $Y(p) = \dfrac{p}{p^2+1}, \quad y(t) = \cos t$, b) $Y(p) = \dfrac{p^2}{(p-1)(p^2+1)}$,

$$y(t) = \frac{1}{2}(e^t + \sin t + \cos t), \quad \text{c) } Y(p) = \pm \frac{1}{\sqrt{p^2+1}}, \quad y(t) = \pm J_0(t).$$

3.19: a) $i(t) = \dfrac{1}{L} \cos \omega t * e(t)$ nach (2.20), b) nach (2.14):

$$i(t) = \begin{cases} \dfrac{1}{L} \sin \omega t, & 0 \leqq t \leqq T, \\ \dfrac{1}{L}(\sin \omega t - 2 \sin \omega(t-T)), & T \leqq t \leqq 2T, \\ \dfrac{1}{L}(\sin \omega t - 2 \sin \omega(t-T) + \sin \omega(t-2T)), & 2T \leqq t. \end{cases}$$

3.20: $e^{-Tp} Y + Y = \dfrac{1}{p}$, $y(t)$ aus (T 91).

4.1: a) $4(l - \cos t)$, b) $4(t - \sin t)$, c) $4(t + l - \cos t)$.

4.2: Für $n = 0$ entsteht eine Identität. Weiter ist mit n Faktoren in der Klammer mit der Induktionsvoraussetzung:

$$e^{\alpha t} * (e^{\alpha t} * \dots * e^{\alpha t}) = e^{\alpha t} * \frac{t^{n-1}}{(n-1)!} e^{\alpha t}$$

$$\frac{1}{(n-1)!} \int_0^t e^{\alpha(t-\tau)} e^{\alpha\tau} \tau^{n-1} \, d\tau = \frac{e^{\alpha t}}{(n-1)!} \int_0^t \tau^{n-1} \, d\tau = \frac{t^n}{n!} e^{\alpha t}.$$

4.3: a) $6t + l \in R$, b) $1 - t \notin R$.

4.4: a) $m \geqq n$: (4.13) mit $f(t) = t^m, p^n t^m = \dfrac{m!}{(m-n)!} t^{m-n} \in R$, b) $m < n$: $p^m t^m = m!$ nach a), $p^{n-m} p^m t^m = m! \, p^{n-m} \notin R$.

4.5: $l + 1 \notin R$.

4.6: a) $pl = 1$, (4.7) und (4.16) ergeben: $f(t) = t$ für $0 < t \leqq \alpha$,
$f(t) = \alpha$ für $\alpha < t \leqq \beta$, $f(t) = -t + \alpha - \beta$ für $\beta < t \leqq \alpha + \beta$,
$f(t) = 0$ für $\alpha + \beta < t$, b) $f' = \dfrac{1}{p}(v_\alpha - v_\beta + v_{\alpha+\beta}) = u_\alpha - u_\beta + u_{\alpha+\beta}$.

4.7: a) Beispiel 4.9, 4.11 und (T 104) ergeben

$$y = \left(-\frac{1}{6} l + \frac{1}{15} e^{-3t} + \frac{1}{10} e^{2t}\right) * (v_0 - 2v_T + v_{2T});$$

(4.16) ergibt y für die Intervalle $0 < t \leqq T, T < t \leqq 2T$ und $2T < t$.

$$\text{b) } y = \frac{1}{(p+5)(p-1)} v_T = \left(-\frac{1}{6} e^{-5t} + \frac{1}{4} e^t\right) * v_T;$$

(4.16) ergibt y für die Intervalle $0 < t \leqq T$ und $T < t$.

4.8: $y_1(t) = 2e^{2t} - 2\cos t - 3t\sin t$, $y_2(t) = \sin t + t\cos t - 2t\sin t$.

4.9: Mit (4.7), (T 8) und $pl = 1$ ist $y = \alpha l^2 + \sin t * y = \alpha l^2 + \dfrac{1}{1+p^2}\,y$, $y = \dfrac{\alpha l^2(p^2+1)}{p^2}$ $= \alpha(l^2 + l^4) = \alpha(t + \frac{1}{6}t^3)$.

4.10: a) Mit (T 8), $y' = py$ wegen $y(0) = 0$ und (4.14) ist

$$y = \frac{1}{1+p^2} + \frac{2py}{1+p^2}; \quad y = \frac{1}{(1-p)^2} = t\,e^t;$$

$$\text{b) } y * y - y + \frac{p-2}{(p-1)^2} = 0$$

hat als quadratische Gleichung für y die Lösungen y_1 und y_2: $y_1 = \dfrac{p-2}{p-1}$, $y_2 = \dfrac{1}{p-1} = e^t$; nur y_2 entspricht einer Funktion.

5.1: Analog Beispiel 5.1 vorgehen:

$$\int_{-A}^{A} e^{-jyt-a|t|}\,\mathrm{sign}\,t\,dt = -\int_{-A}^{0} e^{-(jy-a)t}\,dt + \int_{0}^{A} e^{-(jy+a)t}\,dt$$

$$= \frac{e^{-(jy-a)t}}{jy-a}\Bigg|_{-A}^{0} - \frac{e^{-(jy+a)t}}{jy+a}\Bigg|_{0}^{A} \to \frac{1}{jy-a} + \frac{1}{jy+a} = \frac{2jy}{a^2+y^2} = F(y), \quad A \to \infty.$$

5.2: $F(y) = \dfrac{4\sin yT}{y} - \dfrac{2\sin 2yT}{y}$ aus

$$\text{a) } -\int_{-2T}^{-T} e^{-jyt}\,dt + \int_{-T}^{T} e^{-jyt}\,dt - \int_{T}^{2T} e^{-jyt}\,dt;$$

$$\text{b) } \frac{1}{jy}(1 - e^{-Tjy})^2 - \frac{1}{jy}(1 - e^{Tjy})^2.$$

5.3: Definition von F_C und F_S verwenden und ersetzen bei

$$\text{a) } \cos yt = \frac{1}{2}(e^{jyt} + e^{-jyt});$$

$$\text{b) } \sin yt = \frac{1}{2j}(e^{jyt} - e^{-jyt}).$$

5.4: Beide Funktionen sind gerade: $F(y) = 2F_C(y)$.

$$\text{a) } 2\int_0^\infty \frac{\cos yt}{1+t^2}\,dt = \pi e^{-|y|};$$

$$\text{b) } 2\int_0^\infty \frac{\cos yt}{\sqrt{t}}\,dt = \frac{2}{\sqrt{|y|}}\int_0^\infty \frac{\cos t}{\sqrt{t}}\,dt = \frac{\sqrt{2\pi}}{\sqrt{|y|}}, \quad y \neq 0.$$

5.5: Substitution $\tau = at$ durchführen:

$$G(y) = \int_{-\infty}^{\infty} e^{-(y-b)jt} f(at)\,dt = \frac{1}{a}\int_{-\infty}^{\infty} e^{-(y-b)j\tau/a} f(\tau)\,d\tau = \frac{1}{a}F\left(\frac{y-b}{a}\right).$$

5.6: Mit $F(y)$ aus Beispiel 5.5 (dort $a = 1$) und (5.14) folgt

$$G(y) = \frac{1}{A}\,\mathrm{e}^{\mathrm{j}By/A}\,F\left(\frac{y}{A}\right) = \begin{cases} \dfrac{\pi}{A}\,\mathrm{e}^{\mathrm{j}By/A}, & -A < y < A, \\[2mm] \dfrac{\pi}{2A}\,\mathrm{e}^{\mathrm{j}By/A}, & y = \pm A, \\[2mm] 0, \quad y < -A, & A < y. \end{cases}$$

5.7: $a(t) = \int\limits_{-\infty}^{\infty} \mathrm{e}^{-|t-\tau|}\,\mathrm{e}^{-|\tau|}\,\mathrm{d}\tau = \mathrm{e}^{-t}\int\limits_{-\infty}^{t} \mathrm{e}^{\tau-|\tau|}\,\mathrm{d}\tau + \mathrm{e}^{t}\int\limits_{t}^{\infty} \mathrm{e}^{-\tau-|\tau|}\,\mathrm{d}\tau = (1 + |t|)\,\mathrm{e}^{-|t|}$,

$A(y) = \dfrac{4}{(1+y^2)^2}$ nach (5.3) und (5.16).

5.8: $F(y) = -2\pi\,\mathrm{e}^{ay}$ für $y < 0$, $F(y) \equiv 0$ für $y > 0$.

5.9: Mit $g(t) = \int\limits_{-\infty}^{t} f(\tau)\,\mathrm{d}\tau$ und einmaliger partieller Integration ist

$$\int\limits_{-A}^{A} \mathrm{e}^{-\mathrm{j}yt} g(t)\,\mathrm{d}t = \mathrm{e}^{-\mathrm{j}yA} g(A) - \mathrm{e}^{\mathrm{j}yA} g(-A) + \frac{1}{\mathrm{j}y}\int\limits_{-A}^{A} \mathrm{e}^{-\mathrm{j}yt} f(t)\,\mathrm{d}t.$$

a) Für $A \to \infty$ existiert der Grenzwert rechts und deshalb gilt (5.17).

b) Ja, weil aus der Existenz der anderen Grenzwerte $g(\infty) = 0$ folgt.

5.10: $F(y) \equiv 0$ für $y < -a - b$ und $a - b < y < b - a$ und $a + b < y$, $F(y) = \pi$ für $-a - b < y < a - b$ und $b - a < y < a + b$.

6.1: (6.8) und (6.18) ergeben nacheinander (T 2), (T 3), (T 4) der Tabelle 3. Weitere Differentiation nach z ergibt $Z\{n^k\}$.

6.2: Analog Beispiel 6.5 ergibt sich (T 6) der Tabelle 3. Mit (6.18) folgen (T 7), (T 8) sowie $F(\dot{z})$ für beliebiges k.

6.3: Analog Beispiel 6.8 wird zunächst $Z\{\sinh bn\}$ bestimmt ((T 14) in Tabelle 3), mit (6.13) folgt (T 16).

6.4: $f_n = f_{n+k}$ Z-transformieren, (6.12) benutzen und nach $F(z)$ auflösen, das ergibt für $|z| > 1$

$$\text{a) } F(z) = \frac{z^k}{z^k - 1}\sum_{\nu=0}^{k-1} f_\nu z^{-\nu}; \qquad \text{b) } F(z) = \frac{z}{z-1}\,\frac{z^3 - 1}{z^3 + 1}.$$

6.5: Lösung von 6.1 für $k = 0$ und (6.14) ergeben für $|z| > 1$

$$F(z) = \frac{z(z^2 + 4z + 1)}{(z-1)^5}. \qquad \sum_{\nu=0}^{n-1} \nu^3$$

ist der Inhalt der von der Treppenfunktion $f(t) = n^3$, $n \leqq t < n + 1$, und den Geraden $t = 0$, $t = n$, $f(t) = 0$ begrenzten Fläche.

6.6: Wegen (6.9) mit $a = \pm\dfrac{\pi}{2}\mathrm{j}$ folgt aus $\dfrac{F(z)}{z} = \dfrac{1}{2}\left(\dfrac{1}{z+\mathrm{j}} + \dfrac{1}{z-\mathrm{j}}\right)$

$$f_n = \frac{1}{2}\left(\mathrm{e}^{\pi\mathrm{j}n/2} + \mathrm{e}^{-\pi\mathrm{j}n/2}\right) = \cos\frac{n\pi}{2}.$$

6.7: Wegen (6.9) mit $a = \mathrm{j}\pi$ bzw. $a = 0$ folgt aus $\dfrac{F(z)}{z} = \dfrac{1}{2}\left(\dfrac{1}{z+1} + \dfrac{1}{z-1}\right)$

$$f_n = \frac{1}{2}\left(\mathrm{e}^{\pi\mathrm{j}n} + 1\right) = \frac{1}{2}(\cos\pi n + 1) = \frac{1}{2}\left((-1)^n + 1\right) \quad \text{oder} \quad f_{2n} = 1, \quad f_{2n+1} = 0.$$

6.8: Mit der Lösung von 6.1 für $k = 1$ ist

$$f_n = \sum_{\nu=0}^{n} \nu(n-\nu) = n\frac{n(n+1)}{2} - \frac{n(n+1)(2n+1)}{6} = \frac{1}{6}(n-1)\,n(n+1).$$

6.9: $f_n = \dfrac{(-1)^n}{(2n+1)!}$.

6.10: $F\left(\dfrac{1}{z}\right) = \ln\dfrac{1}{1-z}$, $\dfrac{d^n}{dz^n}F\left(\dfrac{1}{z}\right) = \dfrac{(n-1)!}{(1-z)^n}$ für $n \geqq 1$; also $f_0 = 0$, $f_n = \dfrac{(n-1)!}{n!} = \dfrac{1}{n}$ für $n \geqq 1$.

6.11: $Y(z) = z\dfrac{1+(z-2)^2}{(z-2)P(z)} = z\left(\dfrac{A}{z-2} + \dfrac{B}{(z-2)^2} + \dfrac{Cz+D}{z^2+1}\right)$,

$$P(z) = (z-2)(z^2+1),\ A = -\frac{4}{25},\ B = \frac{1}{5},\ C = \frac{1}{24},\ D = \frac{28}{25};$$

$$y_n = \frac{1}{50}\left(5n\cdot 2^n - 8\cdot 2^n + 8\cos\frac{\pi n}{2} + 56\sin\frac{\pi n}{2}\right).$$

6.12: $Y(z,\Delta t) = z\dfrac{2^{\Delta t} + (1+\Delta t)(z-2)^2}{(z-2)P(z)}$, Ansatz wie in Aufgabe 6.11 mit

$$A = -\frac{4}{25}2^{\Delta t},\quad B = \frac{1}{5}2^{\Delta t},\quad C = \frac{4}{25}2^{\Delta t},\quad D = \frac{3}{25}2^{\Delta t} + 1 + \Delta t;$$

$$y(t) = \frac{1}{50}(5n-8)\cdot 2^t + \frac{1}{25}\left(4\cos\frac{\pi n}{2} + 3\sin\frac{\pi n}{2}\right)\cdot 2^{t-n} + (1+t-n)\sin\frac{\pi n}{2}$$

für $n \leqq t < n+1$.

6.13: $Y(z) = F(z)/P(z)$ mit $P(z) = (z+1)(z-1)$, $Q(z) = \dfrac{1}{P(z)}$, $Z^{-1}\{Q(z)\} = \{q_n\}$ mit $q_{2n} = 1$, $q_{2n+1} = 0$ für $n \geqq 1$, $q_0 = 0$; $y_0 = y_1 = 0$, $y_n = f_n * q_n = \sum_{\nu=1}^{[n/2]} f_{n-2\nu}$ für $n \geqq 2$.
a) $y_{2n} = n$, $y_{2n+1} = 0$, b) $y_n = \left[\dfrac{n}{2}\right]$, c) $y_{2n} = 1$, $y_{2n-1} = 0$ für $n \geqq 1$, $y_0 = 0$.

6.14: $z^2Y'(z) + Y(z) = 0$, also $Y(z) = c\,e^{1/z}$, also $y_n = \dfrac{c}{n!}$ und wegen $y_0 = 1$ ist $c = 1$.

6.15: $P(z) = z^2 - \dfrac{1}{R_2}(R_1 + 2R_2)z + 1$; Wurzeln verschieden und reell:

$$\alpha_1 = \frac{1}{2R_2}\left(R_1 + 2R_2 + \sqrt{R_1^2 + 4R_1R_2}\right),\quad \alpha_2 = 1/\alpha_1;$$

$$i_m = \frac{1}{\sqrt{R^2 + 4R}}\left(\alpha_1^m(i_1 - i_0\alpha_2) - \alpha_2^m(i_1 - i_0\alpha_1)\right).$$

Tabelle 1: Laplace-Transformation

Definition siehe 2.1.1., Rechenregeln siehe 2.2., Umkehrung siehe 2.4.

Nr.	Originalfunktion $f(t)$	Bildfunktion $F(p)$
1	$1, u(t)$	$\frac{1}{p}$
2	t	$\frac{1}{p^2}$
3	$t^n, n \in \mathbb{N}$	$\frac{n!}{p^{n+1}}$
4	t^α, $\operatorname{Re} \alpha > -1$	$\frac{\Gamma(\alpha+1)}{p^{\alpha+1}}$
5	e^{at}	$\frac{1}{p-a}$
6	$t\,e^{at}$	$\frac{1}{(p-a)^2}$
7	$t^\alpha e^{at}$, $\operatorname{Re} \alpha > -1$	$\frac{\Gamma(\alpha+1)}{(p-a)^{\alpha+1}}$
8	$\sin at$	$\frac{a}{p^2+a^2}$
9	$\cos at$	$\frac{p}{p^2+a^2}$
10	$t \sin at$	$\frac{2ap}{(p^2+a^2)^2}$
11	$t \cos at$	$\frac{p^2-a^2}{(p^2+a^2)^2}$
12	$t^\alpha \sin at$, $\operatorname{Re} \alpha > -2$	$\frac{j\Gamma(\alpha+1)}{2}\left(\frac{1}{(p+ja)^{\alpha+1}} - \frac{1}{(p-ja)^{\alpha+1}}\right)$
13	$t^\alpha \cos at$, $\operatorname{Re} \alpha > -1$	$\frac{\Gamma(\alpha+1)}{2}\left(\frac{1}{(p+ja)^{\alpha+1}} + \frac{1}{(p-ja)^{\alpha+1}}\right)$
14	$\sinh at$	$\frac{a}{p^2-a^2}$
15	$\cosh at$	$\frac{p}{p^2-a^2}$
16	$t \sinh at$	$\frac{2ap}{(p^2-a^2)^2}$
17	$t \cosh at$	$\frac{p^2+a^2}{(p^2-a^2)^2}$
18	$t^\alpha \sinh at$, $\operatorname{Re} \alpha > -2$	$\frac{\Gamma(\alpha+1)}{2}\left(\frac{1}{(p-a)^{\alpha+1}} - \frac{1}{(p+a)^{\alpha+1}}\right)$
19	$t^\alpha \cosh at$, $\operatorname{Re} \alpha > -1$	$\frac{\Gamma(\alpha+1)}{2}\left(\frac{1}{(p-a)^{\alpha+1}} + \frac{1}{(p+a)^{\alpha+1}}\right)$
20	$e^{at} \sin bt$	$\frac{b}{(p-a)^2+b^2}$

Nr.	Originalfunktion $f(t)$	Bildfunktion $F(p)$
21	$e^{at}\cos bt$	$\dfrac{p-a}{(p-a)^2+b^2}$
22	$e^{at}\sinh bt$	$\dfrac{b}{(p-a)^2-b^2}$
23	$e^{at}\cosh bt$	$\dfrac{p-a}{(p-a)^2-b^2}$
24	$\sin(at+b)$	$\dfrac{p\sin b+a\cos b}{p^2+a^2}$
25	$\cos(at+b)$	$\dfrac{p\cos b-a\sin b}{p^2+a^2}$
26	$\sin at\sinh at$	$\dfrac{2a^2p}{p^4+4a^4}$
27	$\cos at\sinh at$	$\dfrac{a(p^2-2a^2)}{p^4+4a^4}$
28	$\sin at\cosh at$	$\dfrac{a(p^2+2a^2)}{p^4+4a^4}$
29	$\cos at\cosh at$	$\dfrac{p^3}{p^4+4a^4}$
30	$\sin at\sin bt$	$\dfrac{2abp}{(p^2+(a+b)^2)(p^2+(a-b)^2)}$
31	$\cos at\cos bt$	$\dfrac{p(p^2+a^2+b^2)}{(p^2+(a+b)^2)(p^2+(a-b)^2)}$
32	$\sin at\cos bt$	$\dfrac{a(p^2+a^2-b^2)}{(p^2+(a+b)^2)(p^2+(a-b)^2)}$
33	$\sinh at-\sin at$	$\dfrac{2a^3}{p^4-a^4}$
34	$\cosh at-\cos at$	$\dfrac{2a^2p}{p^4-a^4}$
35	$\sinh at+\sin at$	$\dfrac{2ap^2}{p^4-a^4}$
36	$\cosh at+\cos at$	$\dfrac{2p^3}{p^4-a^4}$
37	$\sin^2 at$	$\dfrac{2a^2}{p(p^2+4a^2)}$
38	$\cos^2 at$	$\dfrac{p^2+2a^2}{p(p^2+4a^2)}$
39	$\sinh^2 at$	$\dfrac{2a^2}{p(p^2-4a^2)}$
40	$\cosh^2 at$	$\dfrac{p^2-2a^2}{p(p^2-4a^2)}$

Nr.	Originalfunktion $f(t)$	Bildfunktion $F(p)$
41	$\sqrt{t}$	$\frac{\sqrt{\pi}}{2} \frac{1}{p\sqrt{p}}$
42	$\frac{1}{\sqrt{t}}$	$\sqrt{\frac{\pi}{p}}$
43	$\frac{t^n}{\sqrt{t}}, n \in \mathrm{N}$	$\frac{(2n)!\sqrt{\pi}}{n!\,4^n} \frac{1}{p^n\sqrt{p}}$
44	$\frac{1}{\sqrt{t+a}}, a \geqq 0$	$\sqrt{\frac{\pi}{p}}\, \mathrm{e}^{ap} \operatorname{erfc} \sqrt{ap}$
45	$\frac{1}{(t+a)\sqrt{t+a}}, a > 0$	$\frac{2}{\sqrt{a}} - 2\sqrt{\pi p}\, \mathrm{e}^{ap} \operatorname{erfc} \sqrt{ap}$
46	$\frac{\sqrt{t}}{t+a}, a \geqq 0$	$\sqrt{\frac{\pi}{p}} - \pi\sqrt{a}\, \mathrm{e}^{ap} \operatorname{erfc} \sqrt{ap}$
47	$\frac{1}{\sqrt{t}\sqrt{t+a}}, a > 0$	$\frac{\pi}{\sqrt{a}}\, \mathrm{e}^{ap} \operatorname{erfc} \sqrt{ap}$
48	$\sqrt{t}\, \mathrm{e}^{at}$	$\frac{\sqrt{\pi}}{2(p-a)\sqrt{p-a}}$
49	$\frac{1}{\sqrt{t}}\, \mathrm{e}^{at}$	$\frac{\sqrt{\pi}}{\sqrt{p-a}}$
50	$\frac{t^n}{\sqrt{t}}\, \mathrm{e}^{at}, n \in \mathrm{N}$	$\frac{(2n)!\sqrt{\pi}}{n!\,4^n} \frac{\sqrt{p-a}}{(p-a)^{n+1}}$
51	$\frac{\mathrm{e}^{at} - \mathrm{e}^{bt}}{t}$	$\ln \frac{p-b}{p-a}$
52	$\frac{1}{\sqrt{t}}\, \mathrm{e}^{-a/4t}$	$\sqrt{\frac{\pi}{p}}\, \mathrm{e}^{-\sqrt{ap}}$
53	$\mathrm{e}^{-t^2/4}$	$\sqrt{\pi}\, \mathrm{e}^{p^2} \operatorname{erfc} p$
54	$\frac{\sin at}{t}$	$\operatorname{arccot} \frac{p}{a}$
55	$\frac{1 - \cos at}{t}$	$\frac{1}{2} \ln\left(1 + \frac{a^2}{p^2}\right)$
56	$\frac{\sin at \sin bt}{t}$	$\frac{1}{4} \ln \frac{p^2 + (a+b)^2}{p^2 - (a-b)^2}$
57	$\frac{\cos at - \cos bt}{t}$	$\frac{1}{2} \ln \frac{p^2 + b^2}{p^2 + a^2}$
58	$\sin 2\sqrt{at}$	$\frac{1}{p}\sqrt{\frac{\pi a}{p}}\, \mathrm{e}^{-a/p}$
59	$\frac{\sin 2\sqrt{at}}{t}$	$\pi \operatorname{erf} \sqrt{\frac{a}{p}}$
60	$\frac{\cos 2\sqrt{at}}{\sqrt{t}}$	$\sqrt{\frac{\pi}{p}}\, \mathrm{e}^{-a/p}$

Nr.	Originalfunktion $f(t)$	Bildfunktion $F(p)$
61	$\frac{\sin(2n+1)t}{\sin t}$, $n \in \mathrm{N}$ fest	$\frac{1}{p}\left(1+\sum_{\nu=1}^{n}\frac{2p^2}{p^2+4\nu^2}\right)$
62	$\frac{1}{\sqrt{t}}\sin\frac{a}{2t}$	$\sqrt{\frac{\pi}{p}}\,\mathrm{e}^{-\sqrt{ap}}\sin\sqrt{ap}$
63	$\frac{1}{\sqrt{t}}\cos\frac{a}{2t}$	$\sqrt{\frac{\pi}{p}}\,\mathrm{e}^{-\sqrt{ap}}\cos\sqrt{ap}$
64	$\frac{2}{t}\sinh at$	$\ln\frac{p+a}{p-a}$
65	$\sinh\sqrt{t}+\sin\sqrt{t}$	$\frac{1}{p}\sqrt{\frac{\pi}{p}}\cosh\frac{1}{4p}$
66	$\sinh\sqrt{t}-\sin\sqrt{t}$	$\frac{1}{p}\sqrt{\frac{\pi}{p}}\sinh\frac{1}{4p}$
67	$\frac{\cosh\sqrt{t}+\cos\sqrt{t}}{\sqrt{t}}$	$2\sqrt{\frac{\pi}{p}}\cosh\frac{1}{4p}$
68	$\frac{\cosh\sqrt{t}-\cos\sqrt{t}}{\sqrt{t}}$	$2\sqrt{\frac{\pi}{p}}\sinh\frac{1}{4p}$
69	$\sinh 2\sqrt{at}$	$\frac{1}{p}\sqrt{\frac{\pi a}{p}}\,\mathrm{e}^{a/p}$
70	$\cosh 2\sqrt{at}$	$\frac{1}{p}\left(\sqrt{\frac{\pi a}{p}}\,\mathrm{e}^{a/p}\,\mathrm{erf}\sqrt{\frac{a}{p}}+1\right)$
71	$\ln t$	$-\frac{1}{p}(\ln p+C)$ [1]
72	$t^n\ln t,\ n\in\mathrm{N}$	$\frac{n!}{p^{n+1}}\left(1+\frac{1}{2}+\cdots+\frac{1}{n}-\ln p-C\right)$ [1]
73	$\frac{\ln t}{\sqrt{t}}$	$-\sqrt{\frac{\pi}{p}}(\ln 4p+C)$ [1]
74	$\ln^2 t$	$\frac{1}{p}\left(\frac{\pi^2}{6}+(\ln p+C)^2\right)$ [1]
75	$\mathrm{erf}\,t$	$\frac{1}{p}\,\mathrm{e}^{p^2/4}\,\mathrm{erfc}\frac{p}{2}$
76	$\mathrm{erf}\frac{a}{2\sqrt{t}}$	$\frac{1}{p}(1-\mathrm{e}^{-a\sqrt{p}})$
77	$\mathrm{erf}\sqrt{t}$	$\frac{1}{p\sqrt{p+1}}$
78	$\mathrm{e}^{at}\,\mathrm{erf}\sqrt{at}$	$\sqrt{\frac{a}{p}}\,\frac{1}{p-a}$
79	$\frac{\mathrm{e}^{-t}}{\sqrt{\pi t}}+\mathrm{erf}\sqrt{t}$	$\sqrt{p+1}$
80	$J_0(t)$	$\frac{1}{\sqrt{p^2+1}}$

[1]) C bedeutet die Eulersche Konstante (siehe Übersicht S. 8).

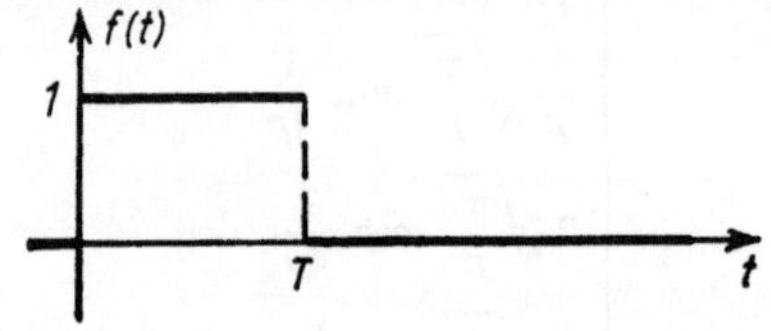

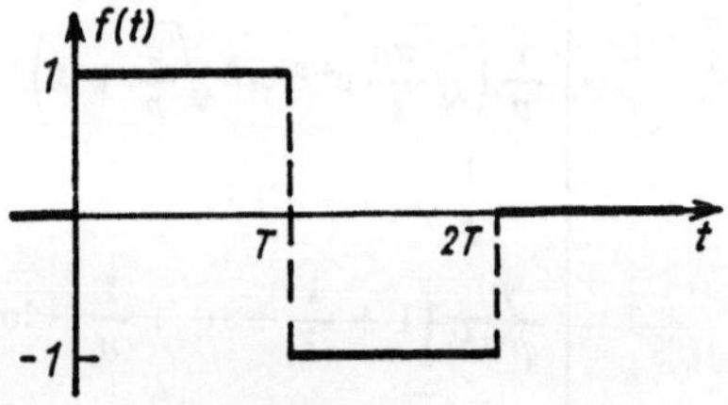

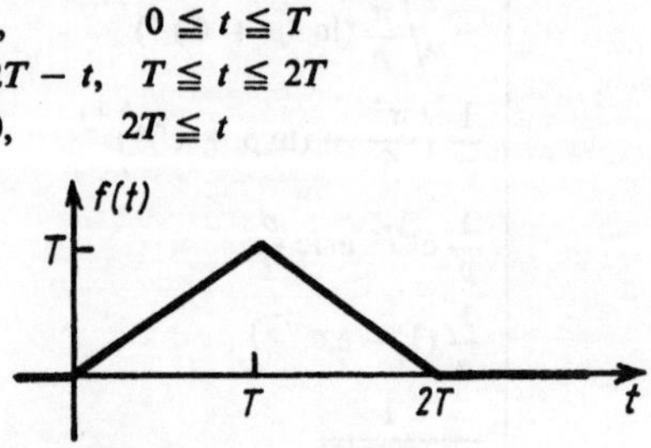

Nr.	Originalfunktion $f(t)$	Bildfunktion $F(p)$
81	$J_n(t), n \in \mathbb{N}$	$\dfrac{(\sqrt{p^2+1}-p)^n}{\sqrt{p^2+1}}$
82	$\delta(t)$	1
83	$\delta(t-a), a \geqq 0$	e^{-ap}
84	$\delta^{(n)}(t)$	p^n
85	$\delta^{(n)}(t-a), a \geqq 0$	$e^{-ap}p^n$
86	$\begin{cases} 1, & 0 < t < T \\ 0, & T < t \end{cases}$	$\dfrac{1}{p}(1-e^{-Tp})$
87	$\begin{cases} 1, & 0 < t < T \\ -1, & T < t < 2T \\ 0, & 2T < t \end{cases}$	$\dfrac{1}{p}(1-e^{-Tp})^2$
88	$\begin{cases} t, & 0 \leqq t \leqq T \\ 2T-t, & T \leqq t \leqq 2T \\ 0, & 2T \leqq t \end{cases}$	$\dfrac{1}{p^2}(1-e^{-Tp})^2$
89	$\begin{cases} t, & 0 \leqq t \leqq T \\ T, & T \leqq t \end{cases}$	$\dfrac{1}{p^2}(1-e^{-Tp})$

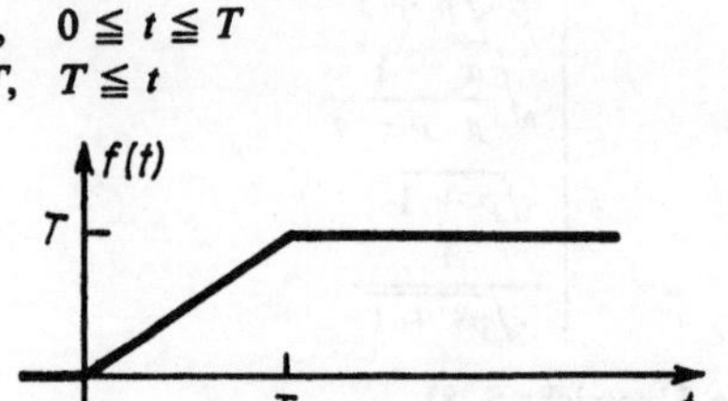

Nr.	Originalfunktion $f(t)$		Bildfunktion $F(p)$
90	$\begin{cases} 1-t, & 0<t\leqq T \\ 0, & T\leqq t \end{cases}$ 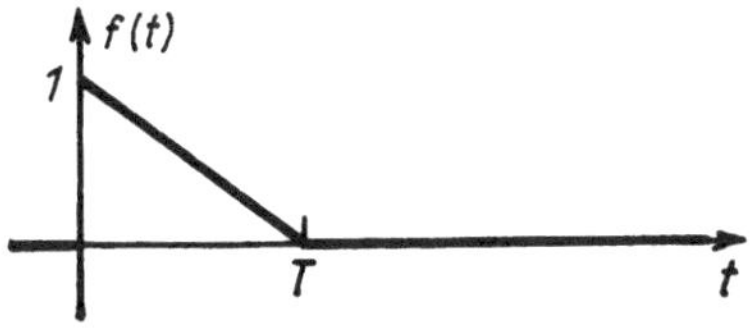		$\frac{1}{Tp^2}(Tp+e^{-Tp}-1)$
91	$\begin{cases} 1, & 0<t<T \\ 0, & T<t<2T \end{cases}$ 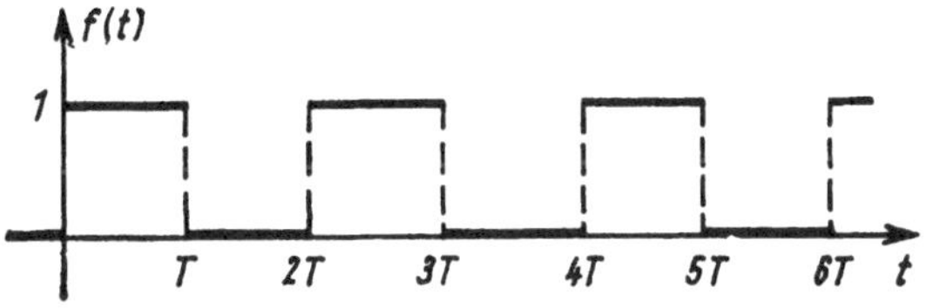	$f(t+2T)=f(t)$	$\frac{1}{p(1+e^{-Tp})}$
92	$\begin{cases} 1, & 0<t<T \\ -1, & T<t<2T \end{cases}$ 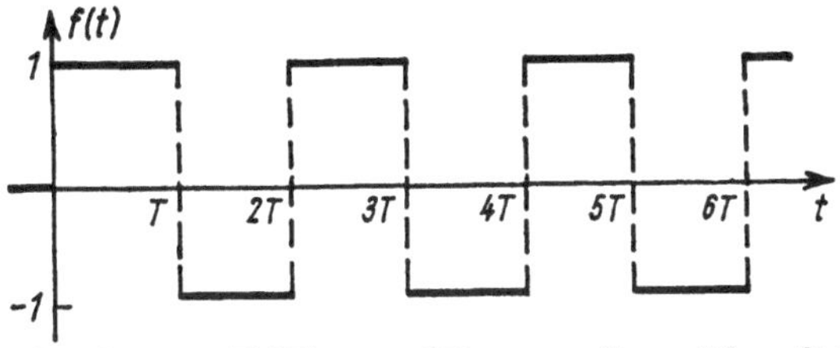	$f(t+2T)=f(t)$	$\frac{1-e^{-Tp}}{p(1+e^{-Tp})}$
93	$\begin{cases} 0, & 0<t<T, 2T<t<3T \\ 1, & T<t<2T \\ -1, & 3T<t<4T \end{cases}$ 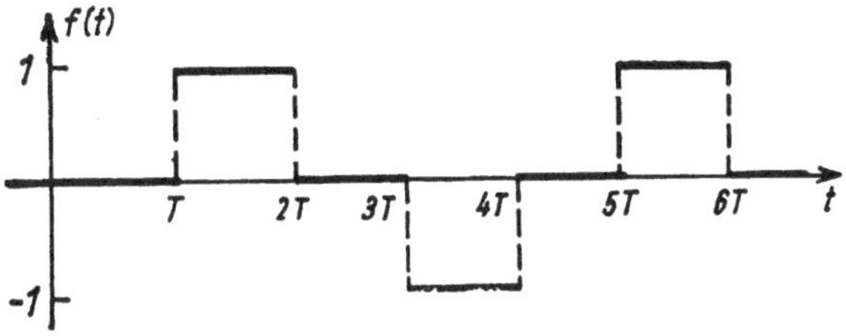	$f(t+4T)=f(t)$	$\frac{1-e^{-Tp}}{p(e^{Tp}+e^{-Tp})}$
94	$\begin{cases} 1, & 0<t<\varepsilon \\ 0, & \varepsilon<t<T \end{cases}$ 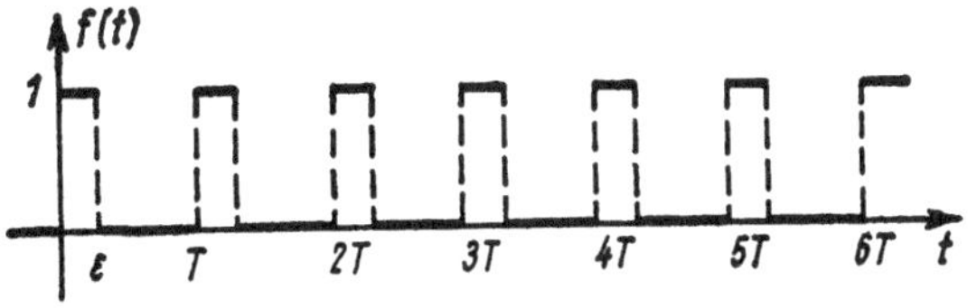	$f(t+T)=f(t)$	$\frac{1-e^{-\varepsilon p}}{p(1-e^{-Tp})}$

Nr.	Originalfunktion $f(t)$	Bildfunktion $F(p)$
95	$\begin{cases} \frac{t}{T}, & 0 \leqq t \leqq T \\ \frac{2T-t}{T}, & T \leqq t \leqq 2T \end{cases}$ $\quad f(t+2T) = f(t)$	$\frac{1-e^{-Tp}}{Tp^2(1+e^{-Tp})}$

Nr.	Bildfunktion $F(p)$	Originalfunktion $f(t)$
96	$\frac{1}{(p-a)(p-b)}, \quad a \neq b$	$\frac{e^{at}-e^{bt}}{a-b}$
97	$\frac{1}{p^2+a_1p+a_0}$ $D = \frac{1}{4}a_1^2 - a_0 < 0$	$\frac{1}{\sqrt{-D}} e^{-\frac{1}{2}a_1 t} \sin\sqrt{-D}t$
98	$\frac{\alpha p+\beta}{(p-a)^2}$	$(\alpha + (\beta + \alpha a)\,t)\,e^{at}$
99	$\frac{\alpha p+\beta}{(p-a)(p-b)}, \quad a \neq b$	$\frac{(\alpha a+\beta)\,e^{at} - (\alpha b+\beta)\,e^{bt}}{a-b}$
100	$\frac{1}{(p-a)(p-b)^2}, \quad a \neq b$	$\frac{e^{at} - (1+(a-b)\,t)\,e^{bt}}{(a-b)^2}$
101	$\frac{a^2-b^2}{(p-a)(p^2-b^2)}, \quad b \neq 0$	$e^{at} - \cosh bt - \frac{a}{b}\sinh bt$
102	$\frac{a^2+b^2}{(p-a)(p^2+b^2)}, \quad b \neq 0$	$e^{at} - \cos bt + \frac{a}{b}\sin bt$
	$Z(p)$, $N(p)$ Polynome in p, $\quad N(p_i) = 0,\ N'(p_i) \neq 0$, d.h. p_i einfache Nullstelle	
103	$\frac{1}{N(p)}$	$\sum_{i=1}^{n} \frac{1}{N'(p_i)} e^{p_i t}$
104	$\frac{Z(p)}{N(p)}$	$\sum_{i=1}^{n} \frac{Z(p_i)}{N'(p_i)} e^{p_i t}$
105	$\frac{1}{pN(p)}$	$\frac{1}{N(0)} + \sum_{i=1}^{n} \frac{1}{p_i N'(p_i)} e^{p_i t}$

Tabelle 2: Fourier-Transformation

Definition siehe 5.1.1., Rechenregeln siehe 5.3.1., Umkehrung siehe 5.2.

Hinweis: Wegen (5.11) ist $F\{F(t)\} = 2\pi f(-y)$, so daß auch die zweite Spalte als Original- und die erste Spalte als Bildfunktion benutzt werden können entsprechend obiger Formel. (T1) bedeutet also

a) $F\left\{\frac{a}{a^2+t^2}\right\} = \pi e^{-a|y|}$ und b) $F\{\pi e^{-a|t|}\} = \frac{2\pi a}{a^2+y^2}$.

Nr.	Originalfunktion $f(t)$	Bildfunktion $F(y)$
1	$\frac{a}{a^2+t^2}$, $\operatorname{Re} a > 0$	$\pi e^{-a\|y\|}$
2	$\frac{1}{(a-jt)^{n+1}}$ $\operatorname{Re} a > 0$, $n \in N$	$\begin{cases} 0, & y < 0 \\ \frac{2\pi}{n!} y^n e^{-ay}, & y > 0 \end{cases}$
3	$\frac{1}{(a+jt)^{n+1}}$ $\operatorname{Re} a > 0, n \in N$	$\begin{cases} (-1)^{n+1} \frac{2\pi}{n!} y^n e^{ay}, & y < 0 \\ 0, & y > 0 \end{cases}$
4	$\frac{ab(a^2-b^2)}{(a^2+t^2)(b^2+t^2)}$ $\operatorname{Re} a > 0$, $\operatorname{Re} b > 0$	$\pi(ae^{-by} - be^{-ay})$
5	$\frac{a^3}{a^4+t^4}$, $\|\arg a\| < \frac{\pi}{4}$	$\pi e^{-ay/\sqrt{2}} \sin\left(\frac{\pi}{4} + \frac{ay}{\sqrt{2}}\right)$
6	$\begin{cases} 0, & t < -a, \quad a < t \\ \frac{1}{\sqrt{a^2-t^2}}, & -a < t < a \end{cases}$	$\pi J_0(ay)$, $a > 0$
7	e^{-at^2}, $\operatorname{Re} a > 0$	$\frac{\sqrt{\pi}}{\sqrt{a}} e^{-y^2/4a}$
8	$\frac{\sin at}{t}$, $a > 0$	$\begin{cases} 0, y < -a, a < y \\ \pi, -a < y < a \end{cases}$

Nr.	Gerade Originalfunktion $f(t)$: $f(-t) = f(t),\ \ t > 0$	Gerade Bildfunktion $F(y)$: $F(-y) = F(y),\ \ y > 0$
9	$\begin{cases} 1, & 0 \leqq t < a \\ 0, & a < t \end{cases}$	$\dfrac{2 \sin ay}{y}$
10	$\begin{cases} t, & 0 \leqq t \leqq 1 \\ 2 - t, & 1 \leqq t \leqq 2 \\ 0, & 2 \leqq t \end{cases}$	$\dfrac{2}{y^2}(2 \cos y - 1 - \cos 2y)$
11	$\dfrac{1}{\sqrt{t}}$	$\dfrac{\sqrt{2\pi}}{\sqrt{y}}$
12	$\begin{cases} 0, & 0 \leqq t < a \\ \dfrac{1}{\sqrt{t - a}}, & a < t \end{cases}$	$\dfrac{\sqrt{2\pi}}{\sqrt{y}}(\cos ay - \sin ay)$
13	$\dfrac{e^{-bt} - e^{-at}}{t}$ $\operatorname{Re} a > 0,\ \ \operatorname{Re} b > 0$	$\ln \dfrac{a^2 + y^2}{b^2 + y^2}$
14	$\dfrac{e^{-at}}{\sqrt{t}},\ \ \operatorname{Re} a > 0$	$\dfrac{\sqrt{2\pi}(\sqrt{a^2 + y^2} + a)^{1/2}}{\sqrt{a^2 + y^2}}$
15	$e^{-bt} \sin at$ $a > 0,\ \ \operatorname{Re} b > 0$	$\dfrac{a + y}{b^2 + (a + y)^2} + \dfrac{a - y}{b^2 + (a - y)^2}$
16	$e^{-bt} \cos at$ $\operatorname{Re} b > \lvert\operatorname{Im} a\rvert$	$\dfrac{b}{b^2 + (a + y)^2} + \dfrac{b}{b^2 + (a - y)^2}$
17	$\dfrac{\ln t}{\sqrt{t}}$	$-\dfrac{\sqrt{2\pi}}{\sqrt{y}}\left(\ln 4y + C + \dfrac{\pi}{2}\right)$
18	$\begin{cases} \ln t, & 0 < t \leqq 1 \\ 0, & 1 \leqq t \end{cases}$	$-\dfrac{2}{y}\displaystyle\int_0^y \dfrac{\sin t}{t}\,dt$
19	$\dfrac{\sin^2 at}{t^2},\ \ a > 0$	$\begin{cases} \pi\left(a - \dfrac{y}{2}\right), & y \leqq 2a \\ 0, & 2a \leqq y \end{cases}$
20	$\dfrac{1 - \cos at}{t^2},\ \ a > 0$	$\begin{cases} \pi(a - y), & y \leqq a \\ 0, & a \leqq y \end{cases}$

Nr.	Ungerade Originalfunktion $f(t)$: $f(-t) = -f(t),\quad t > 0$	Ungerade Bildfunktion $F(y)$: $F(-y) = -F(y),\quad y > 0$
21	$\begin{cases} 1, & 0 < t < a \\ 0, & a < t \end{cases}$	$\dfrac{2j(\cos ay - 1)}{y}$
22	$\begin{cases} t, & 0 \leqq t \leqq 1 \\ 2 - t, & 1 \leqq t \leqq 2 \\ 0, & 2 \leqq t \end{cases}$	$\dfrac{2j}{y^2}(\sin 2y - 2\sin y)$
23	$\dfrac{1}{\sqrt{t}}$	$-\dfrac{\sqrt{2\pi}\,j}{\sqrt{y}}$
24	$\begin{cases} 0, & 0 \leqq t < a \\ \dfrac{1}{\sqrt{t-a}}, & a < t \end{cases}$	$-\dfrac{j\sqrt{2\pi}}{\sqrt{y}}(\sin ay + \cos ay)$
25	$\dfrac{e^{-at}}{\sqrt{t}},\quad \operatorname{Re} a > 0$	$-\dfrac{j\sqrt{2\pi}\left(\sqrt{a^2+y^2} - a\right)^{1/2}}{\sqrt{a^2+y^2}}$
26	$\dfrac{\ln t}{\sqrt{t}}$	$\dfrac{j\sqrt{2\pi}}{\sqrt{y}}\left(\ln 4y + C - \dfrac{\pi}{2}\right)$
27	$\begin{cases} \ln t, & 0 < t \leqq 1 \\ 0, & 1 \leqq t \end{cases}$	$\dfrac{2j}{y}\left(C + \ln y + \displaystyle\int_y^\infty \dfrac{\cos t}{t}\,dt\right)$
28	$\dfrac{\sin at}{t},\quad a > 0$	$-j\ln\left\|\dfrac{y+a}{y-a}\right\|$
29	$\dfrac{\cos at}{t},\quad a > 0$	$\begin{cases} 0, & 0 < y < a \\ -j\pi, & a < y \end{cases}$
30	$e^{-at^2},\quad \operatorname{Re} a > 0$	$\dfrac{\sqrt{\pi}}{\sqrt{a}}\,e^{-y^2/4a}\operatorname{erf}\dfrac{jy}{2\sqrt{a}}$
31	$J_0(at),\quad a > 0$	$\begin{cases} 0, & 0 < y < a \\ \dfrac{-2j}{\sqrt{y^2-a^2}}, & a < y \end{cases}$

Tabelle 3: Z-Transformation

Definition siehe 6.2., Rechenregeln siehe 6.4.1., Umkehrung siehe 6.5.1.

Nr.	Originalfolge f_n	Bildfunktion $F(z)$
1	1	$\dfrac{z}{z-1}$
2	n	$\dfrac{z}{(z-1)^2}$
3	n^2	$\dfrac{z(z+1)}{(z-1)^3}$
4	n^3	$\dfrac{z(z+4z+1)}{(z-1)^4}$
5	e^{an}	$\dfrac{z}{z-e^a}$
6	a^n	$\dfrac{z}{z-a}$
7	na^n	$\dfrac{za}{(z-a)^2}$
8	n^2a^n	$\dfrac{az(z+a)}{(z-a)^3}$
9	$\dbinom{n}{k}$	$\dfrac{z}{(z-1)^{k+1}}$
10	$\sin bn$	$\dfrac{z\sin b}{z^2-2z\cos b+1}$
11	$\cos bn$	$\dfrac{z(z-\cos b)}{z^2-2z\cos b+1}$
12	$e^{an}\sin bn$	$\dfrac{ze^a\sin b}{z^2-2ze^a\cos b+e^{2a}}$
13	$e^{an}\cos bn$	$\dfrac{z(z-e^a\cos b)}{z^2-2ze^a\cos b+e^{2a}}$
14	$\sinh bn$	$\dfrac{z\sinh b}{z^2-2z\cosh b+1}$
15	$\cosh bn$	$\dfrac{z(z-\cosh b)}{z^2-2z\cosh b+1}$
16	$a^n\sinh bn$	$\dfrac{za\sinh b}{z^2-2za\cosh b+a^2}$
17	$a^n\cosh bn$	$\dfrac{z(z-a\cosh b)}{z^2-2za\cosh b+a^2}$
18	$f_n = 0$ für $n \neq k$, $f_k = 1$	$\dfrac{1}{z^k}$
19	$f_{2n} = 0,\quad f_{2n+1} = 2$	$\dfrac{2z}{z^2-1}$
20	$f_{2n} = 0$, $f_{2n+1} = 2(2n+1)$	$\dfrac{2z(z^2+1)}{(z^2-1)^2}$

Nr.	Originalfolge f_n	Bildfunktion $F(z)$
21	$f_{2n} = 0,$ $f_{2n+1} = \frac{2}{2n+1}$	$\ln \frac{z-1}{z+1}$
22	$\cos \frac{n\pi}{2}$	$\frac{z^2}{z^2+1}$
23	$(n+1)\,e^{an}$	$\frac{z^2}{(z-e^a)^2}$
24	$\frac{e^{b(n+1)} - e^{a(n+1)}}{e^b - e^a}$	$\frac{z^2}{(z-e^a)(z-e^b)}$
25	$\frac{1}{6}(n-1)\,n(n+1)$	$\frac{z^2}{(z-1)^4}$
26	$f_0 = 0, \quad f_n = \frac{1}{n}, n \geq 1$	$\ln \frac{z}{z-1}$
27	$\frac{a^n}{n!}$	$e^{\frac{a}{z}}$
28	$\frac{(-1)^n}{(2n+1)!}$	$\sqrt{z} \sin \frac{1}{\sqrt{z}}$
29	$\binom{k}{n}$	$\left(1 + \frac{1}{z}\right)^k$
30	$\frac{(-1)^n}{(2n)!}$	$\cos \frac{1}{\sqrt{z}}$
31	$(-1)^n$	$\frac{z}{z+1}$
32	$(-1)^n\, n$	$-\frac{z}{(z+1)^2}$
33	$n(n-1)\ldots(n-k+1)$	$k!\,\frac{z}{(z-1)^{k+1}}$
34	$\frac{1}{n!}$	$e^{1/z}$
35	$\frac{(-1)^n}{n!}$	$e^{-1/z}$
36	$\frac{n+1}{n!}$	$\left(1 + \frac{1}{z}\right) e^{1/z}$
37	$\sum_{k=1}^{n} \frac{1}{k}$	$\frac{z}{z-1} \ln \frac{z}{z-1}$
38	$\sum_{k=0}^{n-1} \frac{1}{k!}$	$\frac{e^{1/z}}{z-1}$
39	$\binom{k}{n} e^{an}$	$\left(1 + \frac{e^a}{z}\right)^k$
40	$\frac{e^{a(n-1)}}{n}$	$e^{-a} \ln \frac{z}{z-e^a}$

Nr.	Originalfunktion f_n	Bildfunktion $F(z)$
41	$n \sin bn$	$\dfrac{(z^2-1)\,z\sin b}{(z^2-2z\cos b+1)^2}$
42	$\dfrac{1}{n}\sin\dfrac{n\pi}{2}$	$\dfrac{\pi}{2}+\arctan\dfrac{1}{z}$
43	$\dfrac{1}{n}\sin bn$	$b+\arctan\dfrac{\sin b}{z-\cos b}$
44	$\dfrac{1}{n!}\sin bn$	$e^{\frac{\cos b}{z}}\sin\left(\dfrac{\sin b}{z}\right)$
45	$\dfrac{1}{n!}\cos bn$	$e^{\frac{\cos b}{z}}\cos\left(\dfrac{\sin b}{z}\right)$
	Legendresche Polynome ([12], S. 80)[1]	
46	$P_n(t)=\dfrac{1}{2^n\,n!}\dfrac{d^n}{dt^n}(t^2-1)^n$	$\dfrac{z}{\sqrt{z^2-2tz+1}}$
	Laguerresche Polynome ([12], S. 15)[1]	
47	$\dfrac{L_n(t)}{n!}=\dfrac{e^t}{n!}\dfrac{d^n}{dt^n}(t^n e^{-t})$	$\dfrac{z}{z-1}e^{-\frac{t}{z-1}}$
	Hermitesche Polynome ([12], S. 17)[1]	
48	$\dfrac{H_n(t)}{n!}=\dfrac{(-1)^n e^{t^2}}{n!}\dfrac{d^n}{dt^n}(e^{-t^2})$	$e^{(2tz-1)/z^2}$
	Tschebyscheffsche Polynome ([T 1], S. 752)[2]	
49	$T_n(t)=\cos(n\arccos t)$	$\dfrac{z(z-t)}{z^2-2tz+1}$
50	$Q_n(t)=\sin(n\arccos t)$	$\dfrac{z}{z^2-2tz+1}$

[1]) Adrien-Marie Legendre (1752–1833), Edmond Laguerre (1834–1886), Charles Hermite (1822–1901), französische Mathematiker.

[2]) Pafnuti Lwowitsch Tschebyscheff (1821–1894), russischer Mathematiker.

Tabelle 4: Übersicht

Name	Definition	Wichtige Abbildung
Integraltransformationen		Abbildung von $f'(t)$
Laplace-Transformation p komplex	$F(p) = \int_0^\infty e^{-pt} f(t)\,dt$	$pF(p) - f(0)$
Fourier-Transformation y reell	$F(y) = \int_{-\infty}^\infty e^{-jyt} f(t)\,dt$	$jyF(y)$
Mellin-Transformation p komplex	$M(p) = \int_0^\infty f(t)\,t^{p-1}\,dt$	$-(p-1)\,M(p-1)$
Stieltjes-Transformation p komplex, $\lvert\arg p\rvert < \pi$	$S(p) = \int_0^\infty \frac{f(t)}{t+p}\,dt$	$-S'(p) - \frac{1}{p} f(0)$
Hilbert-Transformation[1]) y reell	$H(y) = \frac{1}{\pi} \int_{-\infty}^\infty \frac{f(t)}{t-y}\,dt$	$H'(y)$
		Abbildung von $f''(t)$
Fourier-Kosinus-Transf. $y > 0$ reell	$F_C(y) = \int_0^\infty f(t)\cos(yt)\,dt$	$-y^2 F_C(y) - f'(0)$
Fourier-Sinus-Transf. $y > 0$ reell	$F_S(y) = \int_0^\infty f(t)\sin(yt)\,dt$	$-y^2 F_S(y) + yf(0)$
Diskrete Transformationen		Abbildung von $\Delta f_n = f_{n+1} - f_n$
Diskrete Laplace-Transformation p komplex	$F(p) = \sum_{n=0}^\infty f_n e^{-np}$	$(e^p - 1)\,F(p) - f_0 e^p$
Z-Transformation	$F(z) = \sum_{n=0}^\infty f_n z^{-n}$	$(z-1)\,F(z) - f_0 z$
Operatorenrechnung		
Mikusińskische Operatorenrechnung	algebraisch, p Differentiationsoperator	Abbildung von $f'(t)$ $f'(t) = pf(t) - f(0)$
Diskrete Operatoren-rechnung	algebraisch, q Differenzenoperator	Abbildung von Δf_n $\Delta f_n = (q-1)(f_n - f_0)$

[1]) David Hilbert (1862–1943), deutscher Mathematiker.

Literatur

[1] *Berg, L.:* Einführung in die Operatorenrechnung. 2. Aufl. Berlin: VEB Deutscher Verlag der Wissenschaften 1965.

[2] *Berg, L.:* Asymptotische Darstellungen und Entwicklungen. Berlin: VEB Deutscher Verlag der Wissenschaften 1968.

[3] [4] *Berg, L.:* Operatorenrechnung. Band I: Algebraische Methoden, Band II: Funktionentheoretische Methoden. Berlin: VEB Deutscher Verlag der Wissenschaften 1972 bzw. 1974.

[5] *Dobesch, H.:* Laplace-Transformation von Abtastfunktionen. Berlin: VEB Verlag Technik 1970.

[6] [7] [8] *Doetsch, G.:* Handbuch der Laplace-Transformation. Band I: Theorie der Laplace-Transformation, Band II und III: Anwendungen der Laplace-Transformation. Basel und Stuttgart: Birkhäuser Verlag 1950, 1956 bzw. 1958.

[9] *Doetsch, G.:* Einführung in Theorie und Anwendung der Laplace-Transformation. Basel und Stuttgart: Birkhäuser Verlag 1958.

[10] *Doetsch, G.:*Anleitung zum praktischen Gebrauch der Laplace- und der Z-Transformation. 6. Aufl. München und Wien: R. Oldenbourg Verlag 1989.

[11] *Fichtenholz, G. M.:* Differential- und Integralrechnung III. 11. Aufl. (Übers. aus dem Russ.). Berlin: VEB Deutscher Verlag der Wissenschaften 1987.

[12] *Göldner, K.:* Mathematische Grundlagen für Regelungstechniker. Leipzig: VEB Fachbuchverlag 1981.

[13] *Mikusiński, J.:* Operatorenrechnung (Übers. aus dem Poln.). Berlin: VEB Deutscher Verlag der Wissenschaften 1957.

[14] *Vich, R.:* Z-Transformation, Theorie und Anwendung. Berlin: VEB Verlag Technik 1964.

[15] *Wagner, K. W.:* Operatorenrechnung und Laplacesche Transformation. Leipzig: J. A. Barth Verlag 1950.

[16] *Zypkin, J. S.:* Theorie der linearen Impulssysteme (Übers. aus dem Russ.). Berlin: VEB Verlag Technik 1967.

[17] *Weber, H.:* Laplace-Transformation für Ingenieure der Elektrotechnik. 6. Aufl. Stuttgart: B. G. Teubner 1990.

Tabellen und Formelsammlungen

[T 1] *Bronstein, I. N.; Semendjajew, K. A.:* Taschenbuch der Mathematik. 25. Aufl. Stuttgart · Leipzig: B. G. Teubner Verlagsgesellschaft 1991.

[T 2] *Диткин В. А.; Прудников А. П.:* Справочник по операционному исчислению. Москва: Издательство Высщая Школа 1965.

[T 3] *Oberhettinger, F.:* Tabellen zur Fouriertransformation. Berlin: Springer-Verlag 1957.

[T 4] *Oberhettinger, F.; Badii, L.:* Tables of Laplace Transforms. New York-Heidelberg-Berlin: Springer-Verlag 1973.

Reihe Mathematik für Ingenieure, Naturwissenschaftler, Ökonomen und Landwirte (Teubner)

[B 2] *Pforr, E. A.; Schirotzek, W.:* Differential- und Integralrechnung für Funktionen mit einer Variablen. 8. Aufl. Leipzig 1990.

[B 3] *Schell, H. J.:* Unendliche Reihen. 8. Aufl. Leipzig 1990.

[B 7/1] *Wenzel, H.:* Gewöhnliche Differentialgleichungen 1. 6. Aufl. Leipzig 1991.

[B 8] *Meinhold, P.; Wagner, E.:* Partielle Differentialgleichungen. 6. Aufl. Leipzig 1990.

[B 9] *Greuel, O.; Kadner, H.:* Komplexe Funktionen und konforme Abbildungen. 3. Aufl. Leipzig 1990.

[B 12] *Sieber, N.; Sebastian, H.-J.:* Spezielle Funktionen. 3. Aufl. Leipzig 1988.

[B 22] *Göpfert, A.; Riedrich, T.:* Funktionalanalysis. 3. Aufl. Stuttgart · Leipzig 1991.

Namen- und Sachregister

Mathematik für Ingenieure, Naturwissenschaftler, Ökonomen und Landwirte